密码技术与区块链安全

杨小东　李树栋　曹素珍　编著

科 学 出 版 社

北 京

内 容 简 介

　　区块链是一项会对未来信息化发展产生重大影响的新兴技术，有望推动人类从信息互联网时代步入价值互联网时代。密码学是区块链的底层技术，为区块链数据的不可伪造、防篡改、可公开验证和隐私保护提供了基础保障。本书在介绍区块链结构、区块链安全和密码学原理等知识的基础上，着重介绍应用于区块链的新型密码技术。本书涵盖各类密码体制的实现方案，同时介绍了区块链安全中密码技术的研究进展。

　　本书内容涉及加密货币、电子医疗、云计算、物联网等多个领域，通过大量方案展示密码技术，可读性强，既可以作为区块链、密码学等领域工程技术人员和科研工作者的学习资料，也可以作为高等学校、科研院所师生的参考书。

图书在版编目(CIP)数据

密码技术与区块链安全/杨小东，李树栋，曹素珍编著. —北京：科学出版社，2023.6

　　ISBN 978-7-03-074043-4

　　Ⅰ.①密⋯　Ⅱ.①杨⋯　②李⋯　③曹⋯　Ⅲ.①区块链技术－密码术　Ⅳ.①TP311.135.9

中国版本图书馆 CIP 数据核字（2022）第 227413 号

责任编辑：宋无汗　郑小羽 / 责任校对：崔向琳
责任印制：赵　博 / 封面设计：陈　敬

科 学 出 版 社 出版
北京东黄城根北街 16 号
邮政编码：100717
http://www.sciencep.com
固安县铭成印刷有限公司印刷
科学出版社发行　各地新华书店经销
*
2023 年 6 月第 一 版　开本：720×1000 1/16
2024 年 9 月第三次印刷　印张：13 1/4
字数：267 000
定价：128.00 元
（如有印装质量问题，我社负责调换）

前　言

区块链是分布式数据存储、点对点传输、共识机制、密码算法等技术的新型应用模式，是下一代互联网技术，更是下一代合作机制和组织形式。区块链可深度融入传统产业，重塑信任关系，提高产业效率。区块链技术应用已延伸到数字金融、物联网、智能制造、供应链管理、商品溯源、智能交通、能源、教育、医疗、数字资产交易等多个领域。

密码学为区块链的数据安全和隐私保护提供了基础保障，保证数据传输与访问的安全，是区块链的信任之源和价值之泉。本书主要介绍应用于区块链的密码技术，切实保障区块链数据的安全性和隐私性。全书共 10 章。第 1 章介绍区块链的起源与发展、结构、应用和安全。第 2 章介绍密码学的基础知识，包括密码学的基本概念、数学困难问题和常用的密码技术等。第 3 章介绍群签名体制，包括群签名方案、基于区块链的群签名方案。第 4 章介绍环签名体制，包括环签名方案、基于区块链和环签名的密码学方案。第 5 章介绍聚合签名体制，包括聚合签名方案、基于区块链和聚合签名的跨云多副本数据审计方案。第 6 章介绍代理重签名体制，包括具有特殊性质的代理重签名方案、基于区块链和代理重签名的匿名密码货币支付方案等。第 7 章介绍属性基加密体制，包括属性基加密方案、基于区块链和属性基加密的医疗数据共享隐私保护方案。第 8 章介绍可搜索加密体制，包括具有额外属性的可搜索加密方案、基于区块链的云端医疗数据搜索共享方案等。第 9 章介绍代理重加密体制，包括代理重加密方案、基于区块链和代理重加密的数据共享方案。第 10 章介绍签密体制，包括签密方案、基于异构和聚合签密的车联网消息认证方案、基于区块链和签密的可验证医疗数据共享方案。

本书相关研究得到了国家自然科学基金项目（61662069）、甘肃省杰出青年基金项目（145RJDA325）、兰州市重点人才项目重大技术攻关专项和中电万维信息技术有限责任公司开放课题"区块链云平台"（XYJAGSSGS21110003801）的资助，感谢以上项目及西北师范大学的大力支持。感谢广州大学李树栋教授和西北师范大学曹素珍副教授在选题与撰写等方面所做的卓有成效的工作。感谢王彩芬教授、杜小妮教授、党小超教授、牛淑芬教授、刘雪艳副教授、蓝才会副教授、姚海龙副教授、贾俊杰副教授、曹天涯副教授、谢宗阳讲师等为本书撰写提供的许多宝贵建议。感谢刘涛、刘磊、谢鹏飞、王鸿斌、曾理等工程师对本书的支持。此外，感谢研究生李婷、陈桂兰、文龙、裴喜珍、闫晨阳、田甜、陈艾佳、汪志松、李梅娟、任宁宁、王文佳、刁润泽、廖泽帆、温昊奇、刘瑞霞、李亚楠、周思安和张磊,他们为本书顺利出版做了大量工作。在撰写本书过程中,作者参考了大量文献,在此向文献作者深表感谢!

　　由于作者水平有限,书中难免存在不妥之处,恳请读者批评指正。

杨小东

2023 年 4 月

目　　录

第 1 章　区块链概述

　　区块链通过点对点的分布式记账方式、多节点共识机制、非对称加密和智能合约等多种技术手段建立强大的信任关系和价值传输网络，使其具备分布式、去信任、不可篡改、价值可传递和可编程等特性[1]。区块链可深度融入传统行业，与大数据、云计算、物联网、人工智能等技术深度融合，解决传统行业痛点，促进大数据共享，优化业务流程，降低运营成本，提升协同效率，构建可信体系。区块链技术应用已延伸到数字金融、物联网、智能制造、供应链管理、商品溯源、智能交通、能源、教育、医疗、数字资产交易等多个领域。

1.1　区块链的起源与发展

　　区块链起源于比特币，是比特币的核心底层技术。2008 年 11 月，中本聪（Satoshi Nakamoto）发表了《比特币：一种点对点的电子现金系统》一文，这标志着区块链的诞生[1,2]。由于加密货币的兴起，区块链受到了国内外产业界与学术界的广泛关注和研究。区块链被认为是继互联网之后又一大技术变革，助力重构社会信任关系和实现价值互联。

1. 区块链的定义

　　区块链（blockchain），顾名思义就是由一系列区块按一定规则组成的长链。狭义的区块链就是一种去中心化、分布式、防篡改的数据库技术，每个区块就像一个硬盘可以保存信息，每个节点平等且保存整个数据库[3-5]。广义的区块链是一种分布式数据存储、点对点传输、共识机制、密码算法等计算机技术的新型应用模式。利用哈希函数等技术将不同的区块链接在一起，结合时间戳和哈希函数确保数据的不可篡改性，利用密码技术实现交易安全和隐私保护，使用分布式共识算法（共识机制）来新增和更新数据，借助运行在区块链上的代码（智能合约）来保证业务逻辑的自动强制执行[6-8]。

　　从科技层面来看，区块链涉及计算机网络、密码学、数学、软件工程、物理、经济学、社会学、通信和电子等很多科学技术问题。从应用视角来看，区块链可认为是一个分布式共享账本和数据库，具有信息不可篡改性、去中心化、匿名性、全程留痕、可追溯性、公开透明、集体维护性、时序数据等特点，能够解决信息不对称问题，减少信任成本，提高系统效率，实现多个主体之间的协作信任与一致行动[9-11]。

2. 区块链的发展

区块链的发展经历了四个阶段[12-14]：区块链 1.0、区块链 2.0、区块链 3.0 和区块链 4.0。

（1）区块链 1.0：主要是以比特币为代表的货币区块链技术，解决货币支付、流通中的去中心化管理等问题，实现可编程货币。

（2）区块链 2.0：主要是以"以太坊"为代表的智能合约技术，将数字货币与智能合约相结合，实现可编程金融。

（3）区块链 3.0：区块链技术和实体经济、实体产业相结合，为各行各业提出去中心化管理方法，力图实现可编程的商业经济。

（4）区块链 4.0：致力于建立全球价值互联的可信任生态体系，将区块链技术应用在基础设施和各行各业中，支持抗量子计算攻击的密码算法，实现跨链通信和多链融合。

3. 区块链的分类

根据中心化程度的不同，区块链基本上被分为三类：公有链、私有链和联盟链[15-17]。

（1）公有链：一种全网公开、无用户授权机制的区块链。在三种类型中，公有链的去中心化程度最高，任何人都可参与链上数据的维护和读取，不受任何机构限制。但在某些特定环境下，公有链存在难以保护数据或身份的隐私、交易费用较高、确认速度较慢等问题。此外，公有链的不可更改性降低了系统的灵活性。

（2）私有链：一种封闭性的区块链。私有链中的节点被私有组织掌握，仅对内部的人或实体开放。私有链具有交易效率高、保护隐私信息和交易成本低等优点，但丧失了一定的去中心化特性。

（3）联盟链：一种半开放的区块链。联盟链仅限于联盟成员参与，区块链上的读写权限、参与记账权限按照联盟规则制定，共识过程由预先选好的节点控制。联盟链通过结合智能合约和监管规则，能有效提升监管的自动化水平，支持穿透式监管，易于实现集中式监管。此外，联盟链具有高性能、高可用、保护隐私安全等特点。相较于私有链的封闭、公有链的难以监管，联盟链更符合行业发展和监管要求。

1.2　区块链结构

1. 区块的组成结构

区块链本质上是一种将数据区块按照时间顺序排列而组成的链式数据结构，每次写入数据就创建一个区块[18]。区块主要用于存储数据，类似于小账本，包含两部分：区块头和区块体。区块的组成结构如图 1.1 所示。

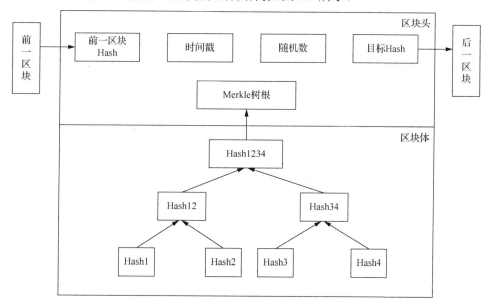

图 1.1　区块的组成结构

区块头主要记录当前区块的特征。例如，在比特币中，区块头包含前一个区块的哈希（Hash）值、时间戳、Merkle 树根数据、随机数、目标哈希值等，大小是 80 字节左右。时间戳贯穿于整个区块链，记录每个区块产生的时间。Merkle 树是一种数据编码的结构，叶子节点存储交易信息的哈希值，非叶子节点存储其子节点组合后的哈希值。Merkle 树中任何一个节点值的改变都会影响根节点的哈希值，因此被用于验证交易信息的完整性。随机数是所有矿工寻找的目标值，通过难度系数可以调整寻找随机数的难度，确保每个区块产生的时间基本相同。比特币产生一个新区块所需的时间是 10min 左右，寻找随机数其实是计算一个哈希函数值。

区块体主要存储实际交易的数据，详细记录每笔交易的金额、转出方、收入方和转出方的数字签名等信息。在比特币中，每个区块的大小约为 1MB，能包含500 多个交易的信息。为了防止比特币的重复消费（双重支付，也称双花），交易被分为两大类：已确认的 TXIDs 和未确认的 UTXOs。如图 1.2 所示，比特币通过哈希函数将每一个区块链接起来，哈希函数的单向性和抗碰撞性确保了区块链的可靠性[3]。数据一旦写入区块链，将永久保存，任何人都可以查看，但无法修改。

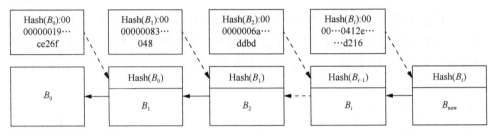

图 1.2　区块的链接结构

2. 区块链的基础架构

区块链的架构基本分为六层，由下而上分别是数据层、网络层、共识层、激励层、合约层和应用层。各层之间相互配合与支撑，其中数据层、网络层和共识层是三个核心层，缺一不可。区块链的基础架构如图 1.3 所示[1]。

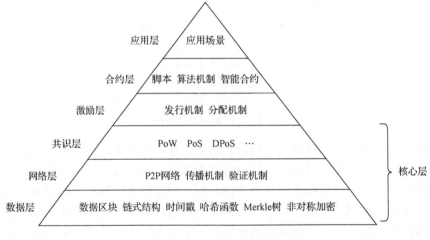

图 1.3　区块链的基础架构

1.3　区块链应用

区块链加速赋能实体，能解决中心化系统的弊端，如数据的可信度、数据的透明度、数据的不可篡改性和数据的隐私性等问题。区块链通过智能合约等技术解决不信任环境下的多方信任协作问题，有助于实现数字资产的归属确权、价值评价和流通全链条监控,将数字资产的交易从"不可能"变为"可能"。区块链在数字货币、金融资产的交易结算、数字政务、存证防伪、数据服务等领域具有广阔应用前景[17,18]。

在金融领域,传统金融行业存在增信与审核等环节的成本高昂、风险控制代价高、结算环节效率低和数据安全隐患大等问题。区块链可以实现信用穿透,证明债权流转的真实有效,有助于缓解金融领域在信任、效率、成本控制、风险管理及数据安全等方面的问题,变革全球支付体系和数字资产形态,构筑分布式商业生态[19]。

在政务领域,区块链凭借分布式协同、身份验证、可追溯、不可篡改等优势,将政府部门集中到一个链上,办事人在被其中一个部门验证身份通过后,所有办事流程全部由智能合约自动处理并流转。区块链技术能够打通政务"数据孤岛"、追溯数据流通过程、明晰权责界定、实现政务数据全生命周期管理,赋能电子政务,深化"最多跑一次"改革,为人民群众带来更好的政务服务体验。

在存证防伪领域,区块链利用哈希函数和时间戳等技术保障链上数据的公开、不可篡改、可溯源等特性,为司法鉴证、数据交换、身份证明、资产交易、产权保护、共享经济、防伪溯源等提供了完美解决方案。通过"物联网+区块链"技术构建的溯源体系,不仅能解决上链前数据的真实性问题,还能确保数据在传递过程中的真实性和可信性。区块链技术在慈善公益、保险、能源、物流、物联网等诸多领域发挥重要作用,假学历、假商品、假慈善、食品安全等问题迎刃而解。

在数据服务领域,云计算能实现大规模、高效率、低成本存储和计算海量数据。区块链构建信任体系,能实现大规模、高效率、低成本信任海量数据。云计算和区块链相结合,有望完美解决"数据垄断"和"数据孤岛"问题,实现数据流通价值,有效降低企业区块链部署成本,推动区块链应用场景落地。

1.4 区块链安全

区块链技术的发展非常迅猛,但区块链安全问题也日趋突出,重大安全事件频发,攻击手段层出不穷。近年来,数字货币和基础设施成为攻击的重点目标,大部分安全事件与数字加密货币、区块链生态系统或个人账号被入侵等原因相关联。

区块链面临的风险与挑战基本分为六大方面[4]:基础设施安全、密码算法安全、协议安全、实现安全、使用安全和系统安全。基础设施安全涉及物理安全、网络攻击、数据丢失和泄露等安全风险;密码算法安全面临算法设计的安全缺陷、无法抵抗量子攻击等风险;协议安全主要面临共识算法漏洞、流量攻击及恶意节点等威胁;实现安全的风险主要来源于代码实践中的安全漏洞和智能合约运行环境的安全问题;使用安全面临智能合约、数字钱包、交易及应用软件等存在的安全问题，以及区块链应用所在服务器上的恶意软件、系统等安全漏洞；系统安全面临的风险主要是指社会工程学手段与传统攻击方法结合的攻击行为。

区块链的安全目标是指利用一些现有的密码技术手段和实施方法来保障区块链系统的应用安全，包括数据安全、智能合约安全、共识安全、密钥安全、内容安全、隐私保护、跨链交易安全及具体的密码算法安全[1]，如图1.4所示。

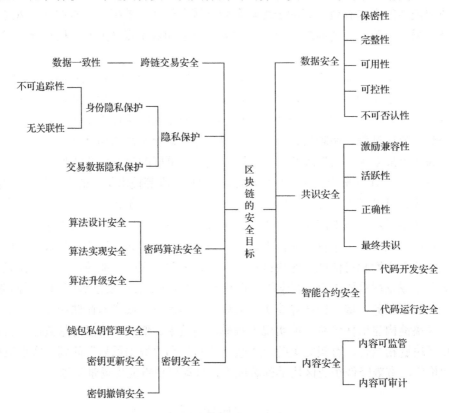

图1.4　区块链的安全目标

数据层是区块链安全的基础，主要面临数据密码算法的安全威胁，该威胁的目的是破坏区块链的数据完整性、认证性和不可否认性。常见攻击有恶意信息攻击、资源滥用攻击、长度扩展攻击、差分攻击、交易延展性攻击和交易关联性攻击等，可采用限制区块链大小、双重摘要、增加权限验证和量子密码算法等防御措施。

网络层主要解决点对点（peer-to-peer，P2P）网络、传播机制和验证机制三个层面的问题，面临的主要攻击是拒绝服务攻击和破坏交易的匿名性。攻击者为了实现双重支付或追踪用户的身份等目标，通常发起边界网关协议（border gateway protocol，BGP）劫持攻击、重放攻击和女巫攻击等。利用共识算法在一定程度上能缓解拒绝服务攻击,通过群签名、环签名等密码技术能保护用户的匿名性。

共识层的安全性必须确保链上所有参与节点能处理有效的消息,对消息的有效性达成一致。此外,共识层还需要抵抗恶意节点联合掌控交易和拒绝服务攻击。针对共识层的攻击形式主要分为两大类:一类是针对安全假设不可靠的51%攻击和贿赂攻击等,另一类是针对一致性不稳定的女巫攻击和芬尼攻击等。

激励层采用加密数字通证的去中心激励体系,是维持区块链正常运转的基础。然而,攻击者可能会利用各种攻击技术盗窃钱包地址,也可能会进行拒绝服务攻击,从而导致系统故障使得虚拟货币丢失。此外,通证合约可能存在代码漏洞风险。例如,合约接口中的访问权限未加限定,会导致攻击者可能非法获得权限进行非法转账[1]。

合约层中的智能合约一旦部署,将无法修补其安全漏洞。由于智能合约通常被用来处理有价值的数字资产,因此也成为攻击者的目标。目前针对智能合约的漏洞有交易顺序漏洞、异常处理漏洞、时间戳漏洞、整数操作漏洞、注入攻击漏洞等,因此部署智能合约前务必做好安全性分析和测试工作。

应用层是区块链与用户直接交互的第一层,但面临监管技术、客户端、私钥管理、智能合约和交易管理等方面的安全问题。针对私钥的攻击方式有字典攻击、键盘记录攻击、撞库攻击、侧信道攻击及各类木马攻击等;针对客户端的攻击有密钥窃取、钓鱼攻击、注入攻击和恶意挖矿攻击。因此,应用层除了处理传统计算机系统和网络安全问题,还需要解决区块链自身的安全问题。

参 考 文 献

[1] 孙溢, 张引, 余恪平. 区块链安全技术[M]. 北京: 北京邮电大学出版社, 2021.

[2] 翁健. 区块链安全[M]. 北京: 清华大学出版社, 2020.

[3] MATTKE J, MAIER C, REIS L, et al. Bitcoin investment: A mixed methods study of investment motivations[J]. European Journal of Information Systems, 2021, 30(3): 261-285.

[4] 刘明达, 陈左宁, 拾以娟, 等. 区块链在数据安全领域的研究进展[J]. 计算机学报, 2021, 44(1): 1-27.

[5] 朱建明, 张沁楠, 高胜. 区块链关键技术及其应用研究进展[J]. 太原理工大学学报, 2020, 51(3): 321-330.

[6] BODKHE U, TANWAR S, PAREKH K, et al. Blockchain for industry 4.0: A comprehensive review[J]. IEEE Access, 2020, 8: 79764-79800.

[7] SHI N, TAN L, LI W, et al. A blockchain-empowered AAA scheme in the large-scale HetNet[J]. Digital Communications and Networks, 2021, 7(3): 308-316.

[8] GAI K, GUO J, ZHU L, et al. Blockchain meets cloud computing: A survey[J]. IEEE Communications Surveys and Tutorials, 2020, 22(3): 2009-2030.

[9] NAMASUDRA S, DEKA G C, JOHRI P, et al. The revolution of blockchain: State-of-the-art and research challenges[J]. Archives of Computational Methods in Engineering, 2021, 28(3): 1497-1515.

[10] SEDLMEIR J, BUHL H U, FRIDGEN G, et al. The energy consumption of blockchain technology: Beyond myth[J]. Business and Information Systems Engineering, 2020, 62(6): 599-608.

[11] EL AZZAOUI A, SINGH S K, PAN Y, et al. Block5gintell: Blockchain for ai-enabled 5G networks[J]. IEEE Access, 2020, 8: 145918-145935.

[12] NGUYEN D C, DING M, PATHIRANA P N, et al. Blockchain and AI-based solutions to combat coronavirus (COVID-19)-like epidemics: A survey[J]. IEEE Access, 2021, 9: 95730-95753.

[13] DE AGUIAR E J, FAICAL B S, KRISHNAMACHARI B, et al. A survey of blockchain-based strategies for healthcare[J]. ACM Computing Surveys, 2020, 53(2): 1-27.

[14] MAESA D D F, MORI P. Blockchain 3.0 applications survey[J]. Journal of Parallel and Distributed Computing, 2020, 138: 99-114.

[15] 刘明熹, 甘国华, 程郁琨, 等. 区块链共识机制的发展现状与展望[J]. 运筹学学报, 2020, 24(1): 23-39.

[16] 张云勇, 程刚, 安岗, 等. 区块链在电信运营商的应用[J]. 电信科学, 2020, 36(5): 1-7.

[17] 李萌, 裴攀, 孙恩昌, 等. 人工智能与区块链赋能物联网: 发展与展望[J]. 北京工业大学学报, 2021, 47(5): 520-529.

[18] 王群, 李馥娟, 王振力, 等. 区块链原理及关键技术[J]. 计算机科学与探索, 2020, 14(10): 1621-1643.

[19] 崔红蕊. 我国商业银行引入区块链技术的动因、场景及风险研究[D]. 北京: 中国社会科学院研究生院, 2019.

第 2 章　密码学基础

密码学是区块链的信任之源,区块链本质上是一种去中心化的分布式数据库,通过哈希函数将每个区块串联成一个链。区块链使用数字签名确认交易双方的身份,利用加密算法实现交易的保密性,通过哈希函数保证链上数据的不可篡改性,通过零知识证明、群签名、环签名等密码技术实现隐私保护。例如,在比特币中,用户拥有一对公钥和私钥,公钥是用户唯一的钱包地址。此外,区块链中的密码技术还有多重签名、同态加密、同态承诺、累积器、可连接环签名、门限签名、属性基加密、代理重密码、签密、聚合签名等。本章主要介绍密码学的一些基础知识,包括密码学的基本概念、数学困难问题和常用的密码技术。

2.1　密码学的基本概念

密码学是研究信息系统安全保密的科学,包含两个分支:对信息进行编码实现隐蔽信息的密码编码学(cryptography)和破译密码的密码分析学(cryptanalytics)[1]。

1. 基本概念

下面简要介绍密码学中的基本概念。
(1)明文:待加密处理的消息。
(2)密文:加密处理后输出的消息。
(3)加密:将明文转换为密文的过程。
(4)解密:通过密文恢复出明文的过程。
(5)加密算法:将输入的明文转换为密文的方法。
(6)解密算法:从密文中恢复出明文的方法。
(7)密钥:加密和解密时所需的秘密信息。
一个保密系统的安全性不是加密或签名等算法的保密,而是密钥的安全性,这是著名的 Kerckhoff 原则[2]。加密算法要求使用者通过加密算法很容易将明文转换为密文,但攻击者无法从密文中获得明文的任何信息。密码学能提供机密性、完整性、真实性和不可否认性等安全功能,保障信息的加密保护和安全认证。

2. 分类

按照密钥的使用方式,加密体制划分为两大类[3]。

（1）对称密码体制（又称单钥密码体制）：加密密钥和解密密钥相同，或通过加密密钥很容易推导出解密密钥。对称密码根据加密的消息长度又分为流密码和分组密码，具有加密/解密速度快等优点，但存在密钥管理复杂和预先分配密钥等问题。

（2）非对称密码体制（又称公钥密码体制或双钥密码体制）：加密密钥（被称为公钥）和解密密钥（被称为私钥）不同，通过公钥在计算上很难推导出对应的私钥。用户的公钥对外公开，但私钥是用户秘密保存，加密和解密能力分开。公钥密码体制能实现多对一的保密通信，无需预先分配密钥，但公钥密码算法的计算开销一般高于对称密码算法。在实际应用中一般采用混合密码体制，用公钥密码体制加密对称密码体制的会话密钥，用对称密码体制加密通信的信息，从而达到安全通信的目的。一个保密系统的通信模型如图 2.1 所示，如果是对称密码体制，则 $k_1 = k_2$；如果是非对称密码体制，则 $k_1 \neq k_2$。

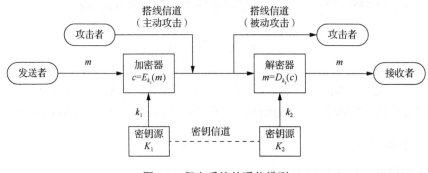

图 2.1　保密系统的通信模型

2.2　数学困难问题

为了证明公钥密码算法的安全性，通常将其归约到一些数学困难问题[4-6]。为了描述这些问题，令 p 表示一个大素数，N 表示两个大素数的乘积，G_1 和 G_2 表示两个阶为 p 的循环群，G_3 表示一个关于 N^2 的二次剩余类群，$e: G_1 \times G_1 \to G_2$ 表示一个双线性映射，g 表示 G_1 的一个生成元。

（1）离散对数（discrete logarithm，DL）问题：给定一个元组 $(g, g^x) \in G_1^2$，计算 $x \in Z_p^*$。

（2）扩展的离散对数（extended discrete logarithm，EDL）问题：给定一个元组 $(g, g^x, g^{1/x}) \in G_1^3$，计算 $x \in Z_p^*$。

（3）判定性 Diffie-Hellman（decisional Diffie-Hellman，DDH）问题：给定一个元组 $(g, g^a, g^b) \in G_1^3$ 和一个元组 $T \in G_1$，其中未知的 $a, b \in Z_p^*$，判断 T 是否等

于 g^{ab} 。

（4）判定性双线性 Diffie-Hellman（decisional bilinear Diffie-Hellman，DBDH）问题：给定一个元组 $(g, g^a, g^b, g^c) \in G_1^3$ 和一个元组 $\theta \in G_2$ ，其中未知的 $a, b, c \in Z_p^*$ ，判断 θ 是否等于 $e(g, g)^{abc}$ 。

（5）q-双线性 Diffie-Hellman 求逆（q-bilinear Diffie-Hellman inversion，q-BDHI）问题：给定一个元组 $(g, g^a, \cdots, g^{a^q}) \in G_1^{q+1}$ ，计算 $e(g, g)^{1/a}$ 。

（6）判定性双线性除法 Diffie-Hellman（decisional bilinear divisible Diffie-Hellman，DBDDH）问题：给定一个元组 $(g, g^x, g^{xy}) \in G_1^3$ 和一个元组 $Q \in G_2$ ，其中未知的 $x, y \in Z_p^*$ ，判断 Q 是否等于 $e(g, g)^y$ 。

（7）双线性 Diffie-Hellman（bilinear Diffie-Hellman，BDH）问题：给定四元组 $(g, g^\alpha, g^\beta, g^\gamma)$ ，其中 $\alpha, \beta, \gamma \in Z_p^*$ ，$g \in G_1$ ，计算 $e(g, g)^{\alpha\beta\gamma}$ 。

（8）计算性 Diffie-Hellman（computation Diffie-Hellman，CDH）问题：给定元组 (g, g^a, g^b) ，其中 $a, b \in Z_q^*$ ，计算 g^{ab} 。

（9）q-双线性 Diffie-Hellman 求幂（q-bilinear Diffie-Hellman exponent，q-BDHE）问题：从群 G_1 中随机选取一个值 T ，给定 $y_{g,a,q} = (g_1, g_2, \cdots, g_q, g_{q+1}, \cdots, g_{2q}, g^r)$ ，其中 $a, r \in Z_p^*$ ，$g_i = g^{a^i}$ ，区分 $\left(g, y_{g,a,q}, e(g_{q+1}, g^r)\right)$ 和 $\left(g, y_{g,a,q}, T\right)$ 。

（10）q-判定性 Diffie-Hellman（q-decisional Diffie-Hellman, q-DDH）问题：随机选取 $a \in Z_p^* \setminus \{1\}, D \in G_1$ ，给定元组 $\{g, g^a, g^{a^2}, \cdots, g^{a^{q-1}}, D)$ ，判断 D 是否等于 g^{a^q} 。

（11）扩充多指数序列判定性 Diffie-Hellman（augmented multi-sequence of exponents decisional Diffie-Hellman，aMSE-DDH）问题：给定一个元组 $(g, g^a, \cdots, g^{a^q}) \in G_1^{q+1}$ ，计算 $e(g, g)^{1/a}$ 。

（12）修改的判定性 Diffie-Hellman（modified decisional Diffie-Hellman，MDDH）问题：给定一个元组 $(g, g^a, e(g, g)^b, e(g, g)^{ab})$ ，判断其是否等于 $(g, g^a, e(g, g)^b, e(g, g)^c)$ ，其中 $a, b, c \in Z_q^*$ 。

（13）椭圆曲线离散对数（elliptic curve discrete logarithm，ECDL）问题：假设 G 是一个有限域 F_q 上的椭圆曲线加法群，给定椭圆曲线上两点 $P_1 = kP_2$ 和 P_2 ，计算 $k \in Z_p^*$ 。

2.3　常用的密码技术

1. 哈希函数

哈希函数（Hash function），又称散列函数、杂凑算法或消息摘要，能把任意

长度的消息 x 变换成固定长度的消息 $H(x)$。一个安全的哈希函数 $H(x)$ 至少满足以下性质[7]。

（1）输入消息的长度无限制，但哈希函数的输出长度是固定的；

（2）给定消息 x，计算哈希函数值 $H(x)$ 是容易的；

（3）单向性：给定 $H(x)$，寻找 x 在计算上是不可行的；

（4）抗弱碰撞性：给定 x，寻找 y 使得 $H(x)=H(y)$ 在计算上是不可行的；

（5）抗强碰撞性：寻找 (x,y) 使得 $H(x)=H(y)$ 在计算上是不可行的。

哈希函数的性质确保了用哈希链联接的区块数据具有不可伪造性，一旦数据写入链上，将无法修改[8]。哈希函数是数字签名算法的基本组件，目前常用的哈希函数有国家密码算法 SM3 和国际密码算法 MD5、SHA-1、SHA-2、SHA-256、SHA-512、SHA-3、RIPEMD160 等。

2. 数字签名

数字签名（又称电子签名）是用户利用私钥产生的一串数字，用于证明用户发送信息的真实性，其功能类似在纸上的手写签名或其他物理签名。数字签名必须与所签消息捆绑在一起，通过用户的公钥和验证算法检查签名的有效性，但伪造签名在计算上是困难的。数字签名能在网络安全中提供数据的完整性、身份认证性、数据源认证性、数据不可否认性等功能，其面临的攻击可分为唯密钥攻击、已知消息攻击和选择消息攻击[9,10]。一个安全的数字签名算法至少满足存在性不可伪造，即攻击者无法伪造任何一个消息（包括无意义消息）的有效签名。

3. 零知识证明

零知识证明的基本思想是证明者 P 能够在不向验证者 V 提供任何有用信息的情况下，使验证者相信某个论断是正确的[11]。假如某个协议向 V 证明 P 的确掌握某些信息，但 V 无法推断出这些信息是什么，称 P 实现了最小泄露证明。在最小泄露协议中，零知识证明需要满足下述三个性质。

（1）正确性。P 无法欺骗 V。如果 P 不知道某个论断，则 P 能让 V 相信该论断是正确的概率可以忽略不计。

（2）完备性。V 无法欺骗 P。如果 P 知道某个论断，则 P 能以绝对的优势让 V 相信该论断是正确的。

（3）零知识性。P 透露给 V 的信息为"零"。

在区块链中，通过利用零知识证明机制可以隐藏交易双方的地址和交易细节。

4. 安全多方计算

安全多方计算起源于 1982 年姚期智提出的百万富翁问题[12]，即在没有可信第三方的前提下，两个百万富翁如何不泄露自己的真实财产状况来比较谁更有钱。安全多方计算主要是针对无可信第三方的情况下，如何安全地计算一个约定函数的问题。安全多方计算要求从协议执行期间发送的消息中不能推断出各方持有的私有信息，可以推断的信息仅是输出的结果。

根据计算参与方个数的不同，安全多方计算可分为只有两个参与方的 2PC 和有多个参与方的通用 MPC。安全两方计算使用了混淆电路和不经意传输的密码学技术；安全多方计算使用了同态加密、秘密分享和不经意传输的密码学技术。

安全多方计算技术在隐私智能合约、密钥管理、随机数生成等技术中发挥着独特作用[13]，但安全多方计算存在算法设计难度高、安全验证困难、网络带宽要求高、计算量大、无法离线计算、可靠性差等问题。

参 考 文 献

[1] 斯廷森. 密码学原理与实践[M]. 3 版. 冯登国等, 译. 北京：电子工业出版社, 2009.

[2] 杨波. 现代密码学[M]. 4 版. 北京：清华大学出版社, 2017.

[3] 谷利泽, 郑世慧, 杨义先. 现代密码学教程[M]. 北京：北京邮电大学出版社, 2015.

[4] 杨波. 网络空间安全数学基础[M]. 2 版. 北京：清华大学出版社, 2020.

[5] 陈恭亮. 信息安全数学基础[M]. 2 版. 北京：清华大学出版社, 2014.

[6] 许春香, 周俊辉, 廖永建, 等. 信息安全数学基础教程[M]. 2 版. 北京：清华大学出版社, 2015.

[7] ALI A M, FARHAN A K. A novel improvement with an effective expansion to enhance the MD5 hash function for verification of a secure e-document[J]. IEEE Access, 2020, 8: 80290-80304.

[8] WU C, KE L, DU Y. Quantum resistant key-exposure free chameleon hash and applications in redactable blockchain[J]. Information Sciences, 2021, 548: 438-449.

[9] SHAO Z. Efficient deniable authentication protocol based on generalized El Gamal signature scheme[J]. Computer Standards and Interfaces, 2004, 26(5): 449-454.

[10] MAXWELL G, POELSTRA A, SEURIN Y, et al. Simple schnorr multi-signatures with applications to bitcoin[J]. Designs, Codes and Cryptography, 2019, 87(9): 2139-2164.

[11] 管章双. 基于零知识证明的账户模型区块链系统隐私保护研究[D]. 济南：山东大学, 2020.

[12] 张硕. 安全多方计算协议及其应用研究[D]. 北京：北京邮电大学, 2021.

[13] 黄建华, 江亚慧, 李忠诚. 利用区块链构建公平的安全多方计算[J]. 计算机应用研究, 2020, 37(1): 225-230.

第 3 章　群签名体制

群签名是由 Chaum 等[1]在 1991 年提出的一种特殊签名方案。在群签名方案中，群体中的任意一个成员可以代表整个群体对消息进行匿名签名，验证者通过群公钥检验签名是否为群中成员所签，但不能确定签名者是哪位成员。同时，群签名的匿名性是相对的，对于给定的签名，群管理员能够打开签名确定签名人的身份。一个安全的群签名方案，必须满足匿名性、正确性、防伪造性、不关联性、可追踪性、抗联合攻击性和防陷害性的安全性要求。群签名依据群成员能否在系统建立后动态加入或撤销分为两大类：静态群签名[2]和动态群签名，其中动态的群签名依据可否同时实现成员加入和撤销分为全动态群签名[3]（动态加入和撤销）、可撤销群签名[4]和动态群签名[5]（仅动态加入）。群签名在保证消息不可伪造的基础上实现了用户身份匿名性和可追踪性，广泛应用于区块链[6]、身份托管[7]、数字货币[8]、电子投票[9]和车联网匿名认证系统[10]等领域。

Chaum 等[1]提出群签名体制，并提出了首个群签名方案。但最初的方案群成员数目不可扩展，签名效率不高，很难得到广泛应用。Chen 等[11]在此基础上设计出新群签名方案，来支持动态加入新成员的功能。之后，Camenisch 等[12,13]构造了群公钥长度固定的群签名方案，使得群签名方案能够适用于大群体，从而推动群签名的研究进入活跃期。Bellare 等[2]提出了静态群签名方案的安全性定义和安全模型，完善了安全性证明过程。针对完全动态群签名方案安全定义中存在的不足，Bootle 等[3]给出了通用的动态群签名方案的定义和模型。为了支持群成员的撤销，文献[14]提出了一种具有验证方本地撤销功能的群签名方案。此外，群签名方案的研究范围还涉及与通常的数字签名相互转化，如无证书群签名方案[9]、基于身份的群签名方案[15-17]和盲群签名方案[18,19]等。近年来，一系列具有特殊性质的群签名方案相继被提出，如高效的群签名方案[20]、椭圆曲线群签名方案[21]、有条件的群签名方案[22]和具有前向安全的群签名方案[23]、基于格的群签名方案[24]和后量子安全的群签名方案[25]等。

本章首先介绍基于身份的群签名方案和无证书群签名方案，然后提出基于区块链的群签名方案。

3.1　群签名方案

3.1.1　基于身份的群签名方案

基于身份的群签名体制结合了群签名密码体制和基于身份的密码体制的优点，通过用户身份计算公钥简化证书管理，同时实现数据签名和签名用户匿名。Park 等[26]首次提出基于身份的群签名方案，但该方案存在签名和公钥长度不固定的问题。2015 年，Sarde 等[27]基于 CDH 问题假设和双线性对设计了一种高效、安全的身份基群签名方案，在提高方案计算性能的同时可抵抗群组成员的联合攻击。

1）系统建立算法

给定一个安全参数 λ，密钥生成中心（key generation center，KGC）作为群组管理者选择一个素数 q、阶为 q 的加法群 G_1 和乘法群 G_2 及一个双线性映射 $e:G_1 \times G_1 \to G_2$。KGC 选择 3 个哈希函数 $H_1:\{0,1\}^* \times G_1 \to G_1$，$H_2:\{0,1\}^* \to Z_q^*$ 和 $H_3:G_1 \to Z_q^*$。KGC 随机选择 $s \in Z_p^*$ 作为主密钥，选择一个 G_1 的生成元 P，计算主公钥 P_{pub}。最后，KGC 公开系统参数 $\text{params} = \{G_1,G_2,e,q,P,P_{\text{pub}},H_1,H_2,H_3\}$ 并秘密保存主密钥 s。

2）密钥提取算法

（1）用户 U_i 选择随机数 $r \in Z_q^*$ 作为自己的私钥，计算 rP，将自己的身份信息 ID_i 和 rP 发送给群组管理者 KGC。

（2）KGC 计算 $Q_{\text{ID}_i} = H_1(\text{ID}_i \| T, rP)$ 和 $S_{\text{ID}_i} = sQ_{\text{ID}_i}$，其中 T 代表随机数 r 的有效时间。将 S_{ID_i} 通过安全信道发送给用户 U_i。KGC 设置用户 U_i 的公钥为 Q_{ID_i}，私钥对为 (r,S_{ID_i})。

3）成员加入算法

假定用户 U_i 想成为群组的合法成员，用户 U_i 和群组管理者 KGC 需要进行以下安全交互。

（1）用户 U_i 选择随机数 $x_i \in Z_q^*$，然后将元组 $(rx_i,rP,\text{ID}_i,x_iP)$ 发送给群组管理者 KGC。

（2）群组管理者 KGC 收到 $(rx_i,rP,\text{ID}_i,x_iP)$ 后，验证 $e(rx_ip,p) = e(x_i,rp)$。若等式成立，KGC 计算 $s_i = sH_1(\text{ID}_i,rx_iP)$ 并通过安全信道将 s_i 发送给用户 U_i。同时，群组管理者 KGC 将元组 $(rx_i,rP,\text{ID}_i,x_iP)$ 添加到合法成员列表中。

（3）用户 U_i 收到来自群组管理者 KGC 的 s_i 后，生成签名私钥对 (rx_i,s_i)。

4）签名算法

对于消息 m，用户 U_i 执行如下操作生成消息 m 的群签名。

（1）选择随机数 $\alpha, \beta, k \in Z_q^*$，计算 $R = kP$，$S_1 = rx_i Q_{ID_i}$，$S_2 = rx_i \alpha H_1(ID_i, rx_i P) + H_3(R)P$，$S_3 = rx_i \beta H_1(ID_i, rx_i P) + H_2(m)P$ 和 $S_4 = [H_2(m)\alpha + \beta H_3(R)]s_i$。

（2）设置消息 m 的群签名为 $(R, S_1, S_2, S_3, S_4, rx_i P)$。

5）验证算法

对于给定的消息 m、身份和签名，验证者验证 $e(S_4, rx_i P) = e(S_2, P_{pub})^{H_2(m)} \times e(S_3, P_{pub})^{H_2(R)}$ 和 $e(S_1, P) = e(Q_{ID_i}, rx_i P)$。若以上两等式均成立，验证者接受群签名 $(R, S_1, S_2, S_3, S_4, rx_i P)$，否则拒绝。

6）打开算法

在对签名产生争议时，群组管理者 KGC 验证 $e(S_{ID_i}, P) = e(H_1(ID_i \| T, rP), P_{pub})$，$e(s_i, P) = e(H_1(ID_i, rx_i P), P_{pub})$，$e(S_1, P_{pub}) = e(S_{ID_i}, rx_i P)$ 和 $e(S_2, S_{ID_i})^{H_2(m)} e(S_3, S_{ID_i})^{H_2(R)} = e(S_4, S_1)$。若等式均成立，则确定签名用户身份 ID_i。

基于身份的群签名方案的安全性依赖于 CDHP 问题假设，详细的安全性证明参阅文献[27]。

3.1.2 无证书群签名方案

为了克服基于身份的群签名方案存在的密钥托管问题，陈虎等[28]和李凤银等[29]基于群签名体制提出了无证书群签名方案。Zhang 等[30]和 Chen 等[31]利用双线性对设计了车载自组网中的无证书群签名方案，但双线性映射构造增加了系统的计算开销。

为突破性能瓶颈，Zheng 等[10]设计了一个基于椭圆曲线的无证书群签名方案，并实现了匿名验证功能。无证书群签名方案主要包括 3 个实体：可信机构（trusted authority，TA）、车载单元（on-board unit，OBU）和路边单元（road side unit，RSU）。该方案的具体描述如下。

1）初始化算法

给定一个安全参数 k，可信机构 TA 选择两个素数 p 和 q，使得 $q \mid p-1$。TA 在椭圆曲线上选择一个阶为 q 的加法群 G，生成元 P。TA 选择 2 个哈希函数 $H: \{0,1\}^* \rightarrow Z_q^*$ 和 $H_1: \{0,1\}^* \times G \rightarrow Z_p^*$。TA 随机选择 $z \in Z_p^*$ 作为主密钥 msk，计算 $P_z = zP$ 作为公钥。最后，TA 公开系统参数 params = $\{p, q, G, P, P_z, H, H_1\}$，秘密保存主密钥。

2）部分密钥生成算法

给定路边单元 RSU 的身份信息 ID_{RSU}，TA 随机选择 $r_{RSU} \in Z_p^*$，计算

$R_{RSU} = r_{RSU}P$ 和 $s_{RSU} = r_{RSU} + zH_1(\mathrm{ID}_{RSU} \| P_{RSU} \| R_{RSU})$，并通过安全信道发送 (R_{RSU}, s_{RSU}) 给 RSU。其中，R_{RSU} 是 RSU 的部分公钥，s_{RSU} 是 RSU 的部分私钥。

3）用户密钥生成算法

RSU 随机选择 $x_{RSU} \in Z_q^*$ 作为秘密值，计算 $P_{RSU} = x_{RSU}P$，并发送 $(\mathrm{ID}_{RSU}, P_{RSU})$ 给 TA。RSU 收到 TA 发送的 (R_{RSU}, s_{RSU}) 信息后，验证 $s_{RSU}P = R_{RSU} + P_z H_1(\mathrm{ID}_{RSU} \| P_{RSU} \| R_{RSU})$ 是否成立，并验证 s_{RSU} 的有效性。此时，RSU 得到一个完整的私钥对 $\mathrm{SK}_{RSU} = (x_{RSU}, s_{RSU})$ 和一个完整的公钥对 $\mathrm{PK}_{RSU} = (x_{RSU}P, s_{RSU}P) = (P_{RSU}, S_{RSU})$。TA 保存 RSU 的相应信息 $(\mathrm{ID}_{RSU}, P_{RSU}, S_{RSU}, s_{RSU})$，并将公钥保存到公开列表中。

类似地，给定车载单元 OBU 的身份信息为 ID_A，通过上述过程得到 OBU_A 的私钥对 $SK_A = (x_A, s_A)$ 和公钥对 $\mathrm{PK}_A = (P_A, S_A)$。

此外，RSU 随机选择 $e \in Z_p^*$，计算 $T_0 = eP$。设置该群组的初始同步因子为 T_0，参与的同步因子为 T。

4）成员加入算法

（1）当 OBU_A 想加入群组时，OBU_A 随机选择 $y_A \in Z_q^*$ 和 $b_A \in Z_q^*$，计算出 $Y_A = y_A P$，$h_A = H(\mathrm{ID}_A \| \mathrm{PK}_A \| Y_A \| b_A)$ 和 $v_A = y_A - h_A \cdot \mathrm{SK}_A$，发送 $(\mathrm{ID}_A \| Y_A \| h_A \| v_A \| b_A)$ 给 RSU。

（2）RSU 向 TA 发送 ID_A，获取 OBU_A 的公钥 PK_A，验证 $Y_A' = v_A P + h_A \mathrm{PK}_A = Y_A$ 是否成立。若等式成立，RSU 同意 OBU_A 加入群组，并为 OBU_A 生成群成员信息。RSU 随机选择 $e_A \in Z_q^*$，计算 $E_A = Y_A + e_A P = (e_A + y_A)P$，$h_{RSU} = H(E_A \| \mathrm{PK}_{RSU} \| T)$ 和 $s_{RSU} = e_A + \mathrm{SK}_{RSU} \cdot h_{RSU}$，发送 $(E_A, h_{RSU}, s_{RSU}, T)$ 给 OBU_A。RSU 在群成员信息列表 L 中记录 OBU_A 的群成员信息 $(\mathrm{ID}_A, \mathrm{PK}_A, Y_A, b_A, E_A, E_A P, e_A, h_A, s_A)$，发送 (T, b_A) 给群组内的其他成员。

（3）OBU_A 验证 RSU 的公钥 PK_{RSU}，计算 $E_A' = (s_{RSU} + y_A)P - h_{RSU}\mathrm{PK}_{RSU} = E_A$ 是否成立。若等式成立，则元组 $(\mathrm{ID}_A, \mathrm{PK}_{RSU}, Y_A, E_A, b_A, T)$ 是 RSU 对新用户 OBU_A 的有效群签名，也是成员加入群组并获得群签名的群成员资格证书。

（4）原群组成员收到 RSU 发送的 (T, b_A) 后，通过计算 $T_B' = T + T_B(b_A - b_B)$（以 OBU_B 为例）更新自己的同步因子。进一步更新 RSU 对 OBU_B 的签名 $(\mathrm{ID}_B, \mathrm{PK}_{RSU}, Y_B, E_B, b_B, T_B')$。

（5）路边单元 RSU 更新群组同步因子 $T' = T \cdot (b_A + x_{RSU})$。

5）签名算法

给定消息 M，OBU_A 计算 $C_1 = E_A P + T_A \mathrm{PK}_{RSU}$，$C_2 = T_A P$ 和 $C_3 = b_A E_A$，随机选择 $r_1, r_2, r_3, r_4 \in Z_p^*$，计算 $d_1 = r_1 C_1 - r_2 \mathrm{PK}_{RSU}$，$d_2 = r_1 C_2 + r_3 S_{RSU}$，$d_3 = r_3 P$，$d_4 = r_3 \mathrm{PK}_{RSU} + r_4 P$，$c = H(\mathrm{PK}_{RSU} \| M \| C_1 \| C_2 \| C_3 \| d_1 \| d_2 \| d_3 \| d_4)$，$s_1 = r_1 - cb_A$，$s_2 = r_2 - cb_A T_A$，$s_3 = r_3 - cT_A$，$s_4 = r_4 - cE_A$。最后，$\mathrm{OBU}_A$ 输出签名 $\mathrm{RM} = (c, s_1, s_2,$

$s_3, s_4, C_1, C_2, C_3)$。

6）签名验证算法

给定签名 $RM = (c, s_1, s_2, s_3, s_4, C_1, C_2, C_3)$，验证者计算 $d_1' = s_1C_1 - s_2PK_{RSU} + cPC_3$，$d_2' = s_1C_2 + s_3S_{RSU} + cTP$，$d_3' = s_3P + cC_2 + s_3PK_{RSU}$，$d_4' = cC_1 + s_4P$ 和 $c' = H(PK_{RSU} \| m \| C_1 \| C_2 \| C_3 \| d_1' \| d_2' \| d_3' \| d_4')$。若 $c' = c$，则签名合法。

7）成员撤销算法

为了撤销用户 OBU_A，RSU 根据 (T, b_A) 计算一个新的同步因子 $T' = T \cdot (b_A + x_{RSU})^{-1}$，发送 (T', b_A) 给群组的其他成员。收到 (T', b_A) 后，群组中除 OBU_A 外的其他成员更新自己的同步因子 $T_B' = (T_B - T') \cdot (b_A - b_B)^{-1}$。

8）签名打开算法

当 RSU 发现群成员发送的消息签名为虚假信息或群成员之间发生争议时，RSU 根据签名 $RM = (c, s_1, s_2, s_3, s_4, C_1, C_2, C_3)$，计算 $E_A P = C_1 - C_2SK_{RSU}$。同时 RSU 利用自己的私钥 $SK_{RSU} = (x_{RSU}, s_{RSU})$，查询保存的 ID_A 和对应的实际签名者。

3.2　基于区块链的群签名方案

互联网环境的开放性，给网络数据共享带来了便利，同时带来了巨大的数据安全隐患。例如，在电子拍卖系统中，恶意的数据攻击者可能篡改、伪造数据拥有者共享的拍卖数据。数字签名技术可以保证数据的可追溯性与不可抵赖性[32]，但存在对中心机构的可信依赖问题。基于区块链技术的数字签名可以实现去中心化的数据溯源[33]，但在区块链分布式系统中每笔交易都能够被任意一方检查与分析，这可能泄露交易者的身份信息[34]。因此，区块链系统中的匿名性需求难以满足。

群签名是一种匿名签名技术，它利用群组概念隐蔽签名者的具体身份，同时群组管理者能够在需要时打开群签名，获得签名者的真实身份[35]，因此群签名能够实现区块链系统中签名数据的可匿名性和可追溯性。在现存的群签名方案中，群组管理者可以控制群组中所有的签名，当群组管理者是恶意攻击者时，群签名的安全性会受到严重影响。

为解决集中群组管理存在的信任问题，Devidas 等[36]提出了一个分布式群签名方案。该群签名方案可以应用于区块链系统中，解决电子拍卖场景中的数据溯源问题与用户身份隐私问题。本节主要介绍该群签名方案的系统模型和具体方案。

3.2.1　系统模型

分布式群签名方案模型主要包含 4 个实体：投标用户（user）、注册管理者（registration manager，RM）、拍卖管理者（auction manager，AM）、身份管理者（identity manager，IM）。

（1）投标用户：具有唯一身份 ID_i 的投标用户选定自己的私钥 x_i，计算自己的公钥 $y_i = g^{x_i} \bmod p$。

（2）注册管理者：注册管理者拥有私钥 x_{RM} 和公钥 $y_{\mathrm{RM}} = g^{x_{\mathrm{RM}}} \bmod p$，主要负责注册登记每个投标用户并为每个投标用户生成密钥对。

（3）拍卖管理者：拍卖管理者拥有私钥 x_{AM} 和公钥 $y_{\mathrm{AM}} = g^{x_{\mathrm{AM}}} \bmod p$，主要负责维护货物信息，并在匿名状态下确定中标结果。同时，拍卖管理者对其他投标用户开放中标结果，以验证中标结果（用户生成的群签名）的有效性。

（4）身份管理者：身份管理者拥有私钥 x_{IM} 和公钥 $y_{\mathrm{IM}} = g^{x_{\mathrm{IM}}} \bmod p$，主要负责协助注册管理者更快确定中标者的身份。当身份管理者接收到拍卖管理者的打开签名请求时，身份管理者通过计算确定中标用户的身份信息，并将此用户身份信息发送给注册管理者。

3.2.2　方案描述

1）系统初始化

给定安全参数 k，KGC 选取一个阶为素数 q 的循环群 $\mathrm{GF}(p)$ 和一个生成元 g，选择 2 个函数 $h(\cdot)$ 和 $\mathrm{head}(M,s)$。其中，$h(\cdot)$ 是一个抗碰撞的哈希函数，$\mathrm{head}(M,s)$ 是一个返回二进制字符串 M 的前 s 位的函数。

2）用户注册

在进行通信之前，投标用户（群成员）需向注册管理者 RM（群管理员）发出注册请求，与 RM 共同生成自己的证书 (R_i, S_i)。

（1）每个投标用户 $U_i(1 \leqslant i \leqslant m)$ 随机选择 x_i，计算 $y_i = g^{x_i} \bmod p$，设置 x_i 为私钥，y_i 为公钥。

（2）收到投标用户 U_i 的注册请求后，每个注册管理者 RM_j 随机选择整数 $k_{ij} \in Z_q^*$ 和链接值 $\mathrm{RN}_{ij} \in Z_q^*$，计算 $r_{ij} = (y_{ij} \times k_{ij} - x_j') \bmod q$ 和 $s_{ij} = y_i^{k_{ij}} \bmod p$，发送二元组 (r_{ij}, s_{ij}) 给投标用户 U_i。同时，注册管理者 RM_j 在本地用户信息表中记录链接值 RN_{ij}，如表 3.1 所示。

表 3.1 本地用户信息表

身份标识	公钥	整数	链接值
ID_1	y_1	$\sum_{j=1}^{n} k_{1j}$	$\sum_{j=1}^{n} \text{RN}_{1j}$
ID_2	y_2	$\sum_{j=1}^{n} k_{2j}$	$\sum_{j=1}^{n} \text{RN}_{2j}$
$\vdots$	$\vdots$	$\vdots$	$\vdots$
ID_m	y_m	$\sum_{j=1}^{n} k_{mj}$	$\sum_{j=1}^{n} \text{RN}_{mj}$

（3）收到所有注册管理者发送的 (r_{ij}, s_{ij}) 后，投标用户 U_i 计算 $R_i = \sum_{j=1}^{n} r_{ij}$ 和

$S_i = \prod_{j=1}^{n} s_{ij}$，设置 (R_i, S_i) 为证书。投标用户 U_i 得到 (R_i, S_i) 后，验证等式

$S_i^{yi} \bmod p = (g^{R_i} \times \prod_{j=1}^{n} y_j')^{x_i} \bmod p \cdot e(H_2(w_{ij}), \text{pk}_u)$，若等式成立，则证书是有效的。

3）拍卖阶段

若投标用户 U_i 想要参与投标，则与身份管理者 IM 交互执行下列操作。

（1）投标用户 U_i 发送自己的链接值 RN_i 和用于拍卖的货物身份 GNO_i 给身份管理者 IM。

（2）身份管理者 IM 随机选择整数 d_i，计算 $\text{NO}_i = \text{GNO}_i \| d_i$。

（3）身份管理者 IM 利用私钥 x_{IM} 对 NO_i 和 RN_i 签名，得到签名 $S = \text{sign}_{x_{\text{AM}}}$ $[\text{NO}_i, \text{RN}_i]$。IM 发送 S 和 NO_i 给用户 U_i。同时，身份管理者 IM 在用户链接值表中记录并维护链接值 RN_{ij}，如表 3.2 所示。

表 3.2 用户链接值表

链接值	NO_i
$\sum_{j=1}^{n} \text{RN}_{1j}$	NO_1
$\sum_{j=1}^{n} \text{RN}_{2j}$	NO_2
$\vdots$	$\vdots$
$\sum_{j=1}^{n} \text{RN}_{mj}$	NO_m

（4）投标用户 U_i 收到签名 $S = \text{sign}_{x_{\text{AM}}}[\text{NO}_i, \text{RN}_i]$ 后，通过计算 $\sum_{j=1}^{n} \text{RN}_{ij}$ 验证 NO_i 的真实性。

（5）投标用户 U_i 计算 $M = (\text{GNO}_i, T_i, \text{NO}_i, P_i)$，其中 P_i 为 U_i 的竞拍价格，T_i 为时间戳。

（6）投标用户 U_i 随机选择两个 $N_1, N_2 \in Z_q^*$，计算 $A = x_i \times N_1 \times N_2 \bmod q$，$B = S_i^{N_1 \times N_2 \times y_i} \bmod p$，$C = M \times y_i^{-N_1 \times A \times h(B)} \bmod p$ 和 $D = N_1 - R_i \times h(C) \bmod q$。

（7）投标用户 U_i 发送投标签名 $\{A_i, B_i, C_i, D_i, \text{GNO}_i\}$ 给拍卖管理者 AM。

（8）收到所有投标信息后，拍卖管理者 AM 维护拍卖信息列表，如表 3.3 所示。

表 3.3　拍卖信息列表

用户	NO_i
U_1	$\{A_1, B_1, C_1, D_1, \text{GNO}_1\}$
U_2	$\{A_2, B_2, C_2, D_2, \text{GNO}_2\}$
$\vdots$	$\vdots$
U_m	$\{A_m, B_m, C_m, D_m, \text{GNO}_m\}$

4）身份确认阶段

在竞标结束之后，拍卖管理者 AM、身份管理者 IM 和注册管理者 RM 交互寻找并公布中标者 U_w 的身份，具体过程如下。

（1）拍卖管理者 AM 通过计算 $M_i = C_i \times [g^{D_i \times A_i} \times \prod_{j=1}^{n} y_{\text{RM}}^{-h(C_i) \times A_i} \times B_i^{h(C_i)}]^{x_{\text{RM}} \times h(B_i)} \bmod p$ 打开所有投标信息，利用智能合约从中找到最高的竞拍价格 M_j。AM 验证 $\text{GNO}_i = \text{head}(M_j, S)$，若等式成立，$M_j$ 确认有效。

（2）拍卖管理者 AM 选择一个随机数 N_3，计算 $Q_j = X_{\text{RM}} \times N_3 \bmod q$ 和 $C_j' = M_j \times (C_j \times M_j')^{N_3} \bmod p$。AM 公布 $\{A_j, B_j, C_j', D_j, \text{GNO}_i\}$ 和 Q_j，任何参与用户能够通过计算 $M_j = C_j' \times [g^{D_j \times A_j} \times \prod_{j=1}^{n} y_{\text{RM}}^{-h(C_j) \times A_j} \times B_j^{h(C_j)}]^{x_{\text{RM}} \times h(B_j)} \bmod p$ 验证中标结果（用户生成的群签名）的有效性。

（3）拍卖管理者 AM 发送中标信息 $\{A_j, B_j, C_j, D_j, \text{GNO}_j\}$ 和 NO_j 给身份管理者 IM。IM 通过查询本地的用户链接值表（表 3.2），找到 NO_j 的链接值 $\sum_{j=1}^{n} \text{RN}_j$。

（4）身份管理者 IM 发送中标信息 $\{A_j, B_j, C_j, D_j, \mathrm{GNO}_j\}$ 和链接值 $\sum\limits_{j=1}^{n} \mathrm{RN}_j$ 给注册管理者 RM。RM 通过查询本地用户信息表（表 3.1），找到 $\sum\limits_{j=1}^{n} \mathrm{RN}_j$ 对应的 ID_j，y_j 和 $\sum\limits_{j=1}^{n} k_{ij}$。RM 验证 $U_j = g^{A_j \times \sum\limits_{j=1}^{n} k_{ij} \times y_j} \bmod p$，若等式成立，则身份为 ID_j 的用户 U_j 为中标者。

（5）RM_j 将中标者的信息打包为交易，并为所有此类交易创建一个新区块。最后，RM_j 发送新区块到区块链平台，等待其他注册管理员节点验证。

　　该方案针对离散对数群签名方案中指定中心化群管理员可能存在恶意暴露身份和合谋攻击的风险，引入区块链技术消除对群管理员的可信依赖，并利用打开签名算法和智能合约技术找到最高竞价。该电子拍卖方案能够确保竞争的真实、公平。采用群签名算法对竞标信息进行匿名签名，确保了数据的不可伪造性、匿名性、不可链接性和可追溯性等。

参 考 文 献

[1] CHAUM D, VAN HEYST E. Group signatures[C]. Workshop on the Theory and Application of Cryptographic Techniques, Berlin, Germany, 1991: 257-265.

[2] BELLARE M, MICCIANCIO D, WARINSCHI B. Foundations of group signatures: Formal definitions, simplified requirements, and a construction based on general assumptions[C]. International Conference on the Theory and Applications of Cryptographic Techniques, Berlin, Germany, 2003: 614-629.

[3] BOOTLE J, CERULLI A, CHAIDOS P, et al. Foundations of fully dynamic group signatures[C]. International Conference on Applied Cryptography and Network Security, London, UK, 2016: 117-136.

[4] BRESSON E, STERN J. Efficient revocation in group signatures[C]. International Workshop on Public Key Cryptography, Berlin, Germany, 2001: 190-206.

[5] KIAYIAS A, YUNG M. Secure scalable group signature with dynamic joins and separable authorities[J]. International Journal of Security and Networks, 2006, 1(1): 24-45.

[6] CAO Y, LI Y, SUN Y, et al. Decentralized group signature scheme based on blockchain[C]. International Conference on Communications, Information System and Computer Engineering, Haikou, China, 2019: 566-569.

[7] KILIAN J, PETRANK E. Identity escrow[C]. International Conference on Advances in Cryptology, Berlin, Germany, 1998: 169-185.

[8] TIAN H, LUO P, SU Y. An efficient group signature based digital currency system[C]. International Conference on Blockchain and Trustworthy Systems, Guangzhou, China, 2019: 3-14.

[9] RODRIGUEZ H F, ORTIZ A D, GARCIA Z C. Yet another improvement over the mu-varadharajan e-voting protocol[J]. Computer Standards and Interfaces, 2007, 29(4): 471-480.

[10] ZHENG Y, CHEN G, GUO L. An anonymous authentication scheme in vanets of smart city based on certificateless group signature[J]. Complexity, 2020: 1378202.

[11] CHEN L, PEDERSEN T P. New group signature schemes[C]. Workshop on the Theory and Application of Cryptographic Techniques, Berlin, Germany, 1994: 171-181.

[12] CAMENISCH J. Efficient and generalized group signatures[C]. International Conference on the Theory and Applications of Cryptographic Techniques, Berlin, Germany, 1997: 465-479.

[13] CAMENISCH J, STADLER M. Efficient group signature schemes for large groups[C]. Annual International Cryptology Conference, Berlin, Germany, 1997: 410-424.

[14] BONEH D, SHACHAM H. Group signatures with verifier-local revocation[C]. Proceedings of the 11th ACM Conference on Computer and Communications Security, Washington, USA, 2004: 168-177.

[15] TSENG Y M, JAN J K. A novel ID-based group signature[J]. Information Sciences, 1999, 120(1): 131-141.

[16] CHEN X, ZHANG F, KIM K. A new ID-based group signature scheme from bilinear pairings[C]. Proceedings of International Woekshop on Information Security Applications, Jeju Island, Korea, 2003: 585-592.

[17] 李海峰, 蓝才会, 左为平, 等. 基于身份的无可信中心的门限群签名方案[J]. 计算机工程与应用, 2012, 48(32): 89-93.

[18] 赵晨, 俞惠芳, 李建民. 群盲签名的通用可组合性研究[J]. 计算机应用研究, 2017, 34(10): 3109-3111.

[19] 王鑫. 基于群盲签名安全电子拍卖的研究[D]. 青岛: 青岛大学, 2015.

[20] BONEH D, BOYEN X, SHACHAM H. Short group signatures[C]. Annual International Cryptology Conference, Berlin, Germany, 2004: 41-55.

[21] LUO Y, YANG S. Application of group signature based on ECC in online bidding[J]. Journal of Guizhou University (Nature Science), 2013, 30(5): 100-103.

[22] CHENG X, DU J. Concept and construction of K+ L times conditional group signature[J]. Computer Engineering and Design, 2013, 34(9): 435-446.

[23] 欧海文, 王佳丽. 一种新的基于身份的动态群签名方案[J]. 计算机工程与应用, 2010, 46(6): 96-97.

[24] ZHANG Y, LIU X, HU Y, et al. An improved group signature scheme with VLR over lattices[J]. Security and Communication Networks, 2021: 1-10.

[25] 冯翰文, 刘建伟, 伍前红. 后量子安全的群签名和环签名[J]. 密码学报, 2021, 8(2): 183-201.

[26] PARK S, KIM S, WON D. ID-based group signature[J]. Electronics Letters, 1997, 33(19): 1616-1617.

[27] SARDE P, BANERJEE A. An efficient and secure ID based group signature scheme from bilinear pairings[J]. International Journal of Advanced Networking and Applications, 2015, 6(6): 2559-2562.

[28] 陈虎, 朱昌杰, 宋如顺. 高效的无证书签名和群签名方案[J]. 计算机研究与发展, 2010, 47(2): 231-237.

[29] 李凤银, 刘培玉, 朱振方. 基于双线性对的无证书签名与群签名方案[J]. 计算机工程, 2011, 37(24): 18-21.

[30] ZHANG X, XU Y, CUI J. Anonymous authentication protocol based on certificateless signature for vehicular network[J]. Computer Engineering, 2016, 42(3): 18-28.

[31] CHEN Y, CHENG X, WANG S, et al. Research on certificateless group signature scheme based on bilinear pairings[J]. Netinfo Security, 2017, 17(3): 53-58.

[32] YU J G, ZHANG H, LI S, et al. Data sharing model for internet of things based on blockchain[J]. Journal of Chinese Computer System, 2019, 40(11): 2324-2329.

[33] LI S, ZHANG Y, WANG Y, et al. Utility optimization-based bandwidth allocation for elastic and inelastic services in peer-to-peer networks[J]. International Journal of Applied Mathematics and Computer Science, 2019, 29(1): 111-123.

[34] KOBUSINSKA A, BRZEZINSKI J, BORON M, et al. A branch hash function as a method of message synchronization in anonymous P2P conversations[J]. International Journal of Applied Mathematics and Computer Science, 2016, 26(2): 479-493.

[35] 王硕, 程相国, 陈亚萌, 等. 基于身份的密钥隔离群签名方案[J]. 计算机工程与应用, 2018, 54(16): 76-80.

[36] DEVIDAS S, YV S R, REKHA N R. A decentralized group signature scheme for privacy protection in a blockchain[J]. International Journal of Applied Mathematics and Computer Science, 2021, 31(2): 353-364.

第4章 环签名体制

环签名（ring signature，RS）是 Rivest 等[1]在 2001 年提出的一种新型签名技术。在 RS 方案中，签名者选择几个成员组成一个群，群中每一个成员均能够独立地产生一个签名。验证者相信这个签名是由群中的某个成员生成的，但不能识别真实签名者的身份。针对不同的应用环境要求，环签名还应具有一定的特殊属性，如关联性、门限特性、可撤销匿名性、可否认性等。按照所涉及的不同属性，现有的环签名方案主要分为以下四类：门限环签名[2]、关联环签名[3]、可撤销匿名的环签名[4]和可否认的环签名[5]。

环签名可以被视为一种特殊的群签名，群签名主要的不足是群管理员权限过大，签名者的真实身份信息随时可能被泄露，而环签名则可以克服这个缺点。环签名没有可信中心，不涉及群的建立过程，对于验证者来说签名者是完全匿名的。环签名在政治、经济、军事和管理等多个领域有着广泛应用，主要被用于电子现金系统、电子投票系统、知识产权保护、无线传感网络及多方计算等。

Rivest 等[1]提出环签名体制后，Bresson 等[2]给出了 RS 方案在随机预言模型下的安全性证明过程，并且提出了门限环签名方案的概念。随后，Bender 等[6]提出了强环签名的定义，并给出了一个具体的构造。Liu 等[7]对环签名方案的安全模型进行了级别划分，给出了 3 个级别的安全模型，同时指出同一个方案在不同安全模型下有不同的安全性能。针对公钥证书管理问题，Herranz[8]提出了基于身份的环签名（identity-based ring signature，IBRS）的概念，并设计了首个 IBRS 方案。在此之后，国内外学者提出了大量的 IBRS 方案[9-12]，然而这些 IBRS 方案均存在固有的密钥托管问题。因此，学者们将无证书密码体制与环签名体制相结合，提出了无证书环签名（certificate less ring signature，CLRS）方案[13-17]。后来，具有特殊性质的环签名方案相继被提出，如基于属性的环签名方案[18-20]、代理环签名方案[21-24]和后量子可链接环签名方案[25]等。

本章首先介绍环签名方案，包括基于身份的环签名方案和无证书环签名方案；然后给出三个基于区块链和环签名的密码学方案。

4.1　环签名方案

4.1.1　基于身份的环签名方案

基于身份的环签名体制结合了基于身份的密码体制和环签名密码体制的优点,用户的公钥来源于用户的唯一身份信息,避免了基于公钥基础设施(public key infrastructure,PKI)的环签名体制中存在的证书管理开销问题。针对现有 IBRS 方案存在的计算开销大和通信开销大等问题,Gu 等[26]设计了一个高效、可追溯的 IBRS 方案,该方案类似于无证书签名方案,环密钥是由用户与可信的私钥生成中心(private key generator,PKG)交互而生成的,具体描述如下。

1)系统建立算法

给定一个安全参数 λ,PKG 选择一个大素数 p 和一个阶为 p 的群 G_1,g 是 G_1 的一个生成元。PKG 选择 3 个哈希函数 $H_1: G_1 \to G_1$,$H_2: G_1^4 \to Z_q^*$ 和 $H_3: G_1^4 \times \{0,1\}^* \to Z_q^*$。PKG 随机选择 $s \in Z_q^*$ 作为环主密钥 msk,并秘密保存,计算环公钥 $P_{pub} = g^s$。最后,PKG 公开环公钥 P_{pub} 和系统参数 params $= \{g, G_1, H_1, H_2, H_3\}$。

2)密钥提取算法

环中身份为 ID_i 的用户随机选择 $sk_i \in Z_q^*$,计算 $pk_i = g^{sk_i}$,即环成员对应的公私钥对为 $(sk_i, pk_i), i \in \{1, 2, \cdots, n\}$,其中 n 为环里最大的成员数。

3)环密钥生成算法

输入系统参数 params,PKG 随机选择 $a \in Z_q^*$ 并执行如下的环密钥生成操作。

(1)计算 $u_1 = g^a$,$h_1 = H_1(u_1)$,$x_1 = h_1^s$ 和 $v_1 = h_1^a$,其中 u_1 被用于追踪真实签名者。

(2)计算 $c_1 = H_2(u_1, x_1, v_1, P_{pub})$ 和 $r = a + c_1 \cdot s$。

(3)设置公钥 pk_i 对应用户的部分环密钥 psk $= (x_1, c_1, r)$。

收到部分环密钥 psk 后,公私钥对为 (sk_i, pk_i) 的用户执行如下的环密钥生成操作。

(1)计算 $u_1' = g^r \cdot (P_{pub})^{-c_1}$,$h_1' = H_1(u_1')$ 和 $v_1' = (h_1')^r \cdot (x_1)^{-c_1}$。

(2)计算 $c_1' = H_2(u_1', x_1, v_1', P_{pub})$。

(3)验证等式 $c_1' = c_1$ 是否成立,如果等式成立,用户接受 psk,并执行下列步骤;否则,用户要求 PKG 重新发送新的 psk。

(4)计算 $ck_i = r + c_1 \cdot sk_i = a + c_1 \cdot (s + sk_i)$,输出环密钥 $csk_i = (ck_i, c_1)$,并秘密保存 u_1' 和部分环密钥 psk $= (x_1, c_1, r)$。

4）环签名算法

具有环密钥 $\mathrm{csk}_i = (\mathrm{ck}_i, c_1)$ 的用户在一个事件标识符 $\partial \in \{0,1\}^*$ 上对消息 $m \in \{0,1\}^*$ 签名，给定用户公钥集合 L_{PK}，用户执行如下的签名操作。

（1）随机选择 $k, f \in Z_q^*$，计算 $u_2 = g^k \cdot \prod_{i=1}^n \mathrm{pk}_i$，$h_2 = H_1(u_2)$，$x_2 = h_2^{\mathrm{ck}_i \cdot f}$ 和 $v_2 = h_2^k$，其中 $\mathrm{pk}_i \in L_{\mathrm{PK}}$。

（2）计算 $c_1'' = c_1 \cdot f$，$c_2 = H_3(u_2, x_2, v_2, P_{\mathrm{pub}}, c_1'', m, \partial)$，$y = k + c_2 \cdot f \cdot \mathrm{ck}_i$ 和 $u_1'' = (u_1' \cdot \mathrm{pk}_i^{c_1})^{-c_2 \cdot f}$。

（3）输出消息 m 的签名 $\sigma = \{u_1'', c_1'', c_2, x_2, y\}$。

5）验证算法

收到消息 m 的签名 $\sigma = \{u_1'', c_1'', c_2, x_2, y\}$ 后，签名验证者执行如下的签名验证操作。

（1）计算 $u_2' = g^y \cdot u_1'' \cdot (P_{\mathrm{pub}})^{-c_1'' \cdot c_2} \cdot \prod_{i=1}^n \mathrm{pk}_i$，$h_2' = H_1(u_2')$ 和 $v_2' = (h_2')^y \cdot (x_2)^{-c_2}$。

（2）计算 $c_2' = H_3(u_2', x_2, v_2', P_{\mathrm{pub}}, c_1'', m, \partial)$。

（3）验证等式 $c_2' = c_2$ 是否成立，如果等式成立，验证者输出 valid；否则，输出 invalid。

6）追踪算法

给定系统参数 params、用户的公钥集合 L_{PK}、两个消息 m_1 和 m_2 上的环签名 σ_1 和 σ_2，以及可追踪事件标识符 ∂，KGC 执行如下追踪操作。

（1）对于任何潜在的公钥 $\mathrm{pk}_{i,1} \in L_{\mathrm{PK}}$，计算与元组 $\{m_1, \sigma_1\}$ 有关的值 $\dfrac{(u_1'')^{-\frac{1}{c_1'' \cdot c_2}}}{(u_1)^{\frac{1}{c_1}}} =$

$$\frac{((u_1' \cdot (\mathrm{pk}_{i,1})^{c_1})^{-c_2 \cdot f})^{-\frac{1}{c_1 \cdot f \cdot c_2}}}{(u_1)^{\frac{1}{c_1}}} = \frac{(u_1' \cdot (\mathrm{pk}_{i,1})^{c_1})^{\frac{1}{c_1}}}{(u_1)^{\frac{1}{c_1}}} = \mathrm{pk}_{i,1}。$$ 如果该式有效，则记录真实签名者的公钥 $\mathrm{pk}_{i,1}$；否则，表示没有找到对应的公钥，终止算法。类似地，对任何潜在的 $\mathrm{pk}_{i,2} \in L_{\mathrm{PK}}$，以及元组 $\{m_2, \sigma_2\}$ 均进行相同的计算。

（2）根据比较结果，若 $\mathrm{ID}_1 \neq \mathrm{ID}_2$，返回"Independence"；若 $m_1 = m_2$，返回"Linked"；否则，返回 $\mathrm{pk}_{i,1}$。

该方案具有可跟踪性和匿名性，且不采用配对计算，具有计算优势，安全性可规约为随机预言模型的计算性 Diffie-Hellman（CDH）和判定性 Diffie-Hellman（DDH）假设。详细的安全性证明不再赘述，请参阅文献[26]。

4.1.2 无证书环签名方案

为了解决基于 PKI 的 RS 方案存在的证书管理问题和 IBRS 方案存在的密钥托管问题,无证书环签名体制被提出[13]。针对车载自组网(vehicular ad-hoc networks,VANETs)中的安全性和隐私问题,Bouakkaz 等[27]提出了一种高效的 CLRS 方案。所提方案支持批量验证,极大地降低了计算开销和通信开销;同时,该方案适用于 VANETs 环境,能够实现 VANETs 中通信的条件隐私保护认证,方案具体描述如下。

1)系统建立算法

给定一个安全参数 λ,KGC 选择一个素数 q,G_1 是阶为 q 的加法群,G_2 是相同阶的乘法群,P 是 G_1 的一个生成元,$e:G_1 \times G_1 \to G_2$ 是双线性对映射。KGC 选择哈希函数 $H_1:\{0,1\}^* \to Z_q^*$,$H_2:\{0,1\}^* \to Z_q^*$,$H_3:\{0,1\}^* \to Z_q^*$ 和 $H_4:\{0,1\}^* \to Z_q^*$。KGC 随机选择 $s \in Z_q^*$,计算主密钥 $\text{msk} = s^{-1}$ 和公钥 $P_{\text{pub}} = s^{-1}P$,并秘密保存主密钥。最后,KGC 公开公钥 P_{pub} 和系统参数 $\text{params} = \{q,e,G_1,G_2,P,P_{\text{pub}},H_1,H_2,H_3,H_4\}$。

2)部分私钥提取算法

给定用户的身份 $\text{ID}_i \in \{0,1\}^*$,KGC 执行如下的部分私钥提取操作。

(1)计算 $q_i = H_1(\text{ID}_i)$ 和 $Q_i = q_iP$。

(2)计算用户的部分私钥 $\text{psk}_i = s^{-1}q_iP = s^{-1}Q_i$。

(3)随机选择 $w_i \in Z_q^*$,计算 $Q_i' = w_iQ_i = w_iq_iP$,其中 Q_i' 被用于追踪真实签名者。

(4)输出 $\{\text{psk}_i, Q_i'\}$ 给环成员,公开一个新的环标识表 $L_{\text{ID}} = U_{i=1}^n\{\text{ID}_i\}$,该标识表的有效期为环 $T_{L_{\text{ID}}}$ 的有效时间。

3)秘密值生成算法

身份为 $\text{ID}_i \in \{0,1\}^*$ 的用户随机选择 $x_i \in Z_q^*$ 作为自身的秘密值。

4)密钥生成算法

身份为 $\text{ID}_i \in \{0,1\}^*$ 的环成员用户收到部分私钥 psk_i 后,执行如下的密钥生成操作。

(1)计算私钥 $\text{sk}_i = \dfrac{1}{x_i+q_i}\text{psk}_i$。

(2)计算 $Y_i = \dfrac{1}{x_i+q_i}Q_i$,$X_i = \dfrac{1}{x_i+q_i}P$ 和 $X_i' = X_i + q_iQ_i'$。

(3)新增环成员的公钥 L_{PK},$L_{\text{PK}} = U_{i=1}^n\{\text{pk}_i = (Y_i,X_i)\}$ 是一个公钥列表,它包括所有 n 个环成员的公钥 $\text{pk}_i \in L_{\text{PK}}$。

5）环签名算法

给定环 $T_{L_{\text{ID}}}$ 的列表 $L_{\text{ID}} = U_{i=1}^{n}\{\text{ID}_i\}$ 和对应的公钥 $L_{\text{PK}} = U_{i=1}^{n}\{\text{pk}_i\}$，消息 m_k 的实际签名者 ID_k 根据可跟踪的事件标识符 $\partial \in \{0,1\}^*$ 对 m_k 进行签名，并对签名 σ_k 的时间戳 T_k 进行签名，其中 k 是同一环列表中签名者的索引，签名者 ID_k 执行如下的环签名操作。

（1）随机选择 $r_k \in Z_q^*$，计算 $h_{0_k} = H_2(m_k \| \partial \| T_k \| Q_k' \| \text{psk}_k \| r_k)$。

（2）计算 $A_k = (a_k, A_k')$ 和 $U_k = \dfrac{1}{r_k + h_{0_k}} Y_k$，其中 $a_k = \dfrac{1}{r_k + h_{0_k}}$ 和 $A_k' = \dfrac{1}{r_k + h_{0_k}} X_k'$。

（3）对于所有的公钥 $\text{pk}_i \in L_{\text{PK}}$，$\text{ID}_k$ 随机选择 $U_i \in G_1, \forall i \in \{1,2,\cdots,n\} \setminus \{k\}$，并计算 $h_{U_k} = \sum_{i=1}^{n} H_3(m_k \| A_k \| T_k \| U_i)$。

（4）计算 $h_{1_k} = H_4(m_k \| L_{\text{ID}} \| L_{\text{PK}} \| h_{U_k})$ 和 $V_k = \dfrac{1}{r_k + h_{0_k}} \text{sk}_k + h_{1_k}^{-1} P_{\text{pub}}$。

（5）输出消息 m_k、事件标识符 ∂_k 和时间戳 T_k 的签名 $\sigma_k = (U_k, V_k)$。

（6）对于具有相应公钥 L_{PK} 的环列表 L_{ID}，签名者 ID_k 广播 $(m_k, h_{U_k}, T_k, A_k, \sigma_k = (U_k, V_k))$。

6）验证算法

收到消息 m_k、事件标识符 ∂_k 和时间戳 T_k 的签名 $\sigma_k = (U_k, V_k)$ 后，签名验证者执行如下的签名验证操作。

（1）检查时间戳 T_k 是否合法，若不合法，拒绝接收消息 m_k。

（2）若合法，从匿名用户 ID_k 获取消息 m_k 的无证书环签名 $\sigma_k = (U_k, V_k)$，计算 $h_{1_k} = H_4(m_k \| L_{\text{ID}} \| L_{\text{PK}} \| h_{U_k})$，并验证等式 $e(V_k, P) = e(U_k + h_{1_k}^{-1} P, P_{\text{pub}})$ 是否成立，若等式成立，验证者接受消息 m_k 的签名 σ_k，否则拒绝签名 σ_k。

7）批量验证算法

收到签名者集合 $L_{\text{ID}_k} = U_{k=1}^{n}\{\text{ID}_k\}$ 对消息 $L_{m_k} = U_{k=1}^{n}\{m_k\}$ 和时间戳 $L_{T_k} = U_{k=1}^{n}\{T_k\}$ 的无证书环签名 $L_{\sigma_k} = U_{k=1}^{n}\{(U_k, V_k)\}$ 后，验证者执行如下环签名批量验证操作。

（1）检查时间戳 $L_{T_k} = U_{k=1}^{n}\{T_k\}$ 是否合法，若不合法，拒绝接收消息 $L_{m_k} = U_{k=1}^{n}\{m_k\}$。

（2）若时间戳合法，从匿名用户 $L_{\text{ID}_k} = U_{k=1}^{n}\{\text{ID}_k\}$ 获取消息 $L_{m_k} = U_{k=1}^{n}\{m_k\}$ 的无证书环签名 $L_{\sigma_k} = U_{k=1}^{n}\{(U_k, V_k)\}$。对于 $k = 1,2,\cdots,n$，计算 $h_{1_k} = H_4(m_k \| L_{\text{ID}} \| L_{\text{PK}} \| h_{U_k})$，并验证等式 $e(\sum_{k=1}^{n} V_k, P) = e(\sum_{k=1}^{n} U_k + \sum_{k=1}^{n} h_{1_k}^{-1} P, P_{\text{pub}})$ 是否成立。若等式成立，验

证者接受消息 $L_{m_k} = U_{k=1}^{n}\{m_k\}$ 的签名 $L_{\sigma_k} = U_{k=1}^{n}\{(U_k, V_k)\}$；否则，拒绝签名 $L_{\sigma_k} = U_{k=1}^{n}\{(U_k, V_k)\}$。

8）追踪算法

给定系统参数 params、构成环的用户身份集合 $L_{\mathrm{ID}_k} = U_{k=1}^{n}\{\mathrm{ID}_k\}$、公钥集合 L_{PK}、两个消息 m_1 和 m_2 上的无证书环签名 σ_1 和 σ_2，以及可追踪事件标识符 ∂，KGC 只有当具有 $\{psk_i, Q_i'\}$，且等式 $e(V_k, P) = e(U_k + h_{1_k}^{-1}P, P_{\mathrm{pub}})$ 成立时，执行如下的追踪操作。

（1）对于任何潜在的用户身份 $\mathrm{ID}_1 \in L_{\mathrm{ID}}$，计算与元组 $\{m_1, \sigma_1\}$ 有关的

$$e(psk_k, A_k - a_k H_1(\mathrm{ID}_k)Q_k') = \frac{e(V_k, P)}{e(h_{1_k}^{-1}P, P_{\mathrm{pub}})}$$，其中 $k = \{1, 2\}$。如果该式有效，则记

录真实签名者的身份 ID_1；否则，表明没有找到对应的身份，终止算法。类似地，对任何潜在的 $\mathrm{ID}_2 \in L_{\mathrm{ID}}$ 及元组 $\{m_2, \sigma_2\}$ 均进行相同的计算。

（2）根据比较结果，若 $\mathrm{ID}_1 \neq \mathrm{ID}_2$，返回"Independence"；若 $m_1 \neq m_2$，返回"Linked"；否则，返回 ID_1。

该方案满足匿名性和可跟踪性，并在 CDH 困难问题假设下满足存在不可伪造性，详细证明参阅文献[27]。

4.2 基于区块链和环签名的密码学方案

区块链[28]是一个分布式的公共账本，共识机制保证了链上数据的有效性，密码学原语赋予了区块链不可篡改和不可伪造的特性。基于该种特性，研究人员提出了基于区块链和环签名的密码学方案[29-36]。在本节中，介绍三个基于区块链和环签名的密码学方案。

4.2.1 基于环签名的区块链隐私保护方案

Li 等[29]基于椭圆曲线上的环签名设计了一个区块链隐私保护方案。该方案利用环签名的完全匿名性来保证区块链应用中的数据安全和用户身份隐私，方案具体描述如下。

1）系统建立算法

给定系统安全参数 l，系统管理员执行如下操作。

（1）选择大素数 $q > l$，G 是椭圆曲线上的一个基点，G_1 是阶为 q 的加法群，P 是 G_1 的一个生成元。

（2）选择三个安全的单向哈希函数 $H_0: E(F_q) \rightarrow E(F_q)$，$H_1: \{0,1\} \rightarrow F_q$ 和

$H_2 : \{0,1\}^* \times G_1 \to Z_q^*$。

（3）公开系统参数 $\mathrm{par} = \{q,G,G_1,P,H_0,H_1,H_2\}$。

2）密钥生成算法

区块链系统中用户 $U_i (1 \leqslant i \leqslant n)$ 随机选择 $x_i \in Z_q^*$ 作为自己的私钥 $\mathrm{sk}_i = x_i$，并计算公钥 $\mathrm{pk}_i = x_i * P$。

3）环签名算法

事务发起人 s 选择公钥集合 $R = \mathrm{pk}_1, \mathrm{pk}_2, \cdots, \mathrm{pk}_n$，$R$ 是参与环签名成员的公钥集合，它不包括事务发起人的公钥 pk_s。随后，s 执行如下步骤为 R 中的每个公钥值 pk_i 设置相应的属性值 L_i。

（1）随机选择 $u_i, v_i, w_i \in Z_q^*$，若 $i = s$，计算 $L_i = (u_i + v_i) * G$ 和 $R_i = (u_i + v_i) * H_0(\mathrm{pk}_i)$；否则，计算 $L_i = u_i * G + (v_i + w_i) * \mathrm{pk}_i$ 和 $R_i = u_i * H_0(\mathrm{pk}_i) + (v_i + w_i) * I_s$，其中 $I_s = \mathrm{sk}_s * H_0(\mathrm{pk}_s)$ 用来防止双花攻击。

（2）随机选择 $r \in Z_q^*$，计算 $h = H_2(m \| r)$。

（3）若 $i = s$，计算 $c_i = H_1(h, L_1, \cdots, L_n, R_1, \cdots, R_n) - \sum_{i=1}^n c_i$ 和 $d_i = (u_i + v_i) - c_i * \mathrm{sk}_i$；否则，计算 $c_i = u_i * H_0(\mathrm{pk}_i) + (v_i + w_i) * I_s$ 和 $d_i = u_i$。

（4）s 输出消息 m 的环签名 $T_\delta = (I_s, c_1, c_2, \cdots, c_s, \cdots, c_n, d_1, d_2, \cdots, d_s, \cdots, d_n)$。

4）验证算法

用户 $U_i (1 \leqslant i \leqslant n)$ 计算 $\gamma_i = d_i * G + c_i * \mathrm{pk}_i$ 和 $\delta_i = d_i * H_0(\mathrm{pk}_i) + c_i * I_s$，并通过计算等式 $\sum_{i=1}^n c_i = H_1(h, \gamma_1, \gamma_2, \cdots, \gamma_n, \delta_1, \delta_2, \cdots, \delta_n)$ 是否成立来验证签名 T_σ 的合法性。若等式不成立，返回错误符号"$\perp$"；否则，用户验证 I_s 是否可用，若可用，即代表该签名有效；若不可用，返回错误符号"$\perp$"。

该方案的安全性依赖于 CDH 假设，在此不再赘述，详细证明请参阅文献[29]。

4.2.2　基于区块链的可链接环签名方案

针对区块链电子现金交易中存在的重复消费问题，Liu 等[32]提出了一种适用于区块链的可链接环签名方案。所提方案基于签名的可链接性，可以判断两个签名是否由同一签名人生成，解决了电子现金交易中的双花问题，且保证了交易的匿名性。同时，为了解决环签名中签名过长的问题，所提方案引入聚合签名技术生成固定长度的短签名。方案具体描述如下。

1）系统建立算法

给定一个安全参数 l，执行如下的系统初始化操作。

（1）选择一个素数 $q > l$，$G = <g>$ 是阶为 q 的加法群，g 是 G 的一个生成元。

（2）选择两个安全的单向哈希函数 $H_1:\{0,1\}^* \to Z_q$ 和 $H_2:\{0,1\}^* \to G$。

（3）对于每一个用户 U_i 初始化公钥/私钥对为 (x_i, y_i)，其中 $i=1,2,\cdots,n$，$y_i = g^{x_i}$。

2）环签名算法

给定明文消息 $m \in \{0,1\}^*$、公钥集合 $L = \{y_1, y_2, \cdots, y_n\}$ 和签名者 U_i 的密钥对 (x_i, y_i)，$1 \leqslant i \leqslant n$，签名者 U_i 执行如下计算产生一个可链接的环签名。

（1）随机选择 $s_i \in_R Z_q$，计算 $h = H_2(L)$，$y = h^{x_i}$ 和 $c_{i+1} = H_1(L, y, m, g^u, h^u)$。

（2）令 $j = 1,2,\cdots,n$，随机选择 $s_j \in_R Z_q$，计算 $c_{j+1} = H_1(L, y, m, g^{s_j}, y_j^{c_j}, h^{s_j} y^{c_j})$ 和 $s_i = u - x_i c_i \mod q$。

（3）输出签名 $\sigma_L(m) = (c_1, s_1, s_2, \cdots, s_n, y)$。

3）签名验证算法

当验证者收到 $\sigma_L(m) = (c_1, s_1, s_2, \cdots, s_n, y)$ 后，通过如下计算来验证签名的合法性。

（1）令 $j = 1,2,\cdots,n$，计算 $h = H_2(L)$，$z_j' = g^{s_j} y_j^{c_j}$，$z_j'' = h^{s_j} y^{c_j}$ 和 $c_{j+1} = H_1(L, y, m, z_j', z_j'')$，其中 $i \neq n$。

（2）验证等式 $c_1 = H_1(L, y, m, z', z_n'')$ 是否成立。若等式成立，该签名合法；否则，返回错误符号"⊥"。

4）可链接性验证算法

当验证者收到签名 σ' 后，查询现有签名是否存在相等的 y 值，若存在，则可以确定 σ' 是来自同一个签名者的重复签名。

5）聚合签名算法

给定 n 个用户 $\{U_1, U_2, \cdots, U_n\}$ 的公钥 $\{y_1, y_2, \cdots, y_n\}$ 和 n 个明文消息 $m_1, m_2, \cdots, m_n \in \{0,1\}^*$ 对应的签名 $\{\sigma_1, \sigma_2, \cdots, \sigma_n\}$，聚合者计算 $v = \sum_{i=1}^{n} V_i$，并输出聚合签名 $\delta = (U_1, U_2, \cdots, U_n, V)$。

6）聚合签名验证算法

当验证者收到聚合签名 $\delta = (U_1, U_2, \cdots, U_n, V)$ 后，可以通过如下计算来验证签名的合法性。

（1）计算 $Q_i = H(U_i) \in G_1$ 和 $h_i = H'(m_i \| U_i)$。

（2）验证等式 $e(V, P) = e\left[\sum_{i=1}^{n}(U_i + h_i Q_i), \sum_{i=1}^{n} PK_i\right]$ 是否成立，若等式成立，该签名合法；否则，返回错误符号"⊥"。

该方案的安全性依赖于 CDH 假设，在此不再赘述，详细证明请参阅文献[32]。

4.2.3　基于区块链的多权限可追溯环签名方案

智能电网[37]作为下一代电网系统，能够实现供需平衡。然而，实时电力消耗数据采集可能会暴露用户的生活习惯和经济状况等隐私信息。此外，在数据传输过程中，可能会出现用户侧和存储侧之间的数据不一致。针对上述问题，Tang 等[34]利用区块链技术提出了一个可追溯的环签名方案，方案的具体描述如下。

1）系统建立算法

给定系统安全参数 l，数据处理节点（data processing node，DPN）执行如下系统初始化操作。

（1）选择一个素数 $q > l$，G_1 和 G_2 均是阶为 q 的乘法群，P 是 G_1 和 G_2 的生成元，定义双线性映射 $e : G_1 \times G_1 \to G_2$。

（2）选择两个安全的单向哈希函数 $H_1 : \{0,1\}^* \to G_1$ 和 $H_2 : \{0,1\}^* \to Z_q^*$。

（3）根据密钥生成节点（key generation node，KGN）的个数 n，DPN 决定阈值 t。

2）密钥生成算法

（1）密钥生成节点 $\mathrm{aid}_i \in Z_q^*$ 随机选择一个 $t-1$ 次多项式 $f_i(z)$，其中，$f_i(0) = f_{i0} = s_i$，$f_i(z) = f_{i0} + f_{i1}z + \cdots + f_{i(t-1)}z^{t-1}$。

（2）令 $k = 1, 2, \cdots, t-1$，aid_i 计算并广播 $F_{ik} = f_{ik}P$。

（3）对于其他 aid_j，$j = 1, 2, \cdots, n$，aid_i 计算 $s_{ij} = f_i(\mathrm{aid}_j)$ 并安全地发送给 aid_j。

（4）aid_i 计算 $s_{ii} = f_i(\mathrm{aid}_i)$ 并秘密地保存。

（5）收到 aid_j 发送的 $s_{ji}(j = 1, 2, \cdots, i-1, i+1, \cdots, n)$ 后，aid_i 验证等式 $s_{ji}P = \sum_{k=0}^{t-1} F_{jk}\mathrm{aid}_i^k$ 是否成立，若等式成立，该消息有效；若等式不成立，aid_i 将该错误广播，aid_j 需重新发送满足要求的 s_{ji} 值。

（6）aid_i 计算共享密钥 $s_{ki} = \sum_{j=1}^{n} s_{ji}$ 和公钥 $\mathrm{pk}_i = \mathrm{sk}_i P$。特别注意：主密钥 s 可以通过至少 n 个节点中的 t 个共享密钥 sk_i 恢复。

（7）任意一个 KGN 都可以选择一个随机数 t，并通过计算得到一个共享密钥，假设 KGN 产生的公钥集合为 Ω，aid_i 计算系统主公钥 $P_{\mathrm{pub}} = sP = \sum_{i \in \Omega}(\prod_{j \in \Omega} \frac{\mathrm{aid}_j}{\mathrm{aid}_j - \mathrm{aid}_i})\mathrm{pk}_i$。

（8）KGN 公布系统参数 $\mathrm{params} = \{q, P, e, G_1, G_2, H_1, H_2, t, n, P_{\mathrm{pub}}, \{\mathrm{aid}_i, \mathrm{pk}_i\}_{i=1}^{n}\}$。

3）用户注册算法

如果电力用户打算加入智能电网，则需要向注册授权机构（registration and authentication node，RAN）提交注册信息，RAN 为其分配一个唯一身份。之后，电力用户至少需要与 n 个 KGN 中的 t 个 KGN 进行交互生成他/她的私钥。也就是说，当 KGN 的数量少于 t 个时，用户无法生成自己的私钥，且在此阶段不存在任何两个相互作用的 KGN。因此，用户可以根据其偏好任意选择 t 个 KGN，并和其进行交互来获得自己的私钥，具体操作如下。

（1）用户向 RAN 发送注册请求，收到请求后，RAN 为用户选择一个唯一的身份 $\text{uid}_i \in Z_q^*$，并计算 $B_i = H_1(\text{uid}_i)$。

（2）aid_j 分别计算 $\text{psk}_{ij} = \text{sk}_i B_i$ 并安全地返回给用户。

（3）收到 aid_j 发送的 psk_{ij} 后，用户 uid_i 验证等式 $e(\text{psk}_{ij}, P) = e(B_i, \text{pk}_j)$ 是否成立，若等式成立，即代表该共享密钥合法；若等式不成立，用户重新发送请求，直到收到满足条件的密钥。

（4）收到 t 个共享密钥后，aid_i 计算自己的密钥 $C_i = sH_1(\text{uid}_i) =$
$$\sum_{j \in \Omega} \left(\prod_{k \in \Omega, k \neq j} \frac{\text{aid}_k}{\text{aid}_k - \text{aid}_j} \right) \text{psk}_{ij} 。$$

（5）用户随机选择 $x_i \in Z_q^*$，计算 $X_i = x_i C_i$ 和 $Y_i = x_i(P + B_i)$，令私钥为 (x_i, C_i) 并秘密地保存，令公钥为 (Y_i, uid_i) 并进行广播。

4）环签名算法

在此阶段，每个电力用户利用智能电表收集电力消耗数据 $m \in \{0,1\}^*$，为其生成环签名，并定期将数据发送到智能电网。令 $L = \{\text{uid}_1, \text{uid}_2, \cdots, \text{uid}_l\}$ 为同一住宅区中 l 个用户的身份集合。给定签名者 S 的私钥 (x_S, C_S) 和公钥 (Y_S, uid_S)，其中 $Y_S = x_S(P + B_S)$，签名者执行如下计算产生一个签名。

（1）随机选择 $r_i, u_i \in Z_q^*$，计算 $U_i = u_i P$ $(i = 1, 2, \cdots, l, i \neq S)$。

（2）计算 $R_i = r_i(P + B_i)$ $(i = 1, 2, \cdots, l)$ 和 $R_i' = r_i Y_i$ $(i = 1, 2, \cdots, l)$。

（3）计算 $R = x_S \sum_{i=1}^{l} R_i$ 和 $h_i = H_2(m \| U_i \| R \| L)(i = 1, 2, \cdots, l, i \neq S)$。

（4）随机选择 $u_S \in Z_q^*$，计算 $U_S = u_S B_S - \sum_{i=1, i \neq S}^{l} (U_i + h_i Y_i)$，其中 $U_S \neq U_i$。若 $U_S = U_i$，则需要计算 $h_S = H_2(m \| U_S \| R \| L)$ 和 $D = h_S x_S P_{\text{pub}} + h_S X_S + u_S C_S$。

（5）输出签名 $\sigma = (m, U_1, U_2, \cdots, U_l, R_1', R_2', \cdots, R_l', R, D, L)$，并将 $m \| \sigma \| T$ 发送给 DPN，其中 T 为当前时间戳。

5）数据上传算法

任意一个 DPN 都可以通过如下计算来验证消息 m 的签名 δ 的合法性。

（1）在收到 δ 后，若 $|T'-T|\leqslant\Delta T$ 成立，DPN 计算 $h_i=H_2(m\,\|\,U_i\,\|\,R\,\|\,L)$ $(i=1,2,\cdots,l)$，其中 T' 为当前时间戳，ΔT 是预定的时间阈值。

（2）验证等式 $e(P_{\text{pub}},\sum_{i=1}^{l}(U_i+h_iY_i))=e(P,D)$ 是否成立，若等式成立，接收该签名；否则，返回错误符号 "$\perp$"。

（3）DPN 将签名的电力数据打包成区块，并将其广播到其他 DPN。在大多数 DPN 验证并接受区块后，DPN 将其上传到区块链网络。此外，DPN 还将记录在区块链中上传数据的操作，来保证数据的可追溯性和安全交互。

6）数据追溯算法

当用户发现用电量数据与区块链网络中存储的数据不一致时，他/她可以发起审计请求。然后，审计节点（auditing node，AN）介入解决此问题。在此过程中，AN 只需与同一住宅区内的所有用户进行一次交互即可跟踪真正的签名者。AN 执行的具体操作如下。

（1）解析区块链中记录的操作，以跟踪造成数据不一致的操作。

（2）根据环签名 σ 中同一住宅区内电力用户的身份 R_i' 和身份集合 L，计算 $R_i=R_i'x_i^{-1}$。

（3）通过检查等式 $e(R_i',P+B_i)=e(R_i,Y_i)$ 是否成立来验证 R_i 的有效性。在所有 R_i 均有效的条件下，AN 计算 $W=\sum_{i=1}^{l}R_i$。之后，AN 可通过计算 $e(R,P+B_i)=e(W,Y_i)$ 找出签名者 S。

（4）AN 根据跟踪结果解决数据不一致的问题。

该方案的安全性依赖于 CDH 假设，在此不再赘述，详细证明请参阅文献[34]。

参 考 文 献

[1] RIVEST R L, SHAMIR A, TAUMAN Y. How to leak a secret[C]. International Conference on the Theory and Application of Cryptology and Information Security, Berlin, Germany, 2001: 552-565.

[2] BRESSON E, STERN J, SZYDLO M. Threshold ring signatures and applications to ad-hoc groups[C]. Annual International Cryptology Conference, Berlin, Germany, 2002: 465-480.

[3] LIU J K, WEI V K, WONG D S. Linkable spontaneous anonymous group signature for ad hoc groups[C]. Australasian Conference on Information Security and Privacy, Berlin, Germany, 2004: 325-335.

[4] LEE K C, WEN H A, HWANG T. Convertible ring signature[J]. IEE Proceedings-Communications, 2005, 152(4): 411-414.

[5] KOMANO Y, OHTA K, SHIMBO A, et al. Toward the fair anonymous signatures: Deniable ring signatures[C]. Cryptographers' Track at the RSA Conference, Berlin, Germany, 2006: 174-191.

[6] BENDER A, KATZ J, MORASELLI R. Ring signatures: Stronger definitions, and constructions without random oracles[J]. Journal of Cryptology, 2009, 22(1): 114-138.

[7] LIU J K, WONG D S. On the security models of (threshold) ring signature schemes[C]. International Conference on Information Security and Cryptology, Berlin, Germany, 2004: 204-217.

[8] HERRANZ J. Identity-based ring signatures from RSA[J]. Theoretical Computer Science, 2007, 389(1): 100-117.

[9] ADEGBEGE A, HEATH W P. Internal model control design for input-constrained multivariable processes[J]. AIChE Journal, 2011, 57(12): 3459-3472.

[10] SHIM K A. An efficient ring signature scheme from pairings[J]. Information Sciences, 2015, 300: 63-69.

[11] WANG K, MU Y, SUSILO W. Identity-based quotable ring signature[J]. Information Sciences, 2015, 321: 71-89.

[12] DENG L, JIANG Y, NING B. Identity-based linkable ring signature scheme[J]. IEEE Access, 2019, 7: 153969-153976.

[13] 吴问娣, 曾吉文. 一种无证书的环签名方案和一个基于身份的多重签名方案[J]. 数学研究, 2006, 2: 155-163.

[14] CHANG S, WONG D S, MU Y, et al. Certificateless threshold ring signature[J]. Information Sciences, 2009, 179(20): 3685-3696.

[15] DENG L. Certificateless ring signature based on RSA problem and DL problem[J]. RAIRO-Theoretical Informatics and Applications, 2015, 49(4): 307-318.

[16] ZHANG Y, ZENG J, LI W, et al. A certificateless ring signature scheme with high efficiency in the random oracle model[J]. Mathematical Problems in Engineering, 2017: 7696858.

[17] DENG L, LI S, HUANG H, et al. Certificateless ring signature scheme from elliptic curve group[J]. Journal of Internet Technology, 2020, 21(3): 723-731.

[18] 陈少真, 王文强, 彭书娟. 高效的基于属性的环签名方案[J]. 计算机研究与发展, 2010, 47(12): 2075-2082.

[19] 罗东俊, 张军. 一种基于属性环签名的高效匿名证明协议[J]. 计算机应用研究, 2012, 29(9): 3470-3474.

[20] 陈桢, 张文芳, 王小敏. 基于属性的抗合谋攻击可变门限环签名方案[J]. 通信学报, 2015, 36(12): 212-222.

[21] 禹勇, 杨波, 李发根, 等. 一个有效的代理环签名方案[J]. 北京邮电大学学报, 2007(3): 23-26.

[22] 石红岩. 一种无证书的代理环签名方案[D]. 厦门: 厦门大学, 2009.

[23] 于义科, 郑雪峰, 张清国, 等. 标准模型下基于身份的代理环签名方案研究[J]. 控制与决策, 2012, 27(3): 362-368, 373.

[24] ZHANG Y, JIWEN Z. An efficient proxy ring signature without bilinear pairing[J]. Chinese Journal of Electronics, 2019, 28(3): 514-520.

[25] 崔永泉, 曹玲, 张小宇, 等. 格基环签名的车联网隐私保护[J]. 计算机学报, 2019, 42(5): 980-992.

[26] GU K, DONG X, WANG L. Efficient traceable ring signature scheme without pairings[J]. Advances in Mathematics of Communications, 2020, 14(2): 207.

[27] BOUAKKAZ S, SEMCHEDINE F. A certificateless ring signature scheme with batch verification for applications in VANET[J]. Journal of Information Security and Applications, 2020, 55: 102669.

[28] NOFER M, GOMBER P, HINZ O, et al. Blockchain[J]. Business and Information Systems Engineering, 2017, 59(3): 183-187.

[29] LI X, MEI Y, GONG J, et al. A blockchain privacy protection scheme based on ring signature[J]. IEEE Access, 2020, 8: 76765-76772.

[30] ZHANG M, CHEN X. A post-quantum certificateless ring signature scheme for privacy-preserving of blockchain sharing economy[C]. International Conference on Artificial Intelligence and Security, Dublin, Ireland, 2021: 265-278.

[31] YE Q, WANG W, TANG Y, et al. RLWE commitment-based linkable ring signature scheme and its application in blockchain[C]. International Conference on Blockchain and Trustworthy Systems, Guangzhou, China, 2019: 15-32.

[32] LIU X, ZHANG M, ZHENG Y, et al. A linkable ring signature electronic cash scheme based on blockchain[C]. 2020 3rd International Conference on Smart Block Chain (Smart Block 2020), Zhengzhou, China, 2020: 1-4.

[33] 郑剑, 赖恒财. 基于一次性环签名的区块链电子投票方案[J]. 计算机应用研究, 2020, 37(11): 3378-3381, 3391.

[34] TANG F, PANG J, CHENG K, et al. Multiauthority traceable ring signature scheme for smart grid based on blockchain[J]. Wireless Communications and Mobile Computing, 2021: 5566430.

[35] 陈思吉, 翟社平, 汪一景. 一种基于环签名的区块链隐私保护算法[J]. 西安电子科技大学学报, 2020, 47(5): 86-93.

[36] XU J, LI C, LI L. Blockchain bookkeeping optimization scheme based on threshold ring signature[C]. 2020 2nd International Conference on Artificial Intelligence and Advanced Manufacture, Manchester, United Kingdom, 2020: 167-175.

[37] BUTT O M, ZULQARNAIN M, BUTT T M. Recent advancement in smart grid technology: Future prospects in the electrical power network[J]. Ain Shams Engineering Journal, 2021, 12(1): 687-695.

第5章 聚合签名体制

2003 年，Boneh 等[1]提出了聚合签名（aggregate signature，AS）体制。在 AS 方案中，n 个用户分别对 n 个不同的消息进行签名，这 n 个单个签名可以被聚合成一个签名，验证方只需要验证聚合之后的签名即可验证所有签名的有效性。聚合签名具有压缩性和简捷性两大特点，能够大大减少签名的存储空间和签名验证过程的工作开销，同时满足网络低带宽的要求。AS 体制根据采用的密码体制分为常规 AS、基于身份的聚合签名（identity-based aggregate signature，IBAS）和无证书聚合签名（certificate less aggregate signature，CLAS）等。其中，IBAS 体制中的用户公钥是用户唯一且已公开的身份标识，不需要证书，因此不存在证书管理问题；CLAS 体制解决了密码体制存在的密钥托管问题，并且保留了无需证书的优势。

聚合签名能够为用户提供不可抵赖性、数据完整性和认证等安全服务，在区块链、云存储、边缘计算、数据融合、加密邮件系统、智能医疗、数字版权、车联网信息聚合等领域有广泛的应用前景。在一个基本的区块链医疗数据共享系统中，利用区块链技术来记录医疗信息，并建立医疗患者的信用名单，保证了公开透明的医疗服务。在签名之前进行信用管理，在验证阶段只需将聚合后的数据进行验证就可查看签名的合法性，提高了验证阶段的效率。这一举措在保护患者隐私的同时，实现了对患者和医疗服务的访问控制。

Boneh 等[1]提出聚合签名体制，并提出了首个聚合签名方案。之后，一系列聚合签名方案被提出[2-4]。2004 年，Cheon 等[5]提出了第一个 IBAS 方案。次年，Xu 等[6]定义了 IBAS 方案的安全模型，并在 CDH 困难假设下分析了一个 IBAS 方案的安全性。随后，Herranz[7]提出了一个基于身份的部分聚合签名方案，其创新在于确定性，即聚合签名的长度不会随着签名消息个数的改变而改变。为了提高效率，Gentry 等[8]提出了第一个高效的 IBAS 方案，这是一个验证开销总体优化的非交互式方案，此外，Gentry 等还指明文献[7]中的方案不是严格意义上的聚合签名方案，而是仅能聚合同一签名者的签名。以上这些 IBAS 方案均存在固有的密钥托管问题，为了克服此问题，Castro 等[9]提出了首个无证书聚合签名方案。目前已涌现出了大量的 CLAS 方案[10-12]。然而，这些 CLAS 方案大多数使用双线性对运算，效率较低。Xiong 等[13]构造了一种高效的 CLAS 方案，该方案需要较少的运算操作，但该 CLAS 方案被发现存在安全问题。首先 He 等[14]发现该方案无法抵抗第二类敌手的伪造攻击；接着 Cui 等[15]发现它还无法抵御来自诚实但好奇的密钥生成中心（KGC）的敌手攻击，以及恶意 KGC 和内部签名者的联合攻击。为了实现更加安全高效的信息通信，国内外研究者提出了许多 CLAS 方案，同时对已提出的 CLAS 方案进行了安全性分析与改进，并取得了一定成果[16-18]。

　　本章首先介绍聚合签名方案，包括基于身份的聚合签名方案、无证书聚合签名方案和服务器辅助验证聚合签名方案；然后提出基于区块链和聚合签名的跨云多副本数据审计方案。

5.1　聚合签名方案

5.1.1　基于身份的聚合签名方案

　　基于身份的聚合签名体制结合了基于身份的密码体制和聚合签名密码体制的优点，用户的公钥为能够标识自己的唯一身份信息，避免了基于 PKI 的聚合签名体制中存在的证书管理开销过大等问题。

　　针对车载自组网（VANETs）中的隐私泄露和签名验证效率较低等问题，文献[19]设计了一个基于 IBAS 的面向 VANETs 的消息认证方案，该方案的相关描述如下。

1. 系统模型

　　面向 VANETs 的 IBAS 方案的系统模型如图 5.1 所示，主要包含三个实体：可信的私钥生成中心（PKG）、车载单元（OBU）和路边单元（RSU）。

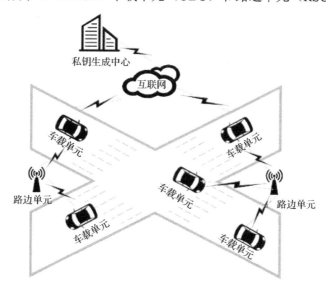

图 5.1　面向 VANETs 的 IBAS 方案的系统模型

（1）私钥生成中心（PKG）：主要负责为车辆分发私钥，同时对发布虚假消息的车辆追查其真实身份，以便对其做出具体的惩罚。

（2）车载单元（OBU）：可以利用专用短程通信（dedicated short range communication，DSRC）[20]技术，完成与 RSU 或其他 OBU 之间的无线通信。

（3）路边单元（RSU）：主要是安装在路边的基础设施（如电线杆等实体），负责验证车载单元发送的通信消息签名、聚合多个消息的签名等。

2. 方案描述

1）系统建立算法

PKG 首先选择两个阶为素数 q 的循环群 G_1 和 G_2，然后随机选择一个 G_1 的生成元 g、一个双线性映射 $e:G_1 \times G_1 \to G_2$、两个安全的哈希函数 $H_1:\{0,1\}^* \to Z_q^*$ 和 $H_2:\{0,1\}^* \to G_1$。PKG 随机选择 $s \in Z_q^*$ 作为主密钥，计算 $P_{\text{pub}} = g^s \in G_1$，并公开系统参数 params $= \{\lambda, G_1, G_2, e, q, g, P_{\text{pub}}, H_1, H_2\}$。

2）密钥提取算法

对于车载单元 OBU_i $(i = 1, 2, \cdots, n)$ 的身份 ID_i，PKG 确认身份信息 ID_i 的合法性后，计算 $d_{\text{ID}_i} = H_1(\text{ID}_i, s) + s$，并通过安全信道将私钥 d_{ID_i} 发送给车载单元 OBU_i。

3）签名算法

对于消息 m_i，车载单元 OBU_i 利用私钥 d_{ID_i} 进行如下操作。

（1）计算 $Q_{\text{ID}_i} = g^{d_{\text{ID}_i}}$ 和 $h_i = H_2(m_i, \text{ID}_i, T_i, Q_{\text{ID}_i})$，其中 T_i 为当前时间戳。

（2）计算 $S_i = h_i^{d_{\text{ID}_i}}$，则 m_i 对应的签名 $\delta_i = (S_i, Q_{\text{ID}_i})$。

（3）输出一个关于 m_i 和 T_i 的签名 $\delta_i = (S_i, Q_{\text{ID}_i})$。

4）验证算法

路边单元 RSU 在当前时间 T' 收到 OBU_i 发送的关于消息 m_i 和时间戳 T_i 的签名 $\delta_i = (S_i, Q_{\text{ID}_i})$ 后，若 $T' - T_i > \tau$，则拒绝验证，其中 τ 表示规定时间差；否则，RSU 计算 $h_i = H_2(m_i, \text{ID}_i, T_i, Q_{\text{ID}_i})$，如果等式 $e(S_i, g) = e(h_i, Q_{\text{ID}_i})$ 成立，则接受 (S_i, Q_{ID_i}) 是一个合法的签名。

5）聚合签名算法

对于 n 个车载单元 OBU_i 产生的签名 $\delta_i = (S_i, Q_{\text{ID}_i})$，RSU 计算 $\delta = \prod_{i=1}^{n} S_i$，并广播 n 个关于消息 m_i 和时间戳 T_i 的聚合签名 $(\delta, Q_{\text{ID}_1}, \cdots, Q_{\text{ID}_n})$ 给附近的车载单元。

6）聚合签名验证算法

车载单元计算 $h_i = H_2(m_i, \text{ID}_i, T_i, Q_{\text{ID}_i})$，如果等式 $e(\delta, g) = \prod_{i=1}^{n} e(h_i, Q_{\text{ID}_i})$ 成立，

则接受 RSU 广播的 n 个通信消息 m_i。

3. 安全性分析

定理 5.1　假定存在一个攻击者 $\mathcal{A}_1$ 发起关于 H_1 预言机、H_2 预言机、私钥提取预言机和签名预言机的询问次数分别为 q_{H_1}、q_{H_2}、q_{sk} 和 q_s，询问时间分别为 t_{H_1}、t_{H_2}、t_{sk} 和 t_s。如果 $\mathcal{A}_1$ 在时间 t 内以不可忽略的优势 ε 攻破该方案，则存在一个挑战者 C 在时间 $t' < t + q_{sk}t_{sk} + q_s t_s + 2(q_{H_1}t_{H_1} + q_{H_2}t_{H_2})$ 时以 $\varepsilon' \geqslant \left(\varepsilon - \dfrac{1}{2^k}\right)\left(1 - \dfrac{1}{q_{H_1}}\right)\left(1 - \dfrac{1}{q_{sk}}\right)\left(1 - \dfrac{1}{q_s}\right)$ 的优势解决 CDH 问题。

证明： 假定 C 获得一个 CDH 问题实例 $(g, g^m, g^n) \in G_1^3$，其中 $n, m \in Z_q^*$ 是未知的随机数，C 的目标是计算 g^{mn}。C 运行系统初始化算法，公布系统参数 $\text{params} = \{\lambda, G_1, G_2, e, q, g, P_{pub}, H_1, H_2\}$，保存系统主密钥 s，并将系统参数 params 发送给攻击者 $\mathcal{A}_1$。$\mathcal{A}_1$ 向 C 适应性执行以下随机预言机询问，目标用户的身份用 ID^* 表示，C 维护初始为空的列表 L_1、L_2 和 L_{sk}。

（1）H_1 询问：当 $\mathcal{A}_1$ 给 C 发送一个身份 ID_i 时，如果在列表 L_1 中存在 (ID_i, a_i)，则 C 将 a_i 返回给 $\mathcal{A}_1$。否则，C 进行如下操作。

① 当 $\text{ID}_i = \text{ID}^*$ 时，C 终止询问，并输出 "FAILURE"（该事件发生用 Event_1 表示）。

② 当 $\text{ID}_i \neq \text{ID}^*$ 时，C 随机选择 $a_i \in Z_q^*$ 发送给 $\mathcal{A}_1$，并在列表 L_1 中增加记录 (ID_i, a_i)。

（2）私钥提取询问：当 $\mathcal{A}_1$ 向 C 提交一个身份 ID_i，并对其进行私钥提取询问时，C 查询列表 L_{sk} $(\text{ID}_i, d_{\text{ID}_i})$，如果在列表 L_{sk} 中有对于身份 ID_i 的私钥，则发送给 $\mathcal{A}_1$。否则，C 进行如下操作。

① 当 $\text{ID}_i = \text{ID}^*$ 时，C 终止询问，并输出 "FAILURE"（该事件发生用 Event_2 表示）。

② 当 $\text{ID}_i \neq \text{ID}^*$ 时，C 从列表 L_1 中获取 (ID_i, a_i)，并计算 $d_{\text{ID}_i} = a_i + s$，其中 $P_{pub} = g^s$；然后将 $(\text{ID}_i, d_{\text{ID}_i})$ 增加到列表 L_{sk} 中，发送私钥 d_{ID_i} 给 $\mathcal{A}_1$。

（3）H_2 询问：当 $\mathcal{A}_1$ 询问关于身份 ID_i 的 H_2 哈希值时，如果列表 L_2 中存在 $(\text{ID}_i, m_i, T_i, Q_i, h_i)$，$C$ 发送 h_i 给 $\mathcal{A}_1$；否则，C 执行如下操作。

① 当 $\text{ID}_i = \text{ID}^*$ 时，C 设置 $Q^* = g^n$ 和 $h_i = H_2(\text{ID}_i, m_{\text{ID}_i}, T_i, Q_{\text{ID}_i}) = g^m$，然后将 g^m 发送给 $\mathcal{A}_1$，并在列表 L_2 中增加 $(\text{ID}_i, m_{\text{ID}_i}, T_i, g^n, g^m)$。

② 当 $\mathrm{ID}_i \neq \mathrm{ID}^*$ 时，C 在列表 L_{sk} 中提取 $(\mathrm{ID}_i, d_{\mathrm{ID}_i})$，计算 $Q_i = g^{d_{\mathrm{ID}_i}}$，随机选取 $b_i \in Z_q^*$，计算 g^{b_i} 作为 $h_i = H_2(\mathrm{ID}_i, m_{\mathrm{ID}_i}, T_i, Q_i)$ 的值发送给 $\mathcal{A}_1$，同时将 $(m_{\mathrm{ID}_i}, \mathrm{ID}_i, T_i, Q_i, g^{b_i})$ 增加到列表 L_2 中。

（4）签名询问：当 $\mathcal{A}_1$ 向 C 询问关于消息 m_{ID_i} 和身份 ID_i 的签名时，C 先从 L_2 中提取 ID_i 对应的哈希值 h_i，然后进行以下操作。

① 当 $\mathrm{ID}_i = \mathrm{ID}^*$ 时，C 终止询问，输出 "FAILURE"（该事件发生用 Event_3 表示）。

② 当 $\mathrm{ID}_i \neq \mathrm{ID}^*$ 时，C 从列表 L_{sk} 中获得 $(\mathrm{ID}_i, d_{\mathrm{ID}_i})$，然后计算 $S = h_i^{d_{\mathrm{ID}_i}}$，并将 S 作为 m_{ID_i} 的签名返回给 $\mathcal{A}_1$。

最后，$\mathcal{A}_1$ 输出一个关于消息/身份 (m_1^*, ID_1^*) 的有效签名 δ^*。若 $\mathrm{ID}_1^* \neq \mathrm{ID}^*$，则输出 "FAILURE"。否则，假设 $\mathrm{ID}_1^* = \mathrm{ID}^*$，$C$ 从列表 L_2 中获得值 $Q^* = g^n$ 和 $h_1^* = g^m$。由于对于消息 $(m_1^*, \cdots, m_n^*)$ 的聚合签名 δ^* 是合法的，因此有 $e(\delta^*, g) = \prod_{i=1}^{n} e(h_i^*, Q_i^*)$，即

$$e(\delta^*, g) = e(h_i^*, Q^*) \prod_{i=2}^{n} e(h_i^*, Q_i^*) = e(g^m, g^n) \prod_{i=2}^{n} e(h_i^*, Q_i) = e(g^m, g^n) \prod_{i=2}^{n} e(h_i^*, g^{d_{\mathrm{ID}_i}})$$

$$= e(g^m, g^n) \prod_{i=2}^{n} e(h_i^{*d_{\mathrm{ID}_i}}, g)$$

从而可得 $g^{mn} = \delta^* - \prod_{i=2}^{n} h_i^{*d_{\mathrm{ID}_i}}$。因此，$C$ 输出 g^{mn} 的值作为 CDH 问题实例的解答。

下面分析 C 成功解决 CDH 问题实例的时间和优势：

① 对于 H_1 询问和 H_2 询问的回答在 Z_q^* 内是均匀分布的，并且该回答也是有效的。

② 只有当 3 个事件 Event_1、Event_2 和 Event_3 都不发生时，C 才能完成整个询问，进而解决 CDH 问题实例。

事件 Event_1、Event_2 和 Event_3 都不发生的概率：$\Pr(\neg\mathrm{Event}_1 \wedge \neg\mathrm{Event}_2 \wedge \neg\mathrm{Event}_3) = \left(1 - \dfrac{1}{q_{H_1}}\right)\left(1 - \dfrac{1}{q_{\mathrm{sk}}}\right)\left(1 - \dfrac{1}{q_s}\right)$。

当攻击者 $\mathcal{A}_1$ 未询问 H_2 而伪造了一个有效的签名时，此事件发生的概率为 $\dfrac{1}{2^k}$，故挑战者 C 在整个游戏中的优势 $\varepsilon' \geq \left(\varepsilon - \dfrac{1}{2^k}\right)\left(1 - \dfrac{1}{q_{H_1}}\right)\left(1 - \dfrac{1}{q_{\mathrm{sk}}}\right)\left(1 - \dfrac{1}{q_s}\right)$，运行时间 $t' < t + q_{\mathrm{sk}} t_{\mathrm{sk}} + q_s t_s + 2(q_{H_1} t_{H_1} + q_{H_2} t_{H_2})$。

4. 效率分析

下面从通信开销和计算开销两个方面分析以上方案的效率，具体如下。

1）通信开销

通信开销主要集中在私钥提取、签名和聚合签名阶段，本节方案与文献[21]、文献[22]方案在这三个阶段的通信开销比较结果如表 5.1 所示。为了便于比较，假设三个方案都选取阶为同一个素数 q 的群 G_1 和 G_2。

表 5.1　相关方案的通信开销比较结果

阶段	文献[21]方案	文献[22]方案	本节方案
私钥提取	$2nG_1$	$(n+2)G_1+G_2$	nG_1
签名	$2nG_1$	$3nG_1$	$2nG_1$
聚合签名	$2G_1$	$4G_1$	G_1

从表 5.1 可知，本节方案优化了在私钥提取、签名和聚合签名阶段的算法，有效降低了通信开销。

2）计算开销

下面比较本节方案与文献[21]、文献[22]方案的计算开销，结果如表 5.2 所示。为了简化表述，用 T_e、T_m、T_a、T_h、T_p 和 n 分别表示 1 次幂运算、1 次乘法运算、1 次加法运算、1 次哈希运算、1 次双线性对运算和车载单元数量。

表 5.2　相关方案的计算开销比较结果

阶段	文献[21]方案	文献[22]方案	本节方案
私钥提取	$(2n+1)T_m+2nT_h$	$(3+n)T_e+(2+n)T_h+T_p$	$T_m+n(T_h+T_a)$
签名	$n(4T_m+2T_h+2T_a)$	$(n+1)(4T_e+2T_m+T_h)$	$n(2T_e+T_h)$
签名验证	$n(3T_p+T_m+T_a)$	$(3n+3)T_p$	$n(T_h+2T_p)$
聚合签名	$2(n-1)T_a$	$2(n-1)T_m$	$(n-1)T_m$
聚合签名验证	$(n+2)T_p+(n-1)(T_m+T_a)$	$3nT_p$	$(n+1)T_p$

从表 5.2 可知，在本节方案中，签名阶段执行 $2n$ 次幂运算，签名验证阶段执行 $2n$ 次双线性对运算，聚合签名验证阶段执行 $n+1$ 次双线性对运算。与文献[21]、文献[22]方案相比，本节方案具有较低的签名验证开销和聚合签名验证开销，可以在较短的时间内验证通信消息的有效性。

基于身份的聚合签名方案将多个消息的验证聚合为一个短签名，不仅能节省网络传输的带宽，还能降低车载单元执行签名验证的计算开销。此外，与已有的同类方案相比，该方案不仅具有较高的安全性，还具有较低的通信开销和计算开销。

5.1.2　无证书聚合签名方案

为了解决 IBAS 方案存在的密钥托管问题，同时保留 IBAS 方案无需证书的优势，无证书聚合签名（CLAS）体制被提出[9]。杜红珍等[23]设计了一种聚合签名长度固定的 CLAS 方案，其签名长度为 320bit。之后，李艳平等[24]构造了同类型的 CLAS 方案，签名长度独立于签名者的数量，长度也为 320bit。然而，上述方案[23,24]均基于双线性映射，计算效率较低。针对这一问题，周彦伟等[25]提出了两种无双线性映射的无证书聚合签名方案，这两种方案均能够应用于不同的网络环境。王大星等[26]设计了一种适用于车联网的无证书消息聚合认证方案，该认证方案的核心是 CLAS 方案。然而，谢永等[27]发现文献[26]中的 CLAS 方案不能抵抗来自恶意 KGC 的攻击，且无法达到理想状态下的条件隐私保护。

针对车联网中计算开销和通信开销过大等问题，文献[28]提出了一个基于 CLAS 的车联网消息认证方案，该方案的相关描述如下。

1. 系统模型

在边缘计算场景中的车联网消息认证方案，主要包括 3 个实体：可信机构（TA）、车载单元（OBU）和边缘节点（edge node，EN）。基于 CLAS 的车联网消息认证方案的系统模型如图 5.2 所示。

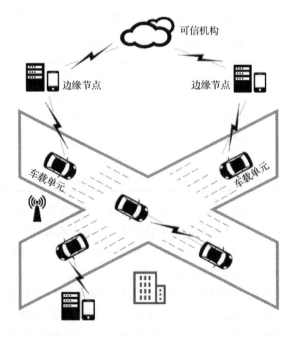

图 5.2　基于 CLAS 的车联网消息认证方案的系统模型

（1）可信机构（TA）：初始化系统并生成系统参数，为边缘节点生成假名信息及部分私钥。

（2）车载单元（OBU）：有一定的通信范围，可以与周围车辆或者边缘节点之间进行通信；在车辆接收到边缘节点处理的消息之前，需要验证消息的完整性，车辆将对多个消息进行聚合验证，以此来提高验证的效率。

（3）边缘节点（EN）：边缘节点与车辆之间的通信是通过假名身份信息进行的。边缘节点具有一定的存储和计算能力，能够协助车辆完成计算，并将结果返回给车辆，保证车辆的数据请求可以在短时间内得到响应。

2. 方案描述

1）系统初始化

选择一个大素数 q，$q > 2^{\lambda}$，λ 为安全参数，循环群 G 的阶为 q，P 为 G 的生成元。可信机构 TA 选择 $s \in Z_q^*$，计算 TA 公钥 $P_{\text{pub}} = sP$。定义 4 个哈希函数 $H_0 : \{0,1\}^* \times G \to Z_q^*$，$H_1 : \{0,1\}^* \times G \times G \to Z_q^*$，$H_2 : \{0,1\}^* \times \{0,1\}^* \times G \to Z_q^*$ 和 $H_3 : \{0,1\}^* \to Z_q^*$，公开系统参数 $\text{params} = \{G, P, P_{\text{pub}}, H_0, H_1, H_2, H_3\}$。

2）边缘节点注册

EN 向可信机构 TA 发送请求，将真实身份信息 Rid 发送给 TA。TA 执行算法生成 EN 的假名。TA 计算车载单元假名 $\text{ID}_i = H_0(\text{Rid}, t_{s_i})$，其中 t_{s_i} 为假名的有效时间。

3）部分私钥生成

EN 选择秘密值 $a_i \in Z_q^*$，计算部分公钥 $X_i = a_i P$。

4）密钥生成

TA 选择 $w_i \in Z_q^*$，计算 $W_i = w_i P$ 和 $d_i = w_i + s H_1(\text{ID}_i, P_{\text{pub}}, W_i)$，TA 将 d_i 作为边缘节点的部分私钥发送给 EN，故边缘节点 EN 的公钥为 (W_i, X_i)，私钥为 (a_i, d_i)。

5）签名

EN 选取 $v_i \in Z_q^*$，计算 $V_i = v_i P$，$H_i = H_2(m_i, \text{ID}_i, V_i)$，$U = H_3(\theta)$ 和 $Si = H_i(a_i + d_i) + v_i U$，输出对消息的签名 $(m_i, \sigma_i = (V_i, Si))$，并将签名发送给接收消息的车载单元。其中 EN 选择一个状态信息 θ 进行广播，θ 既可以为车载单元当前位置，也可以为当前时间。

6）聚合签名

收到 n 个消息的签名 $(m_1, \sigma_1 = (V_1, Si_1)), \cdots, (m_n, \sigma_n = (V_n, Si_n))$ 后，计算 $S = \sum_{i=1}^{n} Si$，输出聚合签名 $\sigma = (V_1, \cdots, V_n, S)$。

7）聚合验证

车载单元对多个EN处理后的消息进行验证，以此验证所接收消息的完整性。消息验证阶段分为单个消息签名验证和聚合签名验证。

（1）单个消息签名验证。

因为消息具有时效性，当车载单元 vi 接收到消息的签名 (m_i, σ_i) 后，验证不等式 $|t' - t_{s_i}| \leqslant \Delta t$，若 $|t' - t_{s_i}| \leqslant \Delta t$ 成立，签名有效，否则终止验证。其中，Δt 为时间差，t' 为接收到消息的时间。计算 $H_i = H_2(m_i, \mathrm{ID}_i, V_i)$ 和 $U = H_3(\theta)$。车载单元验证等式：

$$SiP = (X_i + W_i + P_{\mathrm{pub}} H_2(\mathrm{ID}_i, P, W_i)) H_i + V_i U$$

若等式成立，说明签名消息合法，选择接收消息；否则，拒绝接收消息。

（2）聚合签名验证。

因为消息具有时效性，当车载单元 vi 接收到消息的签名后，首先验证 $|t' - t_{s_i}| \leqslant \Delta t$，若 $|t' - t_{s_i}| \leqslant \Delta t$ 成立，签名消息有效；否则，签名消息无效，终止验证。其中，Δt 为时间差，t' 为接收到消息的时间。车载单元验证等式：

$$SP = \sum_{i=1}^{n}(X_i + W_i + P_{\mathrm{pub}} H_1(\mathrm{ID}_i, P, W_i)) H_i + \sum_{i=1}^{n} V_i U$$

若等式成立，签名消息合法，接收消息；否则，拒绝接收消息。

该方案的安全性依赖于 CDH 假设，详细的安全性证明不再赘述，请参阅文献[28]。

3. 效率分析

对无证书聚合签名方案进行效率分析，将本节方案与文献[29]、文献[30]方案的计算开销进行比较，比较结果如表 5.3 所示。在表中，T_m 表示乘法运算，T_p 表示双线性对运算。

表 5.3　相关方案的计算开销比较

方案	签名阶段	单个消息签名验证阶段	聚合签名验证阶段
文献[29]方案	$5T_m$	$2T_m + 5T_p$	$2nT_m + 5T_e$
文献[30]方案	$2T_m$	$T_m + 3T_p$	$nT_m + 3T_e$
本节方案	T_m	$3T_m$	$(2n+1)T_m$

通过表 5.3 可以看出，在签名阶段，本节方案需要一次乘法运算，另外两个方案的计算开销明显高于本节方案。在单个消息签名验证阶段，本节方案不需要进行双线性对运算，而另外两个方案则需要进行较多的双线性对运算。相比之下，本节方案的效率更高，更适用于车联网。

无证书聚合签名方案降低了签名的存储空间和签名验证时间开销，并且在随机预言模型中满足不可伪造性。与同类方案相比，该方案所需进行的计算较少，更适用于车联网环境。

5.1.3　服务器辅助验证聚合签名方案

服务器辅助验证聚合签名的概念由 Quisquater[31]在 1989 年提出，整个方案包含一个标准签名系统和一个服务器辅助验证协议，将复杂的签名验证运算交给一个半可信的服务器执行，能有效降低验证者的计算量，适用于无线传感器、射频识别设备、电子钥匙、智能手机等设备。Wu 等[32]将服务器辅助验证签名体制与聚合签名体制相结合，提出了第一个服务器辅助验证聚合签名的密码体制。该体制可将多个消息的不同签名聚合成一个签名，复杂的签名验证运算由一个半可信的服务器实现，提高了签名验证的效率，节省了通信开销。为了进一步减轻签名验证者的计算量，牛淑芬等[33]基于文献[1]的聚合签名方案提出了一个服务器辅助验证聚合签名方案。然而，本书作者发现文献[33]方案无法抵抗合谋攻击，并在此方案的基础上设计了一个能够抵抗合谋攻击和自适应性选择消息攻击的新方案[34]。

本书作者所提出的服务器辅助验证聚合签名方案[34]能够抵抗合谋攻击和自适应性选择消息攻击；同时能够有效降低签名验证算法的计算复杂度，并具有固定的聚合签名长度。该方案的相关描述如下。

1. 安全模型

概括来说，服务器辅助验证聚合签名方案可以分解为两部分：一部分是由系统建立算法、密钥生成算法、签名生成算法、签名验证算法、聚合签名算法和聚合签名验证算法组成的普通签名方案；另一部分是由服务器辅助验证参数生成算法和服务器辅助验证算法组成的服务器辅助验证方案。

下面通过攻击者 $\mathcal{A}$ 和挑战者 $\mathcal{C}$ 之间的一个安全游戏来定义服务器辅助验证聚合签名方案的抗合谋攻击性。在这个游戏中，攻击者 $\mathcal{A}$ 作为服务器，挑战者 $\mathcal{C}$ 作为验证者。其中，$\mathcal{A}$ 拥有签名密钥，$\mathcal{C}$ 拥有秘密比特串 VString，$\mathcal{A}$ 的任务是让 $\mathcal{C}$ 确信一个非法的聚合签名是合法的。安全模型的具体描述如下。

（1）初始化阶段：挑战者运行系统建立算法、密钥生成算法和服务器辅助验证参数生成算法，获得参数 params、2 个不同的公私钥对 $(\mathrm{sk}, \mathrm{pk})$ 和 $(\mathrm{sk}_f, \mathrm{pk}_f)$ 及比特串 VString，将 $\{\mathrm{params}, \mathrm{pk}, (\mathrm{sk}_f, \mathrm{pk}_f)\}$ 发送给 $\mathcal{A}$。

（2）询问阶段：攻击者 $\mathcal{A}$ 向挑战者 $\mathcal{C}$ 进行有限次的服务器辅助验证询问。对于每次询问 (m_i, σ_i)，$\mathcal{C}$ 通过与 $\mathcal{A}$ 运行 SA-Verify 算法，然后将输出结果返回给 $\mathcal{A}$。

（3）输出阶段：攻击者 $\mathcal{A}$ 输出消息签名对 (m^*, σ^*) ，其中 σ^* 是由 $\mathcal{A}$ 选择公私钥对 $(\mathrm{sk}_f, \mathrm{pk}_f)$ 生成的，即 $\mathrm{Verify}(m^*, \sigma^*, \mathrm{pk}_f) = 1$ 。令 σ_i 是消息 m_i 对应于公钥 pk_i 的签名，$\mathcal{A}$ 用 (m^*, σ^*) 来聚合 $(m_1, m_2, \cdots, m_{k-1}, \sigma = \prod_i \sigma_i)$ ，若 $\mathrm{SA\text{-}Verify}(\mathcal{A}, C^{(m^*, m_1, m_2, \cdots, m_{k-1}, \sigma^* \times \sigma, \mathrm{pk}_1, \cdots, \mathrm{pk}_{k-1}, \mathrm{VString})}) = 1$ 且 $\mathrm{Verify}(m^*, \sigma^*, \mathrm{pk}) = 0$ ，则称 $\mathcal{A}$ 赢得游戏。

如果攻击者在以上游戏中获胜的概率是可忽略的，则称服务器辅助验证聚合签名方案具有抗合谋攻击性。

定义 5.1　如果一个服务器辅助验证聚合签名方案满足存在不可伪造性和抗合谋攻击性，则称该服务器辅助验证聚合签名方案在自适应性选择消息攻击下是安全的[34]。

2. 方案描述

1）系统建立算法

给定两个阶为 p 的乘法循环群 G_1 和 G_2 ，其生成元分别为 g_1 和 g_2 ，一个双线性映射 $e: G_1 \times G_2 \to G_T$ ，哈希函数 $H: \{0,1\}^* \to G_1$ ，输出系统参数 $\mathrm{params} = \{G_1, G_2, G_T, q, e, g_1, g_2, H\}$ 。

2）密钥生成算法

签名者随机选择 $x \in Z_p^*$ ，设置为自己的私钥 sk ，并计算 $\mathrm{pk} = g_2^x \in G_2$ 作为自己的公钥。

3）签名生成算法

给定消息 m ，签名者计算 $h = H(m)$ ，输出签名 $\sigma = h^x \in G_1$ 。

4）签名验证算法

对于消息签名对 (m, σ) ，验证者首先计算 $h = H(m)$ ，然后验证是否存在等式 $e(\sigma, g_2) = e(h, \mathrm{pk})$ ，若等式存在，验证者输出 1；否则，输出 0。

5）聚合签名算法

假设每次能够聚合 k 个不同消息的签名，k 个不同的消息 m_i 对应的签名为 σ_i ，输出 k 个消息的聚合签名 $\sigma = \prod_{i=1}^{k} \sigma_i$ 。

6）聚合签名验证算法

对于 k 个公钥 pk_i 、消息 $m_i(i = 1, 2, \cdots, k)$ 及聚合签名 σ ，验证者计算每个 m_i 的哈希函数值 $h_i = H(m_i)$ ，并验证 $e(\sigma, g_2) = \prod_{i=1}^{k} e(h_i, \mathrm{pk}_i)$ 是否成立，若等式成立，输出 1；否则，输出 0。

7）服务器辅助验证参数生成算法

验证者随机选取 $r \in Z_q^*$，计算 $R = g_2^r$，并设置秘密字符串 VString $= (r, R)$。

8）服务器辅助验证算法

验证者与服务器之间的交互验证协议描述如下。

（1）验证者收到 k 个消息签名对 (m_i, σ_i) 后，将 $\{m_i, \sigma_i, R\mathrm{pk}_i\}$ 发送给服务器，其中 σ_i 表示消息 m_i 对应于公钥 pk_i 的签名。

（2）服务器计算 $\sigma = \prod_{i=1}^{k} \sigma_i$ 和 $K_1 = e(\sigma, R)$，并将 K_1 返回给验证者。

（3）验证者计算 $K_2 = \prod_{i=1}^{k} e(H(m_i), \mathrm{pk}_i)^r$，并验证 $K_1 = K_2$ 是否成立。若等式成立，则表明聚合签名 σ 是合法的，验证者输出 1；否则，输出 0。

3. 安全性分析

定理 5.2　本书作者所提出的服务器辅助验证聚合签名方案在自适应性选择消息攻击和合谋攻击下是安全的。

证明： 由定义 5.1 可知，要证明本书作者所提服务器辅助验证聚合签名方案在自适应性选择消息攻击下是安全的，需要证明该方案满足存在不可伪造性和抗合谋攻击性。在该方案中，聚合签名本质是文献[1]中聚合签名方案。由于文献[1]已证明 BGLS 聚合签名方案在自适应性选择消息攻击下是存在不可伪造的，因此该方案也满足存在不可伪造性。下面主要证明该方案在自适应性选择消息攻击下满足抗合谋攻击性。

假设 $\mathcal{A}$ 是服务器辅助验证聚合签名方案的攻击者，扮演服务器的角色；$\mathcal{C}$ 是文献[1]中聚合签名方案的挑战者，$\mathcal{B}$ 是文献[1]中聚合签名方案的攻击者，$\mathcal{B}$ 的任务是利用 $\mathcal{A}$ 的伪造攻击 BGLS 方案，在服务器辅助验证询问时扮演验证者的角色。如果 $\mathcal{A}$ 能让 $\mathcal{B}$ 确信一个非法的签名是合法的，即服务器辅助验证聚合签名方案不具有抗合谋攻击性，那么 $\mathcal{B}$ 能攻破 BGLS 方案的安全性。

（1）系统建立：挑战者 $\mathcal{C}$ 首先运行系统建立算法、密钥生成算法和服务器辅助验证参数生成算法，获得参数 params、密钥对 $(\mathrm{sk}_f, \mathrm{pk}_f)$ 及字符串 VString $= (r, R)$；其次随机选取一个元素 $\mathrm{pk} \in G_2$ 作为目标公钥；最后将 $\{\mathrm{params}, (\mathrm{sk}_f, \mathrm{pk}_f), (r, R), \mathrm{pk}\}$ 发送给 $\mathcal{B}$。与 BGLS 方案的安全游戏相同，$\mathcal{B}$ 可以向 $\mathcal{C}$ 发起消息 m_i 的哈希函数询问和签名询问，$\mathcal{B}$ 的任务是伪造一个对应于 pk 的聚合签名。$\mathcal{B}$ 将收到的 $\{\mathrm{params}, (\mathrm{sk}_f, \mathrm{pk}_f), m_1, m_2, \cdots, m_{k-1}, \mathrm{pk}_1, \mathrm{pk}_2, \cdots, \mathrm{pk}_{k-1}, \mathrm{pk}\}$ 发送给 $\mathcal{A}$，但 VString 对攻击者 $\mathcal{A}$ 是保密的。

（2）询问阶段：攻击者 $\mathcal{A}$ 可以自适应性地进行有限次服务器辅助验证询问。

对于每次询问，$\mathcal{B}$ 扮演验证者，$\mathcal{A}$ 扮演服务器，$\mathcal{B}$ 通过与 $\mathcal{A}$ 执行 SA-Verify 算法进行响应，在算法执行过程中使用目标公钥 pk，并将输出结果返回给 $\mathcal{A}$。$\mathcal{A}$ 输出消息签名对 (m^*, σ^*)，其中 σ^* 是由 $\mathcal{A}$ 选择的密钥对 $(\mathrm{sk}_f, \mathrm{pk}_f)$ 生成的，即 $\mathrm{Verify}(m^*, \sigma^*, \mathrm{pk}_f) = 1$。令 σ_i 是消息 m_i 对应公钥 pk_i 的签名，攻击者 $\mathcal{A}$ 使用伪造的 (m^*, σ^*) 聚合 $(m_1, m_2, \cdots, m_{k-1}, \sigma = \prod_i \sigma_i)$，如果存在 SA-Verify($\mathcal{A}$, $C^{(m^*, m_1, m_2, \cdots, m_{k-1}, \sigma^* \times \sigma, \mathrm{pk}_1, \cdots, \mathrm{pk}_{k-1}, \mathrm{VString})}) = 1$ 且 $\mathrm{Verify}(m^*, \sigma^*, \mathrm{pk}) = 0$，则称 $\mathcal{A}$ 赢得游戏。

（3）伪造阶段：攻击者 $\mathcal{A}$ 输出一个伪造消息签名 $(m^*, m_1, m_2, \cdots, m_{k-1}, \sigma' = \sigma^* \times \sigma)$，如果满足 $\mathrm{Verify}(m^*, \sigma^*, \mathrm{pk}) = 0$ 且 SA-Verify($\mathcal{A}, C^{(m^*, m_1, m_2, \cdots, m_{k-1}, \sigma^* \times \sigma, \mathrm{pk}_1, \cdots, \mathrm{pk}_{k-1}, \mathrm{VString})}) = 1$，则由 $K_1^* = K_2^*$ 可得

$$e(\sigma', R) = e(\sigma^*, g_2)^r \prod_{i=1}^{k-1} e(\sigma_i, g_2)^r = e(H(m^*), \mathrm{pk})^r \prod_{i=1}^{k-1} e(H(m_i), \mathrm{pk}_i)^r，进而可得$$

$$e(\sigma^*, g_2) \prod_{i=1}^{k-1} e(\sigma_i, g_2) = e(H(m^*), \mathrm{pk}) \prod_{i=1}^{k-1} e(H(m_i), \mathrm{pk}_i)$$

攻击者 $\mathcal{B}$ 将 $(m^*, m_1, m_2, \cdots, m_{k-1}, \sigma' = \sigma^* \times \sigma)$ 作为伪造签名发送给挑战者 C。很显然，$\mathcal{B}$ 利用 $\mathcal{A}$ 输出了一个 BGLS 方案的伪造签名。

综上所述，若 $\mathcal{A}$ 攻破了本书作者所提服务器辅助验证聚合签名方案的抗合谋攻击性，可以构造一个算法 $\mathcal{B}$ 攻破 BGLS 聚合签名方案的存在不可伪造性，从而将该方案的抗合谋攻击性归约到所关联的 BGLS 聚合签名方案的存在不可伪造性。因为 BGLS 聚合签名方案已被证明在自适应性选择消息攻击下是存在不可伪造的[1]，所以本节作者所提方案在自适应性选择消息攻击和合谋攻击下是安全的。

4. 效率分析

下面将本节方案与文献[1]中聚合签名方案、文献[33]中的方案进行签名验证者的计算量比较，结果如表 5.4 所示。假设所有方案选择相同长度的素数 q，以及相同阶的群 G_1 和 G_T。与双线性对运算和幂运算相比，哈希函数和乘法等运算的计算量都比较小，因此将不再进行这些运算的讨论。用 $|G_1|$ 表示群 G_1 中的元素长度，n 表示聚合签名的消息个数。

表5.4　签名验证者的计算量比较

方案	双线性对运算	G_1中的幂运算	G_T中的幂运算	聚合签名长度
文献[1]方案	$n+1$	0	0	$|G_1|$
文献[33]方案	0	n	1	$|G_1|$
本节方案	n	0	1	$|G_1|$

由表 5.4 可以看出，签名验证者在文献[1]中方案的计算量最大，在文献[33]中方案的计算量最小。尽管发现本节方案在计算量上明显高于文献[33]方案，然而后者不满足抗合谋攻击性，因此相较于后者，前者具有更强的安全性，可以适用于更多应用场景。此外，表 5.4 中所有方案的聚合签名长度相同，并具有固定的传输带宽。

5.2　基于区块链和聚合签名的跨云多副本数据审计方案

随着信息技术迅猛发展，数据量已呈现出爆炸式增长的趋势，企业和个人对数据存储空间的需求持续增长。云存储技术的出现为用户提供了灵活、高效的数据处理手段，数据所有者可以远程访问和更新存储于云服务器（cloud server，CS）的外包数据，减轻了数据在本地存储和维护的负担。因此，在云服务器上存储数据已是大势所趋[35]。然而，一旦用户将数据外包在远程云服务器上，将失去对数据的直接控制，数据的完整性和正确性将无法保证[36]。尽管云服务器承诺数据将得到很好的保存，但由于云环境的复杂性，云服务器很容易发生来自内部或外部的各类故障（如软件故障、外部敌手攻击等），从而导致用户数据遭到破坏甚至丢失。另外，云服务器在经济利益驱动下可能会违反服务级别协议，将用户不常访问的数据删除[37]。因此，如何保证用户云端存储数据的正确性和完整性是近几年云计算安全领域研究的热点问题。

公共审计方案允许用户授权第三方审计者（third party auditor，TPA）验证云数据的完整性，但现有的公共审计方案仍存在一系列问题[38-40]。首先，现有的方案大多建立在传统或基于身份的公钥基础设施上，存在证书管理或密钥托管问题。其次，已有的多副本数据公开审计方案默认副本存储在一个云服务器上。一旦云服务器发生故障，所有副本都将损坏。最后，第三方审计者可能会偏离公开审计协议或与云服务器合谋欺骗用户。针对上述问题，基于区块链技术和聚合签名体制，Yang 等[41]提出了一个无证书跨云多副本数据审计方案，所有副本被存储在不同的云服务器中，云服务器管理者（cloud service manager，CSM）能够聚合来自云服务器的相关证据数据，进而实现证据数据完整性的审计。此外，利用区块链中区块的不可预测性来构造公正的挑战信息，从而防止恶意 TPA 与云服务器合谋欺骗用户。每一次的审计结果写入区块链，方便用户审计 TPA 的行为。本节主要介绍该方案的系统模型、具体描述和安全性分析。

5.2.1　系统模型

基于区块链和聚合签名的跨云多副本数据审计方案的系统模型包含用户（也称为数据拥有者，data owner，DO）、云服务器提供商（cloud service provider，CSP）、第三方审计者（TPA）、密钥生成中心（KGC）及区块链五个实体，具体如图 5.3 所示。

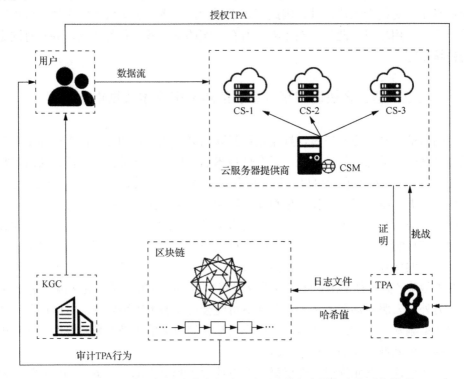

图 5.3　基于区块链和聚合签名的跨云多副本数据审计方案的系统模型

（1）用户（DO）：负责生成数据签名，传送数据给云服务器提供商和对云端数据进行动态更新。同时授权第三方审计者周期性地对云端数据进行完整性验证，并定期检查第三方审计者的行为。

（2）云服务器提供商（CSP）：负责为用户提供云存储服务，并响应 TPA 的验证请求。该方案中，CSP 由云服务器管理者（CSM）和云服务器（CS）两部分组成。CSM 负责将副本传送到 CS，并在收到 TPA 发送的挑战信息时，发送相应的挑战信息给 CS。另外，CSM 得到 CS 返回的证据数据后，会对这些证据数据进行聚合，并将聚合结果发送给 TPA。

（3）第三方审计者（TPA）：负责对云端数据进行完整性验证，将验证结果写入日志文件并广播到区块链。

（4）密钥生成中心（KGC）：负责生成用户的部分私钥。

（5）区块链：负责帮助 TPA 生成不可预测的挑战信息，并记录 TPA 的审计结果。此外，它还帮助用户验证 TPA 的行为。

5.2.2　方案描述

基于区块链和聚合签名的跨云多副本数据审计方案[41]包括以下 5 个算法。

1. 系统初始化

输入安全参数 k，G_1 和 G_2 是两个阶为 $p > 2^k$ 的循环群，g 为 G_1 的生成元，$e: G_1 \times G_1 \rightarrow G_2$ 是一个双线性映射。KGC 随机选取两个伪随机函数 f_1, f_2 和一个伪随机置换 π，五个抗碰撞的哈希函数 $H_1: \{0,1\}^* \rightarrow Z_p^*$，$H_2: \{0,1\}^* \rightarrow G_1$，$H_3(\cdot)$，$H_4(\cdot)$ 和 $H_5: \{0,1\}^* \rightarrow Z_p^*$。随机选取 $\alpha \in Z_p^*$ 作为主私钥秘密保存，计算系统主公钥 $\mathrm{mpk} = g^{\alpha}$，并公开系统参数 $\mathrm{params} = \{p, G_1, G_2, g, e, f_1, f_2, \pi, H_1, H_2, H_3, H_4, H_5, \mathrm{mpk}\}$。

2. 部分私钥生成

KGC 计算 $D_u = H_1(\mathrm{ID}_u)^{\alpha}$ 作为用户的部分私钥，并通过秘密通道发送给用户。

3. 秘密值生成

用户随机选取 $S_u \in Z_p^*$ 作为秘密值，计算公钥 $\mathrm{pk}_u = g^{S_u}$，私钥 $\mathrm{sk}_u = (S_u, D_u)$。

4. 数据上传

为了将数据上传到云服务器，用户执行如下步骤。

（1）第一阶段：副本数据生成。为了生成数据副本，用户执行如下操作。

① 将文件 F 进行分块处理，得到 $m_i \in Z_p (1 \leqslant i \leqslant n)$。

② 随机选取一个随机值 $\tau_i \in Z_p^*$，计算 $b_{ij} = m_i + f_{1\tau_i}(i \| j)$，$j = 0, \cdots, r$，其中 $f_{1\tau_i}$ 是一个伪随机函数。

③ 把每一个数据块 b_{ij} 进一步划分为扇区，得到 b_{ijk}，其中 $1 \leqslant k \leqslant s$。

（2）第二阶段：签名生成。用户产生文件标识和数据块签名。

① 对于文件 F，用户产生一个文件标识 $S_F = \mathrm{IDS}(\mathrm{name} \| \mathrm{pk}_u)$。

② 计算 $\sigma_{ij} = D_u^{\sum_{k=1}^{s} b_{ijk}} H_2(w_{ij})^{S_u}$，数据签名集合 $\phi = \{\sigma_{ij}\}_{1 \leqslant i \leqslant n, 1 \leqslant j \leqslant c}$，其中 $w_{ij} = (i \| j)$。

（3）第三阶段：数据上传。

① 将 $\{S_F, \{\phi\}, \{b_{ij}\}\}$ 发送给 CSM。

② CSM 收到用户上传的数据后，验证等式 $e(\sigma_{ij}, g) = e(H_1(\mathrm{ID}_u)^{\sum_{k=1}^{s} b_{ijk}}, \mathrm{mpk}) \cdot$

$e(H_2(w_{ij}),\mathrm{pk}_u)$，若等式成立，则签名是有效的。CSM 发送文件副本和相应的签名给任意 CS，CS 保存 CSM 上传的数据，并在副本记录表中记录副本存储位置，如表 5.5 所示。

表 5.5 副本记录表

S_F	CS
S_{F1}	$\mathrm{CS}_{id1},\mathrm{CS}_{id2},\mathrm{CS}_{id3}$
S_{F2}	$\mathrm{CS}_{id1},\mathrm{CS}_{id2}$
⋮	⋮
S_{FL}	$\mathrm{CS}_{id1},\mathrm{CS}_{id3},\mathrm{CS}_{id4}$

5. 审计

为了验证云端数据的完整性，执行如下步骤。

1）挑战信息生成

TPA 基于当前时间，从以太坊区块链中提取 $\{nc_{l-\varphi+1},nc_{l-\varphi+2},\cdots,nc_l\}$，设置挑战信息 $chal=\{\{nc_{l-\varphi+1},nc_{l-\varphi+2},\cdots,nc_l\},l\}$，其中 l 表示当前区块链的深度，将 chal 发送给 CSM。

2）证据生成

CSM 收到 TPA 发送的挑战信息 chal 后，执行如下操作。

（1）检查 $\{nc_{l-\varphi+1},nc_{l-\varphi+2},\cdots,nc_l\}$ 在区块链中是否是有效的，若无效，CSM 拒绝挑战信息；否则，CSM 执行后续操作。

（2）计算 $\kappa_1=H_3(nc_{l-\varphi+1}\parallel nc_{l-\varphi+2}\parallel\cdots\parallel nc_l)$，$\kappa_2=H_4(nc_{l-\varphi+1}\parallel nc_{l-\varphi+2}\parallel\cdots\parallel nc_l)$，$i_\varsigma=\pi_{\kappa_1}(\varsigma)$，$v_{i_\varsigma}=f_{2\kappa_2}(\varsigma)$，其中 $\varsigma=1,\cdots,c$。CSM 查询副本记录表，找到存储被验证文件的 CS，并发送 $(i_\varsigma,v_{i_\varsigma})$ 给相应的 CS。

（3）每一个 CS 收到 CSM 发送的 $(i_\varsigma,v_{i_\varsigma})$ 后，计算 $\sigma_{C_j}=\prod_{\varsigma=1}^{c}\sigma_{i_\varsigma}^{v_{i_\varsigma}}$ 和 $\varphi_{C_j}=\sum_{k=1}^{s}\sum_{\varsigma=1}^{c}v_{i_\varsigma}b_{i_\varsigma k}$，发送 $(\sigma_{C_j},\varphi_{C_j})$ 给 CSM。

（4）CSM 计算 $\sigma=\prod_{j=1}^{r}\sigma_{C_j}$ 和 $\varphi=\sum_{j=1}^{r}\varphi_{C_j}$，发送聚合后的证据数据 $\mathrm{proof}=(\sigma,\varphi)$ 给 TPA。

3）证据验证

TPA 收到 CSM 发送的证据 proof 后，执行以下操作。

（1）验证等式 $e(\sigma,g)=e((H_1(\mathrm{ID}_u))^\varphi,\mathrm{mpk})e(\prod_{j=1}^{r}\prod_{\varsigma=1}^{c}H_2(i_\varsigma\parallel j)^{v_{i_\varsigma}},\mathrm{pk}_u)$，若等式成

立，则表明聚合之后的证据数据是完整的。

（2）对于每一个周期产生的验证结果，TPA 生成一个日志实体 $\{nc_{l-\varphi+1},$ $nc_{l-\varphi+2},\cdots,nc_l,t,\sigma,\varphi,1/0\}$，将该日志实体存储在日志文件中，如表 5.6 所示。

表 5.6　日志文件

随机值	时间	证据	审计结果
$\{nc_{l-\varphi+1}^{(1)},nc_{l-\varphi+2}^{(1)},\cdots,nc_l^{(1)}\}$	$t^{(1)}$	$(\sigma^{(1)},\varphi^{(1)})$	1/0
$\{nc_{l-\varphi+1}^{(2)},nc_{l-\varphi+2}^{(2)},\cdots,nc_l^{(2)}\}$	$t^{(2)}$	$(\sigma^{(2)},\varphi^{(2)})$	1/0
$\vdots$	$\vdots$	$\vdots$	$\vdots$
$\{nc_{l-\varphi+1}^{(m)},nc_{l-\varphi+2}^{(m)},\cdots,nc_l^{(m)}\}$	$t^{(m)}$	$(\sigma^{(m)},\varphi^{(m)})$	1/0

（3）计算该日志实体的哈希值 $th=H_5(nc_{l-\varphi+1},nc_{l-\varphi+2},\cdots,nc_l,t,\sigma,\varphi,1/0)$，将哈希值 th 作为数据字段创建一个交易 Tx，并上传到区块链中，如图 5.4 所示。

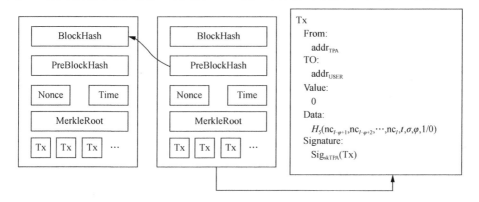

图 5.4　写入区块链

4）验证日志

为了验证记录在区块链上日志文件的真实性，用户执行如下操作。

（1）随机选择 d 个实体，组成挑战集合 $C=\{c_1,c_2,\cdots,c_d\}$，依次验证每个实体时间的准确性。用户在区块链上检索随机值为 nc_l 的区块和记录实体对应交易的区块，提取这两个区块的时间，得到 TPA 执行审计的大概时间。进而验证 TPA 是否按照约定时间审计云端数据的完整性。如果时间符合，则继续下一步；否则，返回 FALSE。

（2）验证等式 $e(\prod_{\theta=1}^{d}\sigma^{C_\theta},g)=e((\prod_{\theta=1}^{d}H_1(\mathrm{ID}_u))^{\varphi^{C_\theta}},\mathrm{mpk})\,e((\prod_{\theta=1}^{d}\prod_{j=1}^{r}\prod_{\varsigma=1}^{c}H_2(i\varsigma\parallel j))^{v_{i\varsigma}^{C_\theta}},$ $\mathrm{pk}_u)$ 是否成立，若等式成立，则 TPA 正确地执行了云端数据的验证，通知 TPA 删除在这一时期保存的日志文件；否则，返回 FALSE。

5.2.3　安全性分析

定理 5.3　在自适应性选择消息攻击下，基于区块链和聚合签名的跨云多副本数据审计方案在随机预言模型下是存在不可伪造性的。

证明： 为了证明定理 5.3，针对无证书密码体制的两类攻击者进行了以下两个游戏。

1）游戏 1

在多项式时间内，攻击者 $\mathcal{A}_1$ 执行 H_1 询问、部分私钥询问、秘密值询问、公钥询问、公钥替换、H_2 询问和签名询问的次数分别为 $q_{h_1}, q_{\mathrm{p}}, q_{\mathrm{s}}, q_{\mathrm{pk}}, q_{\mathrm{pr}}, q_{h_2}, q_{\mathrm{T}}$，若能成功伪造签名，那么存在一个挑战者 C 能够以一个不可忽略的概率 ε 在时间 t 内解决 CDH 问题。给定一个 CDH 问题的实例 (g, g^a, g^b)，C 与 $\mathcal{A}_1$ 执行以下安全性游戏，并计算 g^{ab}。

（1）系统初始化：C 运行系统初始化算法，生成系统参数。令 $\mathrm{MPK} = g^a$，发送系统参数和 MPK 给 $\mathcal{A}_1$。

（2）副本生成：C 运行副本生成算法，得到原始文件的所有副本，并返回给 $\mathcal{A}_1$。

（3）H_1 询问：对于身份 ID，$\mathcal{A}_1$ 自适应性地执行 H_1 询问。C 检查列表 $L_1 \rightarrow \{(\mathrm{ID}, h_1, R, \eta)\}$，如果 ID 存在于 L_1 中，C 提取相应的列表元组 $(\mathrm{ID}, h_1, R, \eta)$，返回 R 给 $\mathcal{A}_1$。否则，C 随机选取 $h_1 \in Z_p^*$ 并投掷一个随机硬币 $\eta \in \{0,1\}$，假设 $\eta = 0$ 的概率为 ω，则 $\eta = 1$ 的概率为 $1 - \omega$。若 $\eta = 0$，C 计算 $R = g^h$；若 $\eta = 1$，C 计算 $R = (g^b)^h$。C 返回 R 给 $\mathcal{A}_1$，并在 L_1 中插入 $(\mathrm{ID}, h_1, R, \eta)$。

（4）部分私钥询问：对于身份 ID，$\mathcal{A}_1$ 自适应性地执行部分私钥询问，C 保存一个列表 $L_2 \rightarrow \{(\mathrm{ID}, D_{\mathrm{ID}}, \mathrm{pk}_{\mathrm{ID}}, S_{\mathrm{ID}})\}$。$C$ 查询列表 L_1，若 $(\mathrm{ID}, h_1, R, \eta)$ 不存在于 L_1 中，C 执行 H_1 询问。当得到相应的 $(\mathrm{ID}, h_1, R, \eta)$ 后，C 查询 η 的值，若 $\eta = 1$，C 终止，否则 C 执行如下操作。

① 如果 ID 存在于列表 L_2 中，若 $D_{\mathrm{ID}} \neq \perp$，$C$ 直接提取 D_{ID} 返回给 $\mathcal{A}_1$。否则，C 从列表 L_1 中提取 $(\mathrm{ID}, h_1, Q, \eta)$，计算 $D_{\mathrm{ID}} = R^a = (g^h)^a = (g^a)^h$ 返回给 $\mathcal{A}_1$，并将 D_{ID} 写入相应的元组中。

② 如果 ID 不存在于列表 L_2 中，C 从列表 L_1 中提取 $(\mathrm{ID}, h_1, R, \eta)$，计算 $D_{\mathrm{ID}} = R^a = (g^h)^a = (g^a)^h$ 返回给 $\mathcal{A}_1$，并在 L_2 中插入新的元组 $(\mathrm{ID}, D_{\mathrm{ID}}, \perp, \perp)$。

（5）秘密值询问：对于身份 ID，$\mathcal{A}_1$ 自适应性地执行秘密值询问。C 查询列表 L_1，若 $(\mathrm{ID}, h_1, R, \eta)$ 不存在 L_1 中，C 执行 H_1 询问，然后查询列表 L_2。

① 如果 ID 存在于列表 L_2 中，若 $S_{\mathrm{ID}} \neq \perp$，$C$ 直接提取 S_{ID} 返回给 $\mathcal{A}_1$。否则，C 随机选取 $x \in Z_p^*$，令 $S_{\mathrm{ID}} = x$，$\mathrm{pk}_{\mathrm{ID}} = g^x$，将 S_{ID} 返回给 $\mathcal{A}_1$，并将 S_{ID} 和 $\mathrm{pk}_{\mathrm{ID}}$ 写入相应的元组中。

② 如果 ID 不存在于列表 L_2 中，C 随机选取 $x \in Z_p^*$，令 $S_{ID} = x$ 和 $pk_{ID} = g^x$，并将新的元组 $(ID, \perp, S_{ID}, pk_{ID})$ 插入 L_2，返回 S_{ID} 给 $\mathcal{A}_1$。

（6）公钥询问：对于身份 ID，$\mathcal{A}_1$ 自适应性地执行公钥询问。

① 如果 ID 存在于列表 L_2 中，若 $pk_{ID} \neq \perp$，C 直接提取 pk_{ID} 返回给 $\mathcal{A}_1$。否则，C 随机选取 $x \in Z_p^*$，令 $S_{ID} = x$ 和 $pk_{ID} = g^x$，将 pk_{ID} 返回给 $\mathcal{A}_1$，并将 S_{ID} 和 pk_{ID} 写入相应的元组中。

② 如果 ID 不存在于列表 L_2 中，随机选取 $x \in Z_p^*$，令 $S_{ID} = x$ 和 $pk_{ID} = g^x$，并将新的元组 $(ID, \perp, S_{ID}, pk_{ID})$ 插入 L_2，返回 pk_{ID} 给 $\mathcal{A}_1$。

（7）公钥替换：对于 (ID, pk_{ID})，$\mathcal{A}_1$ 自适应性地执行公钥替换。

① 如果 ID 存在于列表 L_2 中，C 更新 $(ID, D_{ID}, pk'_{ID}, \perp)$。

② 如果 ID 不存在于列表 L_2 中，C 增加一个新的元组 $(ID, \perp, \perp, pk_{ID})$ 到 L_2。

（8）H_2 询问：对于 w，$\mathcal{A}_1$ 自适应性地执行 H_2 询问。C 检查列表 $L_3 \to \{(w, h_2, Q)\}$，若 w 存在于 L_3 中，C 提取相应的 Q 给 $\mathcal{A}_1$；否则，C 随机选取 $h_2 \in Z_p^*$，计算 $Q = g^{h_2}$ 返回给 $\mathcal{A}_1$，并将 (w, h_2, Q) 插入 L_3 中。

（9）签名询问：对于身份 ID，$\mathcal{A}_1$ 自适应性地执行签名询问。$\mathcal{A}_1$ 发送 (w, m_{ij}, ID) 给 C，C 查询列表 $L_1 \to \{(ID, h_1, R, \eta)\}$ 和 $L_2 \to \{(ID, D_{ID}, pk_{ID}, S_{ID})\}$，若相应的值均不存在，$C$ 执行 H_1 询问和 H_2 询问得到对应的值。若 $\eta = 1$，C 终止。否则，C 从 L_2 中提取相应的 D_{ID} 和 S_{ID}，从 L_3 中提取 Q，计算相应的签名 $\sigma_{ij} = ((g^a)^{h})^{\sum_{k=1}^{s} b_{ijk}} \cdot Q^{S_{ID}}$ 给 $\mathcal{A}_1$。

（10）伪造：基于身份 ID′ 及其数据块 b_{ij}，$\mathcal{A}_1$ 伪造一个签名。要求数据块 b_{ij} 没有执行过签名询问。

分析：如果 $\mathcal{A}_1$ 成功地赢得了游戏，C 可以得到 $e(\sigma'_{ij}, g) = e(H_1(ID')^{\sum_{k=1}^{s} b_{ijk}}, mpk) \cdot e(H_2(w'), pk_{ID'})$，进一步得到 $e(\sigma'_{ij}, g) = e(g^{bh'_1 \sum_{k=1}^{s} b_{ijk}}, g^a) \cdot e(g^{h'_2}, pk_{ID'})$，因此 C 可以得到 $g^{ab} = \left(\dfrac{\sigma'_{ij}}{(pk_{ID'})^{h'_2}} \right)^{1 / h'_1 \sum_{k=1}^{s} m_{ijk}}$。接下来分析 C 不中断的概率，由上述分析可以得到中断只发生在部分私钥询问和签名询问，C 不中断的概率为 $(1-\omega)^{q_p + q_T}$。因此，C 在时间 $t' \leqslant t + O(q_{h_1} + q_p + q_s + q_{pk} + q_{pr} + q_{h_2} + q_T)$ 时赢得游戏的概率 $\varepsilon' \geqslant \varepsilon \cdot \omega \cdot (1-\omega)^{q_p + q_T} \geqslant \varepsilon / ((q_p + q_T) \cdot 2e)$。

2）游戏 2

在多项式时间内，攻击者 $\mathcal{A}_2$ 执行 H_1 询问、秘密值询问、公钥询问、H_2 询问和签名询问的次数分别为 $q_{h_1}, q_s, q_{pk}, q_{h_2}, q_T$，最后成功伪造签名，那么存在一个挑战者 C 能够以一个不可忽略的概率 ε 在时间 t 内攻破 CDH 问题。给定一个 CDH 问题的实例 (g, g^a, g^b)，$\mathcal{A}_2$ 与 C 执行以下安全性游戏，并计算 g^{ab}。

（1）系统初始化：C 随机选择 $s \in Z_q^*$ 作为系统主密钥，发送系统主密钥和公开参数给 $\mathcal{A}_2$。

（2）副本生成：C 运行副本生成算法，得到原始文件的所有副本，并返回给 $\mathcal{A}_2$。

（3）H_1 询问：对于身份 ID，$\mathcal{A}_2$ 自适应性地执行 H_1 询问。C 检查列表 $L_1 \rightarrow \{(\text{ID}, h_1, R)\}$，如果 ID 存在于 L_1 中，C 提取相应的列表元组 (ID, h_1, R)，返回 R 给 $\mathcal{A}_2$；否则，C 随机选取 $h_1 \in Z_p^*$，计算 $R = g^h$ 返回给 $\mathcal{A}_2$，并在 L_1 中插入 (ID, h_1, R)。

（4）秘密值询问：对于身份 ID，$\mathcal{A}_2$ 自适应性地执行秘密值询问。C 检查列表 $L_2 \rightarrow \{(\text{ID}, \text{pk}_{\text{ID}}, S_{\text{ID}}, \eta)\}$，将有以下两种情况。

① 如果 ID 不存在于列表 L_2 中，C 随机选取 $x \in Z_p^*$，并投掷一个随机硬币 $\eta \in \{0, 1\}$，假设 $\eta = 0$ 的概率为 ω，则 $\eta = 1$ 的概率为 $1 - \omega$。当 $\eta = 0$ 时，C 计算 $\text{pk}_{\text{ID}} = g^x$，将 S_{ID} 返回给 $\mathcal{A}_2$，并将 $(\text{ID}, \text{pk}_{\text{ID}}, x, \eta)$ 插入 L_2 中；当 $\eta = 1$ 时，C 计算 $\text{pk}_{\text{ID}} = (g^a)^x$，将 $(\text{ID}, \text{pk}_{\text{ID}}, x, \eta)$ 插入 L_2 中，然后 C 终止。

② 如果 ID 存在于列表 L_2 中，C 查询相应 η 的值，若 $\eta = 1$，C 终止。否则，C 直接提取 S_{ID} 返回给 $\mathcal{A}_2$。

（5）公钥询问：对于身份 ID，$\mathcal{A}_2$ 自适应性地执行公钥询问。

① 如果 ID 不存在于列表 L_2 中，C 随机选取 $x \in Z_p^*$，并投掷一个随机硬币 $\eta \in \{0, 1\}$，假设 $\eta = 0$ 的概率为 ω，则 $\eta = 1$ 的概率为 $1 - \omega$。当 $\eta = 0$ 时，C 计算 $\text{pk}_{\text{ID}} = g^x$。当 $\eta = 1$ 时，C 计算 $\text{pk}_{\text{ID}} = (g^a)^x$ 返回给 $\mathcal{A}_2$，并将 $(\text{ID}, \text{pk}_{\text{ID}}, x, \eta)$ 插入 L_2 中。

② 如果 ID 存在于列表 L_2 中，C 直接提取 pk_{ID} 返回给 $\mathcal{A}_2$。

（6）H_2 询问：对于 w，$\mathcal{A}_2$ 自适应性地执行 H_2 询问。C 检查列表 $L_3 \rightarrow \{(w, h_2, Q)\}$。如果 w 存在于 L_3 中，C 提取相应的 Q 给 $\mathcal{A}_2$。否则，C 随机选取 $h_2 \in Z_p^*$，计算 $Q = g^{bh_2}$ 给 $\mathcal{A}_2$，并将 (w_2, h_2, Q) 插入 L_3 中。

（7）签名询问：对于身份 ID，$\mathcal{A}_2$ 自适应性地执行签名询问。C 查询列表 L_2，若 $\eta = 1$，C 终止；否则，C 计算 D_{ID}，从 L_2 和 L_3 中分别提取相应的 S_{ID} 和 Q，计算出相应的签名 $\sigma_{ij} = (g^h)^{x \sum\limits_{k=1}^{s} b_{ijk}} \cdot Q^{S_{\text{ID}}}$ 给 $\mathcal{A}_2$。

（8）伪造：基于身份 ID′ 及其数据块 b_{ij}，$\mathcal{A}_2$ 伪造一个签名 σ'_{ij}。要求数据块 b_{ij} 从未执行签名询问。

分析：如果 $\mathcal{A}_2$ 成功赢得了游戏，C 可以得到 $e(\sigma'_{ij},g)=e(H_1(\mathrm{ID}')^{\sum_{k=1}^{s}b_{ijk}},\mathrm{mpk})\cdot$

$e(H_2(w'),\mathrm{pk}_{\mathrm{ID}'})$，进一步得到 $e(\sigma'_{ij},g)=e(g^{h_1\sum_{k=1}^{s}b_{ijk}},g^{\chi})\cdot e(g^{bh'_2},g^{ax})$，因此 C 可以得

到 $g^{ab}=(\sigma'_{ij})^{1/(x'h'_1h'_2\chi\sum_{k=1}^{s}b'_{ijk})}$。接下来分析 C 不中断的概率，由上述分析可以得到中

断只发生在秘密值询问和签名询问阶段，C 不中断的概率为 $(1-\omega)^{q_s+q_T}$。因此，C

在时间 $t'\leqslant t+O(q_{h_1}+q_s+q_{\mathrm{pk}}+q_{h_2}+q_T)$ 时赢得游戏的概率 $\varepsilon'\geqslant\varepsilon\cdot\omega\cdot(1-\omega)^{q_s+q_T}\geqslant$

$\varepsilon/((q_s+q_T)\cdot 2e)$。

定理 5.4 只有云服务器完整地保存了用户的数据，产生的完整性证明 proof 才可以通过 TPA 的验证。

证明：如果攻击者 $\mathcal{A}_3$ 输出的完整性证明 (σ',φ') 通过了 TPA 的验证，那么 DL 问题将以一个不可忽略的概率 ε 被挑战者 C 解决。给定 DL 问题的一个实例 (d_1,d_2)，其中 $d_2=d_1^x$，C 与 $\mathcal{A}_3$ 执行以下安全性游戏，并计算 x。

3）游戏 3

游戏 3 与游戏 1 类似。挑战者 C 生成挑战信息给 $\mathcal{A}_3$，$\mathcal{A}_3$ 伪造一个证据 (σ',φ') 给 C。

云服务器产生的证据可以通过 TPA 的验证，即满足等式：

$$e(\sigma,g)=e(H_1(\mathrm{ID}_u)^{\varphi},\mathrm{mpk})e(\prod_{j=1}^{r}\prod_{\varsigma=1}^{c}H_2(i\varsigma\|j)^{v_{i_\varsigma}},\mathrm{pk}_u)$$

假设 $\mathcal{A}_3$ 伪造的证据可以通过 C 的验证，那么能够得到：

$$e(\sigma',g)=e(H_1(\mathrm{ID}_u)^{\varphi'},\mathrm{mpk})e(\prod_{j=1}^{r}\prod_{\varsigma=1}^{c}H_2(i\varsigma\|j)^{v_{i_\varsigma}},\mathrm{pk}_u)$$

以上两个等式已经证明签名是不可伪造的,因此满足条件 $\sigma'=\sigma$。假设 $\varphi'\neq\varphi$，通过以上两个等式可以得到 $H_1(\mathrm{ID}_u)^{\varphi'}=H_1(\mathrm{ID}_u)^{\varphi}$。定义 $\Delta\varphi=\varphi'-\varphi$，进一步得到 $H_1(\mathrm{ID}_u)^{\Delta\varphi}=1$。$C$ 随机选取 $\alpha,\beta\in Z_q^*$，令 $H_1(\mathrm{ID}_u)=\vartheta=d_1^{\alpha}d_2^{\beta}$，可以得到 $\vartheta^{\Delta\varphi}=(d_1^{\alpha}d_2^{\beta})^{\Delta\varphi}=d_1^{\alpha\Delta\varphi}d_2^{\beta\Delta\varphi}=1$ 和 $d_2=h^{\frac{\alpha\Delta\varphi}{\beta\Delta\varphi}}$，进一步得到 $x=\frac{\alpha\Delta\varphi}{\beta\Delta\varphi}$。由上述分析可知 $\Delta\varphi\neq 0$、$\beta\in Z_q^*$ 且 $\beta=0$ 的概率为 $1/q$，因此 $\mathcal{A}_3$ 以一个不可忽略的概率 $1-1/q$ 解决了 DL 问题。

定理 5.5 基于区块链和聚合签名的跨云多副本数据审计方案能够抵抗恶意的审计者。

　　证明：首先，本节方案在挑战阶段基于 $\{nc_{l-\varphi+1}, nc_{l-\varphi+2}, \cdots, nc_l\}$ 来生成挑战消息，由区块链的性质可知，区块的随机数是不可预测的，这确保了参加挑战数据块是不能被提前计算的，即挑战信息是不可预测和不可伪造的。其次，本节方案要求用户对 TPA 提供的审计结果进行批量审计。TPA 在每次完成对用户数据的完整性审计之后，将与审计结果相对应的信息集成到交易中，并广播到区块链，一旦验证了交易的有效性，交易将被写入区块链中。区块链交易的不可篡改性赋予了存储在区块链中的数据可追溯性和可审计性。最后，区块链上的交易是时间敏感的，当相应的交易被记录到区块链之后，交易就被打上时间戳，这使得用户可以审计 TPA 是否在规定的时间执行了数据完整性审计，尽可能早地发现云端数据的损坏。因此，本节方案能够抵抗恶意的审计者。

5.2.4　性能分析

　　从功能、通信开销和计算开销三个方面分析与比较了本节方案和其他几个多副本方案，并基于 0.4.7 版本的 PBC 库对本节方案和文献[42]、文献[43]中的方案进行了数值模拟实验。为了简化表述，用 $|Z_p|$ 表示一个在 Z_p 中元素的大小，$|G_1|$ 表示一个在 G_1 中元素的大小。数据块的数量为 n，副本数量为 r（CS 的数量），扇区数量为 s，参加挑战的数据块的数量为 c。T_a、T_h、T_m、T_p 和 T_e 分别表示一次加法、哈希、乘法、双线性对和指数运算。

　　表 5.7 就是否基于无证书、跨云、限制 TPA 三个方面对本节方案与文献[39]、文献[40]、文献[42]、文献[43]中的方案进行了功能比较。

表 5.7　相关方案的功能比较

方案	基于无证书	跨云	限制 TPA
文献[39]方案	否	是	否
文献[40]方案	否	否	否
文献[42]方案	否	否	否
文献[43]方案	否	是	否
本节方案	是	是	是

　　从表 5.7 可知，除本节方案外，其他方案均面临证书管理或密钥托管的问题，且在设计中均假定第三方审计者（TPA）是完全可信的。然而，本节方案采用无证书密码体制，并利用区块链技术限制了 TPA 的行为。

　　表 5.8 比较了本节方案与文献[42]、文献[43]中方案在挑战、证据生成阶段的通信开销。文献[42]方案在挑战阶段需要 $2c|Z_p|+|G_1|$ 的通信开销，本节方案在挑战阶段需要 $6|Z_p|+|G_1|$ 的通信开销。本节方案在证据生成阶段需要 $|G_1|+|Z_p|$ 的通信开销，而文

献[42]、文献[43]方案在证据生成阶段的通信开销更高。因此，相比另外两个方案，本节方案具有较高的通信效率。

表 5.8　相关方案的通信开销比较

方案	挑战阶段	证据生成阶段
文献[42]方案	$2c\|Z_p\|+\|G_1\|$	$(2rc+r+cn+1)\|G_1\|+r\|Z_p\|$
文献[43]方案	$3\|Z_p\|$	$(s+3)\,\|G_1\|+s\|Z_p\|$
本节方案	$6\|Z_p\|+\|G_1\|$	$\|G_1\|+\|Z_p\|$

表 5.9 比较了本节方案与文献[42]、文献[43]中方案的计算开销。在证据验证阶段，文献[43]方案需要进行 $rc+s$ 次 T_e 和 T_m，而本节方案需要进行 rc 次 T_e 和 T_m，因此与另外两个方案相比，本节方案的计算开销更小。

表 5.9　相关方案的计算开销比较

方案	签名阶段	证据生成阶段	证据验证阶段
文献[42]方案	$nr(T_h+2T_e+T_m)$	$cT_e+(2c-1)T_m+(2c-1)T_a$	$2T_p+cr(T_h+T_e)+(cr-1)T_m$
文献[43]方案	$nr(2T_e+sT_m+sT_a+T_h)$	$rc(T_e+2T_m+T_a)$	$3T_p+(rc+s)(T_e+T_m)+cT_a+crT_h$
本节方案	$nr(2T_e+T_m+sT_a+T_h)$	$r(cT_e+2cT_m+csT_a)$	$3T_p+rc(T_e+T_m+T_h)$

图 5.5 展示了当副本数量为 2，参与挑战的数据块数量为 0~50 时，本节方案与文献[42]、文献[43]方案在签名阶段的计算开销。随着数据块数量的增加，三种方案的签名时间都增长，但本节方案增长速率较慢。因此，相比另外两个方案，本节方案在签名阶段的计算开销相对较小。

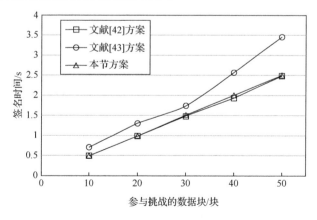

图 5.5　签名阶段的计算开销

　　选择参与挑战的数据块数量为 0～30，比较本节方案与文献[42]、文献[43]方案在证据生成和证据验证阶段的计算开销。实验结果分别如图 5.6 和图 5.7 所示。

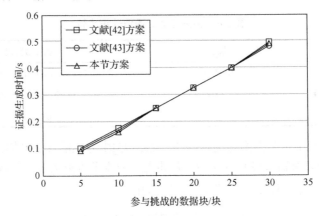

图 5.6　证据生成阶段的计算开销

　　从图 5.6 可知，当参与挑战的数据块数量为 0～30 时，本节方案与文献[42]、文献[43]方案在证据生成阶段的计算开销相近。

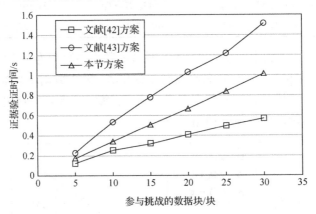

图 5.7　证据验证阶段的计算开销

　　从图 5.7 可知，当参与挑战的数据块数量为 20 时，在证据验证阶段文献[42]方案约需要 0.4s，文献[43]方案约需要 1s，而本节方案约需要 0.66s。因此，相比文献[43]方案，本节方案在证据验证阶段具有较高的计算效率。

　　本节方案引入区块链技术，限制第三方审计者的行为。将副本数据存储在不同的云服务器中，利用特殊的云服务器管理者对来自云服务器的证据数据进行聚合，进而能够同时审计其完整性。分析结果表明，该方案满足签名的不可伪造性和审计的健壮性，并能抵抗恶意的审计者。与同类方案相比较，在通信开销和计算开销上具有较高的效率。

参 考 文 献

[1] BONEH D, GENTRY C, LYNN B, et al. Aggregate and verifiably encrypted signatures from bilinear maps[C]. International Conference on the Theory and Applications of Cryptographic Techniques, Berlin, Germany, 2003: 416-432.

[2] SHAO Z. Enhanced aggregate signatures from pairings[C]. International Conference on Information Security and Cryptology, Berlin, Germany, 2005: 140-149.

[3] 周晓燕, 杜伟章. 基于身份和 Weil 对的聚合签名方案[J]. 计算机工程与应用, 2010, 46(15): 106-108.

[4] 孙华, 郑雪峰, 于义科, 等. 一种安全有效的基于身份的聚合签名方案[J]. 计算机科学, 2010, 37(5): 62-65.

[5] CHEON J H, KIM Y, YOON H J. A new ID-based signature with batch verification[J]. IACR Cryptol. ePrint Arch., 2004: 131.

[6] XU J, ZHANG Z, FENG D. ID-based aggregate signature from bilinear pairings[C]. International Conference on Cryptology and Network Security, Berlin, Germany, 2005: 110-119.

[7] HERRANZ J. Deterministic identity-based signatures for partial aggregation[J]. The Computer Journal, 2006, 49(3): 322-330.

[8] GENTRY C, RAMZAN Z. Identity-based aggregate signatures[C]. International Workshop on Public Key Cryptography, Berlin, Germany, 2006: 257-273.

[9] CASTRO R, DAHAB R. Efficient certificateless signatures suitable for aggregation[J]. IACR Cryptol. ePrint Arch., 2007: 454.

[10] ZHANG L, ZHANG F. A new certificateless aggregate signature scheme[J]. Computer Communications, 2009, 32(6): 1079-1085.

[11] KAR J, LIU X, LI F. CL-ASS: An efficient and low-cost certificateless aggregate signature scheme for wireless sensor networks[J]. Journal of Information Security and Applications, 2021, 61: 102905.

[12] 刘丹, 石润华, 张顺, 等. 无线网络中基于无证书聚合签名的高效匿名漫游认证方案[J]. 通信学报, 2016, 37(7): 182-192.

[13] XIONG H, GUAN Z, CHEN Z, et al. An efficient certificateless aggregate signature with constant pairing computations[J]. Information Sciences, 2013, 219(1): 225-235.

[14] HE D, TIAN M, CHEN J. Insecurity of an efficient certificateless aggregate signature with constant pairing computations[J]. Information Sciences, 2014, 268(6): 458-462.

[15] CUI J, ZHANG J, ZHONG H, et al. An efficient certificateless aggregate signature without pairings for vehicular ad hoc networks[J]. Information Sciences, 2018, 451(7): 1-15.

[16] KUMAR P, KUMARI S, SHARMA V, et al. A certificateless aggregate signature scheme for healthcare wireless sensor network[J]. Sustainable Computing: Informatics and Systems, 2018, 123(12): 80-89.

[17] WU L, XU Z, HE D, et al. New certificateless aggregate signature scheme for healthcare multimedia social network on cloud environment[J]. Security and Communication Networks, 2018: 2595273.

[18] XIE Y, LI X, ZHANG S, et al. ICLAS: An improved certificateless aggregate signature scheme for healthcare wireless sensor networks[J]. IEEE Access, 2019, 7(1): 15170-15182.

[19] 杨小东, 裴喜祯, 安发英, 等. 基于身份聚合签名的车载自组网消息认证方案[J]. 计算机工程, 2020, 46(2): 170-174, 182.

[20] 肖瑶, 刘会衡, 程晓红. 车联网关键技术及其发展趋势与挑战[J]. 通信技术, 2021, 54(1): 1-8.

[21] 杜红珍. 一个适用于车载自组织网络的安全高效的聚合签名方案[J]. 河南科学, 2016, 34(4): 481-485.

[22] WANG Z. An identity-based data aggregation protocol for the smart grid[J]. IEEE Transactions on Industrial Informatics, 2017, 13(5): 2428-2435.

[23] 杜红珍, 黄梅娟, 温巧燕. 高效的可证明安全的无证书聚合签名方案[J]. 电子学报, 2013, 41(1): 72-76.

[24] 李艳平, 聂好好, 周彦伟, 等. 新的可证明安全的无证书聚合签名方案[J]. 密码学报, 2015, 2(6): 526-535.

[25] 周彦伟, 杨波, 张文政. 高效可证安全的无证书聚合签名方案[J]. 软件学报, 2015, 26(12): 3204-3214.

[26] 王大星, 滕济凯. 车载网中可证安全的无证书聚合签名算法[J]. 电子与信息学报, 2018, 40(1): 11-17.

[27] 谢永, 李香, 张松松, 等. 一种可证安全的车联网无证书聚合签名改进方案[J]. 电子与信息学报, 2020, 42(5): 1125-1131.

[28] 闫晨阳. 车联网环境下具有聚合性质的消息认证方案研究[D]. 兰州: 西北师范大学, 2021.

[29] ZHANG L, QIN B, WU Q, et al. Efficient many-to-one authentication with certificateless aggregate signatures[J]. Computer Networks, 2010, 54(14): 2482-2491.

[30] HORNG S J, TZENG S F, HUANG P H, et al. An efficient certificateless aggregate signature with conditional privacy-preserving for vehicular sensor networks[J]. Information Sciences, 2015, 317: 48-66.

[31] QUISQUATER J J. Speeding up smart card RSA computation with insecure coprocessors[J]. Proc. Smart Card 2000., 1989: 191-197.

[32] WU H, XU C, DENG J. A server-aided aggregate verification signature scheme from bilinear pairing[C]. 2013 5th International Conference on Intelligent Networking and Collaborative Systems, Xi'an, China, 2013: 503-506.

[33] 牛淑芬, 王彩芬, 蓝才会. 抵抗共谋攻击的服务器辅助验证签名方案[J]. 计算机应用研究, 2015, 33(7): 1-4.

[34] 杨小东, 李亚楠, 周其旭, 等. 一种服务器辅助验证聚合签名方案的安全性分析及改进[J]. 计算机工程, 2017, 43(1): 183-187.

[35] LI J, YAO W, ZHANG Y, et al. Flexible and fine-grained attribute-based data storage in cloud computing[J]. IEEE Transactions on Services Computing, 2017, 10(5): 785-796.

[36] LI J, YE H, WANG W, et al. Efficient and secure outsourcing of differentially private data publication[C]. 23rd European Symposium on Research in Computer Security, Barcelona, Spain, 2018: 187-206.

[37] REN K, WANG C, WANG Q. Security challenges for the public cloud[J]. IEEE Internet Computing, 2012, 16(1): 69-73.

[38] HAO Z, YU N. A multiple-replica remote data possession checking protocol with public verifiability[C]. 2010 Second International Symposium on Data, Privacy, and E-commerce, Buffalo, USA, 2010: 84-89.

[39] ZHANG Y, NI J, TAO X, et al. Provable multiple replication data possession with full dynamics for secure cloud storage[J]. Concurrency and Computation: Practice and Experience, 2016, 28(4): 1161-1173.

[40] PENG S, ZHOU F, LI J, et al. Efficient, dynamic and identity-based remote data integrity checking for multiple replicas[J]. Journal of Network and Computer Applications, 2019, 134(2): 72-88.

[41] YANG X L, PEI X, WANG M, et al. Multi-replica and multi-cloud data public audit scheme based on blockchain[J]. IEEE Access, 2020, 8: 144809-144822.

[42] 李敬伟, 朱命冬. 云存储中基于 MHT 的动态数据完整性验证与恢复方案[J]. 计算机应用研究, 2019, 36(7): 2179-2183.

[43] LI J, YAN H, ZHANG Y. Efficient identity-based provable multi-copy data possession in multi-cloud storage[J]. IEEE Transactions Cloud Computing, 2019, 10(1): 356-365.

第6章 代理重签名体制

Blaze 等[1]提出了第一个代理重签名方案，但他们没有为代理重签名规范其形式化安全定义。Ateniese 等[2]提出了代理重签名的形式化安全定义，并且将代理重签名与代理签名、聚合签名和多重签名等进行了明确的区分，同时提出了两个在随机预言模型下可证明安全的代理重签名方案。代理重签名的研究由此引起了广泛的关注，一些代理重签名方案及其应用也被相继提出[3]。

在代理重签名中，一个拥有重签名密钥的半可信代理者可以把受托者的签名转换为委托者对同一个消息的签名（也称重签名），同时这个代理者不能单独生成受托者或委托者的任何一个签名。代理重签名方案可减小公共密钥的管理开支、产生易管理的弱群签名和节省空间的特定路径遍历证明等，也可利用代理重签名方案构建公平的合同签署算法和版权管理系统等。

代理重签名能够在用户授权的情况下进行签名转换，在区块链、云存储、机器学习、加密邮件系统、电子医疗、数字版权、分布式文件系统等领域有广泛的应用前景。在一个基于区块链的加密货币支付系统中，买方在交易中通过代理将自己的签名转换为卖方所信任的权威机构的签名，卖方在不知道买方身份的前提下也能够核实对方签名的权威性，大大提高了交易过程中的效率，也实现了身份的隐私保护。

6.1 传统代理重签名方案

下面介绍两个典型的传统代理重签名方案，它们经常被作为密码基础构件来设计其他密码方案和算法。

6.1.1 双向代理重签名方案

Shao 等[3]在 Waters 签名方案[4]的基础上提出了一个双向代理重签名方案——S_{mb} 方案。假定 m 是 n_m 比特长的签名消息，用一个抗碰撞的哈希函数 $H_1:\{0,1\}^* \to \{0,1\}^{n_m}$ 来达到这个目的。S_{mb} 方案由以下五个算法组成。

1）密钥生成算法

输入一个安全参数 1^k，选择两个阶为素数 p 的循环群 G_1 和 G_2，g 是 G_1 的生成元，定义一个双线性映射 $e:G_1 \times G_1 \to G_2$。在 G_1 中随机选取 $n_m + 2$ 个元素

$(g_2, u, u_1, \cdots, u_{n_m})$。任选一个随机数 $x \in Z_p^*$ 作为私钥，密钥生成（KeyGen）算法计算公钥 $g_1 = g^x$，公开系统参数 $(G_1, G_2, p, e, g, g_2, u, u_1, \cdots, u_{n_m})$。

2）重签名密钥生成算法

输入两个私钥 $\mathrm{sk}_A = \alpha$ 和 $\mathrm{sk}_B = \beta$，重签名密钥生成（ReKey）算法输出一个重签名密钥 $\mathrm{rk}_{A \to B} = \beta / \alpha (\mathrm{mod}\, p)$。

3）签名算法

输入一个私钥 $\mathrm{sk} = \alpha$ 和一个 n_m 比特长的消息 $m = (m_1, \cdots, m_{n_m}) \in \{0,1\}^{n_m}$，签名（Sign）算法输出一个 m 的签名 $\sigma = (\sigma_1, \sigma_2) = (g_2^{\alpha} \varpi^r, g^r)$，这里 $r \in_R Z_p$ 且 $\varpi = u \prod\limits_{i=1}^{n_m} (u_i)^{m_i}$。

4）重签名生成算法

输入重签名密钥 $\mathrm{rk}_{A \to B}$、一个 n_m 比特长的消息 $m = (m_1, \cdots, m_{n_m}) \in \{0,1\}^{n_m}$、一个公钥 pk_A 和一个签名 $\sigma_A = (\sigma_{A,1}, \sigma_{A,2})$，重签名生成（ReSign）算法首先验证 σ_A 的合法性，若不合法，输出 $\bot$；否则，输出一个 m 的重签名 $\sigma_B = (\sigma_{B,1}, \sigma_{B,2}) = ((\sigma_{A,1})^{\mathrm{rk}_{A \to B}}, (\sigma_{A,2})^{\mathrm{rk}_{A \to B}})$。

5）验证算法

输入一个 n_m 比特长的消息 m、一个公钥 pk 和一个签名 $\sigma = (\sigma_1, \sigma_2)$，如果：

$$e(\sigma_1, g) = e(\mathrm{pk}, g_2) e(\sigma_2, \varpi)$$

验证（Verify）算法输出 1；否则，输出 0。

S_{mb} 方案中的 ReSign 算法是一个确定性算法，两种针对该算法的攻击被提出，分别是 Kim-Yie-Lim 攻击[5]和 Chow-Phan 攻击[6]，这两种攻击都成功伪造出合法的签名。为了有效抵抗上述两种攻击，在 ReSign 算法中添加一个随机化的因子。改进的双向代理重签名方案与原 S_{mb} 方案相比仅 ReSign 算法不同。改进的 ReSign 算法描述如下。

ReSign 算法：输入一个重签名密钥 $\mathrm{rk}_{A \to B}$、一个 n_m 比特长的消息 $m = (m_1, \cdots, m_{n_m}) \in \{0,1\}^{n_m}$、一个公钥 pk_A 和一个签名 $\sigma_A = (\sigma_{A,1}, \sigma_{A,2})$，如果 $\mathrm{Verify}(\mathrm{pk}_A, m, \sigma_A) = 0$，输出 $\bot$；否则，选取 $r_s \in Z_p^*$，输出 m 的重签名 $\sigma_B = (\sigma_{B,1}, \sigma_{B,2}) = ((\sigma_{A,1})^{\mathrm{rk}_{A \to B}} \varpi^{r_s}, (\sigma_{A,2})^{\mathrm{rk}_{A \to B}} g^{r_s})$。

定理 6.1　在标准模型下，改进的双向代理重签名方案在计算性 Diffie-Hellman 假设下存在不可伪造安全性[4,7]。

6.1.2　强不可伪造的代理重签名方案

代理重签名在电子认证和电子商务方面越来越重要，因此迫切需要研究具有更高安全性和计算效率的代理重签名方案[8]。Vivek 等[9]基于 Waters 签名方案提出了两个双向代理重签名方案，并在标准模型中证明了这两个方案满足强不可伪造性，但这两个方案都不满足多用性，并且具有大量的系统公开参数。为了解决上述问题，本书作者利用基于密钥的目标抗碰撞（target collision resistant，TCR）杂凑函数[10]提出了一个不可伪造的多用双向代理重签名方案[11]，在系统公开参数长度、公私钥长度、签名长度、重签名长度和计算代价等方面具有很大的优势。

1. 方案描述

1）系统参数初始化算法

假定 G_1 和 G_2 是两个阶为素数 q 的循环群，g 是 G_1 的生成元，双线性映射 $e: G_1 \times G_1 \rightarrow G_2$，令 K 为 TCR 杂凑函数的密钥空间，系统建立（Setup）算法选择一个 TCR 杂凑函数 $H_k: \{0,1\}^* \rightarrow Z_p$，其中 $k \in K$。在 G_1 中随机选择四个元素 g_2，v，m_0 和 m_1，公开参数 $cp = (G_1, G_2, p, e, g, g_2, v, m_0, m_1, k, H_k)$。

2）密钥生成算法

选取一个随机数 $\alpha \in Z_p^*$，密钥生成（KeyGen）算法输出公私密钥对 $(pk, sk) = (g_1, \alpha) = (g^\alpha, \alpha)$

3）重签名密钥生成算法

给定受托者的私钥 $sk_A = \alpha$ 和委托者的私钥 $sk_B = \beta$，重签名密钥生成（ReKey）算法生成代理者的重签名密钥 $rk_{A \rightarrow B}$ 的步骤如下：

① 代理者随机选取 $r_0 = Z_p^*$，将 $g_2^{r_0}$ 发送给受托者；

② 受托者收到 $g_2^{r_0}$ 后，利用私钥 $sk_A = \alpha$ 将 $g_2^{r_0} g_2^{-\alpha}$ 发送给委托者；

③ 委托者收到 $g_2^{r_0} g_2^{-\alpha}$ 后，利用私钥 $sk_B = \beta$ 将 $g_2^\beta g_2^{r_0} g_2^{-\alpha}$ 发送给代理者；

④ 代理者收到 $g_2^\beta g_2^{r_0} g_2^{-\alpha}$ 后，计算重签名密钥 $rk_{A \rightarrow B} = g_2^{-r_0}(g_2^\beta g_2^{r_0} g_2^{-\alpha}) = g_2^\beta g_2^{-\alpha} = g_2^{\beta - \alpha}$。

4）签名算法

对于消息 M，签名者利用私钥 $sk = \alpha$ 计算 M 的原始签名 $\sigma = (\sigma_1, \sigma_2) = (g^s, g_2^\alpha (m_u v^h)^s)$，其中 $s \in Z_p^*$，$\sigma_1 = g^s$，$h = H_k(M \| \sigma_1)$，$u \in \{0,1\}$ 是 h 的最右边比特值。

5）重签名生成算法

对于消息 M、公钥 pk_A 和签名 $\sigma_A = (\sigma_{A1}, \sigma_{A2})$，如果 $\text{Verify}(\text{pk}_A, M, \sigma_A) = 0$，则输出 $\bot$；否则，代理者利用重签名密钥 $\text{rk}_{A \to B}$ 输出消息 M 的重签名 $\sigma_B = (\sigma_{B1}, \sigma_{B2}) = (\sigma_{A1}, \text{rk}_{A \to B} \cdot \sigma_{A2})$。

6）签名验证算法

输入一个公钥 pk、一个消息 M 和一个签名 $\sigma = (\sigma_1, \sigma_2)$，令 $h = H_k(M \| \sigma_1)$，$u \in \{0,1\}$ 是 h 的最右边比特值，如果 $e(\sigma_2, g) = e(\sigma_1, m_u v^h) e(\text{pk}, g_2)$，验证（Verify）算法输出 1；否则，输出 0。

2. 安全性分析

假定消息 M 的签名 $\sigma = (\sigma_1, \sigma_2) = (g^s, g_2^\alpha (m_u v^h)^s)$，令 $h = H_k(M \| \sigma_1)$。如果攻击者随机选取 $s^* \in Z_p^*$，企图通过签名 σ 伪造 M 的新签名 $\sigma^* = (\sigma_1^*, \sigma_2^*) = (\sigma_1 g^{s^*}, \sigma_2 (m_u v^h)^{s^*})$，但由 TCR 杂凑函数的抗碰撞性可知，$\sigma_2^*$ 中的 $h = H_k(M \| g^s)$ 与利用 σ_1^* 得到的 $h^* = H_k(M \| \sigma_1^*) = H_k(M \| g^{s+s^*})$ 不相等，因此伪造的签名 σ^* 无法通过 Verify 算法的验证，进而说明本书作者所提多用双向代理重签名方案是不可延展的。下面证明该方案具有强不可伪造性。

定理 6.2　如果 TCR 杂凑函数 H_k 是 $(t, \varepsilon/2)$ 抗碰撞的，并且 G_1 上的 $(t, \varepsilon/4)$-CDH 假设成立，那么本书提出的多用双向代理重签名方案在标准模型下是 (t, ε) 强不可伪造的。

证明：如果存在一个攻击者 $\mathcal{A}$ 在多项式时间 t 内最多查询了 q_E 次（未）攻陷用户密钥生成预言机、q_S 次签名生成预言机、q_{RK} 次重签名密钥生成预言机和 q_{RS} 次重签名生成预言机，能以一个不可忽略的概率攻破方案的强不可伪造性，下面证明存在一个攻击者 $\mathcal{F}$ 能解决 G_1 上的 CDH 问题或找到 TCR 杂凑函数 H_k 的一个碰撞。

攻击者 $\mathcal{A}$ 第 i 次向签名预言机和重签名预言机询问消息 M_i 的签名，预言机返回相应的签名 $\sigma_i = (\sigma_{i1}, \sigma_{i2})$，令 $q = q_S + q_{RS}$，$h_i = H_k(M_i \| \sigma_{i1})$，$i = 1, \cdots, q$。假设 $\mathcal{A}$ 最后输出的伪造为 $(M^*, \sigma^* = (\sigma_1^*, \sigma_2^*))$，其中 $h^* = H_k(M^* \| \sigma_1^*)$，$\sigma^*$ 不是攻击者 $\mathcal{A}$ 询问预言机后得到的消息 M^* 的签名。将 $\mathcal{A}$ 的伪造分为以下两类。

① 类型 I：对任意 $i \in \{1, \cdots, q\}$，总有 $h^* \neq h_i$；

② 类型 II：存在某个 $i \in \{1, \cdots, q\}$，满足 $h^* = h_i$。

攻击者 $\mathcal{A}$ 的成功伪造必然属于类型 I 或类型 II，下面证明类型 I 的伪造可解决一个 CDH 问题，类型 II 的伪造可找到 TCR 杂凑函数 H_k 的一对碰撞。

类型 I：假设 $\mathcal{A}$ 能攻破方案的强不可伪造性，将存在一个攻击者 $\mathcal{F}$ 能解决 G_1 上的 CDH 问题。给定一个 CDH 问题实例 $(g, g^\alpha, g^\beta) \in G_1^3$，$\mathcal{F}$ 的目标是计算 $g^{\alpha\beta} \in G_1$。攻击者 $\mathcal{F}$ 执行如下的模拟操作。

（1）建立：令 $g_1 = g^\alpha$，$g_2 = g^\beta$，并随机选取四个值 $x, y, z, t \in Z_p^*$，设置 $m_0 = g^x$，$m_1 = g_2^t g^y$ 和 $v = g^z$，将参数 $(g, g_1, g_2, v, m_0, m_1)$ 发送给 $\mathcal{A}$，但 $\mathcal{F}$ 不知道 $g^{\alpha\beta}$。

（2）查询：$\mathcal{F}$ 建立如下的一系列预言机。

① 未被攻陷用户密钥生成预言机 $O_{UKeyGen}$：$\mathcal{F}$ 选取一个随机数 $x_i \in Z_p^*$，输出公钥 $pk_i = g^{x_i} g_1 = g^{\alpha + x_i}$，但私钥 $\alpha + x_i$ 对 $\mathcal{F}$ 是未知的。

② 已被攻陷用户密钥生成预言机 $O_{CKeyGen}$：$\mathcal{F}$ 选取一个随机数 $x_i \in Z_p^*$，输出公私钥对 $(pk_i, sk_i) = (g^{x_i}, x_i)$。

③ 签名生成预言机 O_{Sign}：当攻击者 $\mathcal{A}$ 询问公钥 pk_i 下消息 M_j 的签名时，$\mathcal{F}$ 首先随机选取 $s_j \in Z_p^*$，然后进行如下回复。

若用户 pk_i 已被攻陷，令 $h_j = H_k(M_j \| g^{s_j})$，$u_j \in \{0,1\}$ 是 h_j 的最右边比特值，返回签名 $\sigma_j = (\sigma_{j1}, \sigma_{j2}) = (g^{s_j}, g_2^{x_j}(m_{u_j} v^{h_j})^{s_j})$；

若用户 pk_i 未被攻陷，设置 $\sigma_{j1} = g_1^{-1/t} g^{s_j} = g^{s_j - \alpha/t}$ 和 $h_j = H_k(M_j \| \sigma_{j1})$，令 h_j 的最右边比特值 $u_j \in \{0,1\}$，如果 $u_j = 0$，则重新选取 s_j 使得 $u_j = 1$，返回签名 $\sigma_j = (\sigma_{j1}, \sigma_{j2}) = (g^{s_j}, g_2^{x_i} g_1^{-(y + zh_j)/t}(m_1 v^{h_j})^{s_j})$。

④ 重签名密钥生成预言机 O_{ReKey}：攻击者 $\mathcal{A}$ 询问公钥 (pk_i, pk_j) 的重签名密钥 $rk_{i \to j}$，如果 pk_i 和 pk_j 均未被攻陷，预言机 $O_{UKeyGen}$ 生成的私钥 $(sk_i, sk_j) = (\alpha + x_i, \alpha + x_j)$，则 $rk_{i \to j} = g_2^{sk_j - sk_i} = g_2^{(\alpha + x_j) - (\alpha + x_i)} = g_2^{x_j - x_i}$；如果 pk_i 和 pk_j 均已被攻陷，预言机 $O_{UKeyGen}$ 生成的私钥 $(sk_i, sk_j) = (x_i, x_j)$，则 $rk_{i \to j} = g_2^{sk_j - sk_i} = g_2^{x_j - x_i}$。因此，如果 pk_i 和 pk_j 均已被攻陷或均未被攻陷，$\mathcal{F}$ 返回 $rk_{i \to j} = g_2^{x_j - x_i}$；否则，输出 $\perp$。

⑤ 重签名生成预言机 O_{ReSign}：攻击者 $\mathcal{A}$ 输入两个公钥 (pk_i, pk_j)、一个消息 M_i 和一个签名 σ_i，首先验证签名的合法性，如果 Verify（pk_i, M_i, σ_i）=0，$\mathcal{F}$ 输出 $\perp$；否则，$\mathcal{F}$ 进行如下操作。

若 pk_i 和 pk_j 中至少有一个是已被攻陷的用户，$\mathcal{F}$ 返回签名 $\sigma_j = O_{Sign}$（pk_j, M_i）。

若 pk_i 和 pk_j 均是已被攻陷或未被攻陷的用户，$\mathcal{F}$ 首先查询预言机 O_{ReKey}（pk_i, pk_j）获得重签名密钥 $rk_{i \to j}$，然后运行重签名生成（ReSign）算法，并返回消息 M_i 的重签名 $\sigma_j = $ ReSign（$rk_{i \to j}, pk_i, M_i, \sigma_i$）。

（3）伪造：攻击者 $\mathcal{A}$ 查询一系列上述的预言机后，最后输出类型 I 的伪造信息 $(M^*, \sigma^* = (\sigma_1^*, \sigma_2^*))$，其中 $(M^*, \sigma^*) \notin \{(M_i, \sigma_i)\}_{i=1}^q$ 且 $h^* \neq h_i$。如果 h^* 的最右边比特值是 1，那么攻击者 $\mathcal{F}$ 宣告模拟失败；否则，此时 $m_0 = g^x$，伪造信息 (M^*, σ^*) 必

须满足：

$$\sigma^* = (\sigma_1^*, \sigma_2^*) = (g^{s^*}, g_2^{\alpha+x^*}(m_0 v^{h^*})^{s^*})$$

为了解决给定的 CDH 问题实例 $(g, g^\alpha, g^\beta) \in G_1^3$，$\mathcal{F}$ 计算：

$$\frac{\sigma_2^*}{g_2^{x^*}(\sigma_1^*)^{(x+zh^*)}} = \frac{g_2^{\alpha+x^*}(m_0 v^{h^*})^{s^*}}{g_2^{x^*}(g^{s^*})^{(x+zh^*)}} = \frac{g_2^\alpha g_2^{x^*}(m_0 v^{h^*})^{s^*}}{g_2^{x^*}(g^{(x+zh^*)})^{s^*}} = \frac{g_2^\alpha(m_0 v^{h^*})^{s^*}}{[g^x(g^z)^{h^*}]^{s^*}}$$

$$= \frac{g_2^\alpha(m_0 v^{h^*})^{s^*}}{(m_0 v^{h^*})^{s^*}} = g_2^\alpha = g^{\alpha\beta}$$

由于 $\mathcal{A}$ 成功伪造签名的概率是 ε，模拟不中断的概率是 1/2，选择类型 I 的概率是 1/2，因此 $\mathcal{F}$ 成功计算 CDH 问题实例的概率是 $\varepsilon/4$。

类型 II：假设 $\mathcal{A}$ 能攻破方案的强不可伪造性，将存在一个攻击者 $\mathcal{F}$ 获得杂凑函数密钥 $k^* \in K$ 后，以 $\varepsilon/2$ 的概率找到 TCR 杂凑函数 H_k 的一个碰撞 (m_1^*, m_2^*)，满足 $m_1^* \neq m_2^*$ 且 $H_{k^*}(m_1^*) = H_{k^*}(m_2^*)$。$\mathcal{F}$ 执行如下操作。

（1）建立：设置 $k = k^*$，运行 Setup 算法将生成的系统参数（G_1, G_2, p, e, g, $\mathrm{pk}^*, g_2, v, m_0, m_1, k, H_k$）发送给攻击者 $\mathcal{A}$，并秘密保存私钥 sk^*。

（2）询问：当攻击者 $\mathcal{A}$ 可以自适应性地向 $\mathcal{F}$ 询问用户的公钥/私钥、重签名密钥、消息的签名和重签名时，$\mathcal{F}$ 通过运行算法（KeyGen、ReKey、Sign 和 ReSign）响应攻击者 $\mathcal{A}$ 所发起的各种询问请求，并将相应的询问结果发送给 $\mathcal{A}$。

（3）伪造：攻击者 $\mathcal{A}$ 进行有限次的各种询问请求后，输出类型 II 的伪造 $(M^*, \sigma^* = (\sigma_1^*, \sigma_2^*))$，满足 $(M^*, \sigma^*) \notin \{(M_i, \sigma_i)\}_{i=1}^q$，并且存在某个 $i \in \{1, \cdots, q\}$ 使得 $h^* = h_i$，即 $H_k(M^* \| \sigma_1^*) = H_k(M_i \| \sigma_{i1})$。攻击者 $\mathcal{F}$ 设置 $m_1^* = M^* \| \sigma_1^*$，$m_2^* = M_i \| \sigma_{i1}$，因为 $m_1^* \neq m_2^*$ 且 $H_{k^*}(m_1^*) = H_{k^*}(m_2^*)$，所以 $\mathcal{A}$ 找到 TCR 杂凑函数 H_k 的一对碰撞 (m_1^*, m_2^*)。由于攻击者 $\mathcal{A}$ 成功伪造签名的概率是 ε，整个模拟没有中断且选择类型 II 的概率是 1/2，因此 $\mathcal{F}$ 能以 $\varepsilon/2$ 的概率找到 TCR 杂凑函数 H_k 的一对碰撞。

3. 性能分析

下面对已有的一些多用双向代理重签名方案和本节作者提出的多用双向代理重签名方案进行系统参数长度、用户的私钥长度、消息的签名长度、重签名的长度、重签名的生成代价、多用性和强不可伪造性等安全属性方面的比较，结果见表 6.1。由于 S_{mb} 方案[3]、改进的 S_{mb} 方案[5]、Vivek1 方案[9]和 Vivek2 方案[9]都是基于文献[8]中的 Waters 签名方案，因而这些方案都具有大量的系统公开参数。为了便于比较，假定所有方案选择相同长度的大素数 p，表中 $|\cdot|$ 表示元素长度，E 表示 1 次指数运算，P 表示 1 次双线性对运算，n 表示 Waters 签名方案中的待签名消息长度，Y 表示具有此种属性，N 表示不具有此种属性。

表 6.1　安全属性比较

安全属性	S_{mb} 方案	改进的 S_{mb} 方案	Vivek1 方案	Vivek2 方案	本节方案
系统参数长度	$(n+3)\|G_1\|$	$(n+3)\|G_1\|$	$(2n+5)\|G_1\|$	$(2n+6)\|G_1\|$	$6\|G_1\|$
私钥长度	$\|p\|$	$\|p\|$	$2\|p\|$	$3\|p\|$	$\|p\|$
签名长度	$2\|G_1\|$	$2\|G_1\|$	$2\|G_1\|+\|p\|$	$2\|G_1\|+\|p\|$	$2\|G_1\|$
重签名的长度	$2\|G_1\|$	$2\|G_1\|$	$3\|G_1\|+\|p\|$	$3\|G_1\|+\|p\|$	$2\|G_1\|$
重签名的生成代价	2E+2P	4E+2P	6E+2P	6E+2P	2P
多用性	Y	Y	N	N	Y
强不可伪造性	N	N	Y	Y	Y

从表 6.1 可以看出，本节方案与 S_{mb} 方案、改进的 S_{mb} 方案具有相同的私钥长度、签名长度和重签名长度，但 S_{mb} 方案和改进的 S_{mb} 方案不满足强不可伪造性，并且具有较长的系统参数长度。虽然文献[9]提出的两个方案满足强不可伪造性，但与这两个方案相比，本节方案具有更短的系统参数长度、私钥长度、签名长度和重签名长度，并且重签名生成的计算量更小，同时满足多用性。

6.2　无证书代理重签名方案

无证书代理重签名融合了代理重签名和无证书公钥密码体制的优点，不仅能实现签名的转换，还能有效缓解用户面临的密钥托管问题和公钥基础设施（public key infrastructure，PKI）中海量证书的管理等问题[12,13]。本节主要介绍一种基于无证书的代理重签名方案。

在无证书代理重签名的基础上，本书作者利用聚合签名体制，设计了一种具有聚合性质的无证书代理重签名方案[14]，可将任意长度集合上的签名或者重签名聚合成一个集合上的签名，有效降低了签名验证的计算代价和通信成本。

6.2.1　方案描述

本书作者结合代理重签名和无证书公钥密码体制提出具有聚合性质的无证书代理重签名方案，具体描述如下。

1）系统建立算法

假设安全参数为 1^λ，签名消息的长度为 l，用户身份的长度为 n，令 $k=l+n$，群生成器 $\Gamma(1^\lambda, k)$ 输出一个群组 $G=(G_1, G_2, \cdots, G_k)$，每个群的阶均为 $p>2^\lambda$，g_i 为 G_i 的生成元，并令 $g=g_1$。KGC 随机选取 $A=(A_{1,0}=g^{a_{1,0}}, A_{1,1}=g^{a_{1,1}}), \cdots, (A_{l,0}=g^{a_{l,0}}, A_{l,1}=g^{a_{l,1}}) \in G_1^2$，并选择指数 $(b_{1,0}, b_{1,1}), \cdots, (b_{l,0}, b_{l,1}) \in Z_p^2$，令 $B_{i,\beta}=g^{b_{i,\beta}}$，其中

$i \in [n], \beta \in \{0,1\}$。选择一个哈希函数 $H(I,M): \{0,1\}^n \times \{0,1\}^l \to G_k$。用 m_i 表示消息 M 的第 i 位，id_i 为身份 I 的第 i 位，则哈希函数 $H(I,M)$ 的迭代计算过程为 $H_1(I,M) = B_{1,\mathrm{id}_1}$，当 $i \in \{2,\cdots,n\}$ 时，$H_i(I,M) = e(H_{i-1}(I,M), B_{i,\mathrm{id}_i})$；当 $i \in \{n+1,\cdots, n+l=k\}$ 时，$H_i(I,M) = e(H_{i-1}(I,M), A_{i-n,m_{i-n}})$。KGC 公开系统参数 $\mathrm{MPK} = \{(A_{1,0}, A_{1,1}), \cdots, (A_{l,0}, A_{l,1}), \cdots, (B_{1,0}, B_{1,1}), \cdots, (B_{n,0}, B_{n,1})\}$，保密系统主密钥 $\mathrm{MSK} = \{(b_{1,0}, b_{1,1}), \cdots, (b_{n,0}, b_{n,1})\}$。

2）部分私钥生成算法

输入 MSK 和用户身份 I，输出对应于 I 的部分私钥 $d_I = (d_I^{(1)}, d_I^{(2)}) = (g_{n-1}^{\Pi_{i\in[n]}b_{i,\mathrm{id}_i}}, g_l^{1/\Pi_{i\in[n]}b_{i,\mathrm{id}_i}})$。

3）用户密钥生成算法

用户选择一个随机数 $x \in Z_p^*$ 作为私钥 sk，计算公钥 $\mathrm{pk} = g^x$。

4）重签名密钥生成算法

给定用户 I_b 的部分私钥 $d_{u_b} = (d_{u_b}^{(1)}, d_{u_b}^{(2)}) = (g_{n-1}^{\Pi_{i\in[n]}b_{i,\mathrm{id}_i}}, g_l^{1/\Pi_{i\in[n]}b_{i,\mathrm{id}_i}})$ 和私钥 $\mathrm{sk}_b = x_b$，以及用户 I_B 的部分私钥 $d_{u_B} = (d_{u_B}^{(1)}, d_{u_B}^{(2)}) = (g_{n-1}^{\Pi_{i\in[n]}B_{i,\mathrm{id}_i}}, g_l^{1/\Pi_{i\in[n]}B_{i,\mathrm{id}_i}})$ 和私钥 $\mathrm{sk}_B = x_B$，计算代理者的重签名密钥 $\mathrm{rk}_{b\to B} = e(g_l^{1/\Pi_{i\in[n]}b_{i,\mathrm{id}_i}}, (g_{n-1}^{\Pi_{i\in[n]}B_{i,\mathrm{id}_i}})^{x_B/x_b})$。

5）签名算法

对于用户 I 的部分私钥 $d_I = (d_I^{(1)}, d_I^{(2)})$ 和私钥 $\mathrm{sk} = x$，令 $D_0 = (d_I^{(1)})^x = (g_{n-1}^{\Pi_{i\in[n]}b_{i,\mathrm{id}_i}})^x$。给定签名消息 $M=(m_1,\cdots,m_l)$，当 $i \in \{1,\cdots,l\}$ 时计算 $D_i = e(D_{i-1}, A_{i,m_i}) \in G_{n-1+i}$，生成 M 的签名 $\sigma = D_l = g_{k-1}^{x(\Pi_{i\in[n]}b_{i,\mathrm{id}_i})(\Pi_{i\in[l]}a_{i,m_i})}$。

6）重签名算法

给定用户 I_b 对消息 M 的签名 σ_b 和重签名密钥 $\mathrm{rk}_{b\to B}$，如果 σ_b 不是 I_b 对 M 的有效签名，输出 $\perp$；否则，计算重签名 $\sigma_B = \sigma_b \cdot \mathrm{rk}_{b\to B} = g_{k-1}^{x_B \cdot \Pi_{i\in[n]}B_{i,\mathrm{id}_i} \cdot \Pi_{i\in[n]}a_{i,m_i}}$。

7）签名验证算法

给定用户身份 I、公钥 pk、消息 M 和签名 σ，如果 $e(\sigma, g) = e(H(I,M), \mathrm{pk})$ 不成立，输出 0；否则，说明 σ 是一个合法签名，输出 1。

聚合性：如果 $\bar{\sigma} = \bar{D}_l = g_{k-1}^{\bar{x}(\Pi_{i\in[n]}\bar{b}_{i,\bar{\mathrm{id}}_i})(\Pi_{i\in[l]}a_{i,\bar{m}_i})}$ 和 $\bar{\sigma} = D_l' = g_{k-1}^{x(\Pi_{i\in[n]}b_{i,\mathrm{id}_i'})(\Pi_{i\in[l]}a_{i,m_i'})}$ 是对应于多线性集合 $\bar{S} = (\bar{I},\bar{M})$ 和 $S' = (I',M')$ 的签名，则聚合签名

$$\sigma = \bar{\sigma} \cdot \sigma' = g_{k-1}^{\bar{x}(\Pi_{i\in[n]}\bar{b}_{i,\bar{\mathrm{id}}_i})(\Pi_{i\in[l]}a_{i,\bar{m}_i})} g_{k-1}^{x'(\Pi_{i\in[n]}b_{i,\mathrm{id}_i'})(\Pi_{i\in[l]}a_{i,m_i'})}$$

$$= e(H(\bar{I},\bar{M}), \bar{\mathrm{pk}})e(H(I',M'), \mathrm{pk}') = e(H(\bar{I},\bar{M})H(I',M'), \bar{\mathrm{pk}} \cdot \mathrm{pk}')$$

即 σ 是多线性集合 $S = \bar{S} \cup S'$ 上的签名。

6.2.2　安全性分析

下面通过模拟文献[14]中的两类安全游戏,证明本节方案是存在不可伪造性的。定理 6.1 和定理 6.2 说明本节方案是安全的,能有效抵抗针对无证书代理重签名的两类伪造攻击。

定理 6.3　如果 k-MCDH 假设成立,那么本节方案能抵抗第一类攻击者 $\mathcal{A}_1$ 的伪造攻击。

证明: 假设攻击者 $\mathcal{A}_1$ 以不可忽略的概率在文献[14]提供的第一类游戏中获胜,则挑战者 $\mathcal{B}$ 将以不可忽略的概率解决 k-MCDH 困难问题。

挑战者 $\mathcal{B}$ 获得一个 k-MCDH 困难问题实例 $(g, g^{c_1}, g^{c_2}, \cdots, g^{c_k})$,其中 $k = n + l$, m_i 表示签名消息的第 i 位,id_i 表示用户身份的第 i 位。攻击者 $\mathcal{A}_1$ 和挑战者 $\mathcal{B}$ 的交互过程如下。

(1)初始化:攻击者 $\mathcal{A}_1$ 输入伪造的目标身份和消息对 $I^* \in \{0,1\}^n, M^* \in \{0,1\}^l$, 挑战者 $\mathcal{B}$ 随机选择 $x_1, x_2, \cdots, x_l, y_1, y_2, \cdots, y_n \in Z_p$,对于 $i = 1, \cdots, n$,令 $A_{i,m_i} = g^{c_i}$ 和 $B_{i,\mathrm{id}_i^*} = g^{c_i}$,并将公开参数发送给 $\mathcal{A}_1$。

(2)询问阶段:$\mathcal{A}_1$ 可以向 $\mathcal{B}$ 发起一系列以下预言机的询问。

① 部分私钥询问:当 $\mathcal{A}_1$ 询问身份 I 的部分私钥 d_I 时,如果 $I = I^*$,$\mathcal{B}$ 返回 $\perp$,并将 $(i, I^*, \perp)$ 添加到列表 T_1 中;否则,挑战者 $\mathcal{B}$ 计算 $S_1 = g_{n-1}^{\prod_{i \in [n] \wedge i \neq \beta} b_{i,\mathrm{id}_i}}$ 和 $S_2 = g_l^{1/\prod_{i \in [n] \wedge i \neq \beta} b_{i,\mathrm{id}_i}}$,将用户 I 的部分私钥 $d_I = (S_1^{y_\beta}, S_2^{1/y_\beta})$ 发送给攻击者 $\mathcal{A}_1$,同时添加 (i, I, d_I) 到 T_1 中。

② 用户公钥询问:攻击者 $\mathcal{A}_1$ 询问用户 I 的公钥时,如果列表 T_2 中存在 (I, pk_I, x_i),则 $\mathcal{B}$ 向攻击者发送 pk_I;否则,$\mathcal{B}$ 随机选择 $x_i \in Z_p^*$,计算 $\mathrm{pk}_I = g^{x_i}$, 然后添加 (I, pk_I, x_i) 到 T_2 中,并将 pk_I 作为公钥返回给 $\mathcal{A}_1$。

③ 用户私钥询问:当 $\mathcal{A}_1$ 询问用户 I 的私钥 sk_I 时,如果列表 T_3 中存在 (I, sk_I), 则 $\mathcal{B}$ 返回 sk_I 给 $\mathcal{A}_1$;否则,$\mathcal{B}$ 从列表 T_2 中查询相应的值 (I, pk_I, x_i),令 $\mathrm{sk}_I = x_i$, 然后将 (I, sk_I) 添加到 T_3 中,并将 sk_I 返回给 $\mathcal{A}_1$。

④ 公钥替换询问:攻击者 $\mathcal{A}_1$ 将用户 I 的公钥 pk_I 替换为 pk_I' 时,$\mathcal{B}$ 首先在 T_2 中查询 (I, pk_I, x_i),若含有相应的值,则将公钥替换为 $\mathrm{pk}_I = \mathrm{pk}_I'$;否则,$\mathcal{B}$ 对 I 进行公钥询问,然后令 $\mathrm{pk}_I = \mathrm{pk}_I'$,并需将改后的值添加到 T_2 中。

⑤ 重签名密钥询问:当攻击者 $\mathcal{A}_1$ 询问 (I_b, I_B) 的重签名密钥时,$\mathcal{B}$ 首先在列表 T_1 和 T_3 中查询 $(I_b, \mathrm{pk}_{I_b}, x_b)$、$(I_B, \mathrm{pk}_{I_B}, x_B)$、$(I_B, \mathrm{sk}_B)$ 和 (I_b, sk_b)。若列表中含有相应的值,那么令 $\mathrm{rk}_{b \to B} = e(d_{I_b}^{(2)}, (d_{I_B}^{(1)}) x_B / x_b)$,并将 $(I_b, I_B, \mathrm{rk}_{b \to B})$ 添加到 T_4 中; 否则,$\mathcal{B}$ 对用户 I_b, I_B 分别进行部分私钥询问和用户私钥询问,生成对应的重签名

密钥 $\mathrm{rk}_{b \to B}$。最后，$\mathcal{B}$ 将 (I_b, I_B) 的重签名密钥 $\mathrm{rk}_{b \to B}$ 返回给 $\mathcal{A}_1$。

⑥ 签名询问：$\mathcal{A}_1$ 发起 $M \in \{0,1\}^l$ 和身份 I 的签名询问，$\mathcal{B}$ 查询列表 T_1 和 T_3，若存在相应的项 (I, d_I)、(I, sk_I) 且 $I \neq I^*$，则 $\mathcal{B}$ 通过运行签名算法生成 M 的签名并返回给 $\mathcal{A}_1$。若 $I = I^*$ 且 $M \neq M^*$，假设 β 是 M 和 M^* 不相同的第一个位置，则 $\mathcal{B}$ 计算 $\delta' = g^{\prod_{i \in [l] \wedge i \neq \beta} a_{i,m_i}}$，$\sigma'' = \sigma'^{x_i} = g^{\prod_{i \in [l]} a_{i,m_i}}$，$\theta = (g_n^{\prod_{i \in [n]} b_i, \mathrm{id}_i})^{\mathrm{sk}_i}$，发送 $\sigma = e(\theta, \sigma'') = g^{(\prod_{i \in [n]} b_i, \mathrm{id}_i)(\prod_{i \in [l]} a_{i,m_i}) \cdot \mathrm{sk}_i}$ 给 $\mathcal{A}_1$。

⑦ 重签名询问：$\mathcal{A}_1$ 发起 (b, B, M, σ) 的重签名询问，如果 $\mathrm{Verify}(I_b, \sigma, M) = 0$，$\mathcal{B}$ 输出 $\perp$；否则，$\mathcal{B}$ 将消息 M 和身份 I_B 的签名询问结果返回给 $\mathcal{A}_1$。

（3）伪造阶段：如果攻击者 $\mathcal{A}_1$ 输出一个关于 (I^*, M^*) 的签名 σ^*，则 $\mathcal{B}$ 计算 $e(\sigma^*, g) = e(H(I^*, M^*), \mathrm{pk}) = g_{k-1}^{\prod_{i=1}^{k} c_i} \cdot \mathrm{pk}$，进一步计算出 $g_{k-1}^{\prod_{i=1}^{k} c_i} = e(\sigma^*, g) / \mathrm{pk}$，从而解决 k-MCDH 困难问题。由 k-MCDH 问题的困难性可知，$\mathcal{A}_1$ 成功攻击本节方案的优势是可忽略的，所以该方案能够抵抗第一类伪造攻击。

定理 6.4　若 k-MCDH 假设成立，则本节方案能抵抗第二类攻击者 $\mathcal{A}_2$ 的伪造攻击。

证明：与定理 6.3 的证明过程基本相同，唯一的区别是 $\mathcal{A}_2$ 知道系统主密钥，不需要向挑战者询问部分私钥和用户公钥。当 $\mathcal{A}_2$ 成功输出本节方案的一个伪造时，攻击者可以利用这个伪造解决 k-MCDH 困难问题，进而证明本节方案能抵抗第二类伪造攻击。

6.2.3　性能分析

下面对已有的无证书代理重签名方案与本节方案进行性能和效率比较，如表 6.2 所示。假设每个方案选择相同长度的大素数 p 和群 G_1，表中 L 表示群 G_1 中元素的长度，P 表示 1 次双线性对运算，Y 表示具有这种性质，N 表示不具有这种性质。

表 6.2　性能和效率比较

方案	公钥长度	签名长度	重签名长度	验证代价	聚合性
S_{cl} 方案[15]	$2L$	$3L$	$3L$	$4P$	N
S_{clbprs} 方案[16]	$2L$	$3L$	$3L$	$4P$	N
S_{clm} 方案[17]	$2L$	$3L$	$3L$	$4P$	N
本节方案	L	L	L	$2P$	Y

从表 6.2 可以看出，本节方案的公钥长度、签名长度及重签名长度均为 L，签名验证需要进行 2 次双线对运算。与另外三个方案相比，本节方案具有较高的计算效率和较低的存储开销。

6.3　在线/离线代理重签名方案

在线/离线签名[18]是把数字签名分成两个阶段的签名方式，是为了提高签名方案的效率而提出来的一种解决方案。第一阶段是离线阶段，在未知签名消息的情况下进行签名预计算。由于此阶段有足够的时间，因而离线阶段签名算法并不影响消息的签名速度；第二阶段是在线阶段，此阶段是在消息出现后开始的，由于离线阶段已做了预计算，所以此阶段签名速度非常快。本节介绍变色龙哈希函数，并给出一种应用该哈希函数的高效的在线/离线代理重签名方案。

6.3.1　变色龙哈希函数

变色龙哈希函数 $CH(\cdot,\cdot)$ 是一种特殊的哈希函数[18]，拥有一个门限密钥 TK 和一个公钥 HK，并且满足以下性质。

（1）有效性：给定公钥 HK、一个消息 m 和一个随机数 r，存在一个概率多项式时间算法计算 $CH_{HK}(m,r)$。

（2）抗碰撞性：输入公钥 HK，不存在一个概率多项式时间算法以不可忽略的概率输出 (m_1,r_1) 和 (m_2,r_2)，使得 $m_1 \ne m_2$ 且 $CH_{HK}(m_1,r_1) = CH_{HK}(m_2,r_2)$。

（3）门限碰撞：给定门限密钥 TK、公钥 HK、两个不同的消息 (m_1,m_2) 和一个随机数 r_1，一定存在一个概率多项式时间算法输出一个值 r_2，使得 $CH_{HK}(m_1,r_1) = CH_{HK}(m_2,r_2)$。如果 r_1 服从均匀分布，则 r_2 服从的分布与均匀分布在计算上是不可区分的。

定理 6.5　$CH(m,r) = f(m,K)P + rY$ 是一个基于椭圆曲线离散对数假设的变色龙哈希函数。

定理 6.6　如果基于 $CH(\cdot,\cdot)$ 的签名方案是安全的且变色龙哈希函数具有抗碰撞性，则相应的在线/离线签名方案也是安全的[18]。

6.3.2　高效的在线/离线代理重签名方案

基于变色龙哈希函数 $CH(m,r) = f(m,K)P + rY$，本书作者提出了一个高效的在线/离线代理重签名方案[19]，大大提高了代理重签名的实时性和安全性。

1. 方案描述

令 t 是一个大素数，$E(F_t)$ 是定义在有限域 F_t 上的一个椭圆曲线，$P \in E(F_t)$ 且 P 的阶为素数 q，G 是 P 生成的一个循环群，$f : Z_q \times G \to Z_q$ 是一个延伸签名消息空间的哈希函数。假定 PRS=（KeyGen, ReKey, Sign, ReSign, Verify）是一个安全的代理重签名方案[2,5-8]，则相应的在线/离线代理重签名方案 OPRS=（Rekey$^{On/Off}$, ReSign$^{On/Off}$, Ver）由以下 3 个算法组成。

（1）Rekey$^{\text{On/Off}}$：主要生成系统参数、用户的公私钥对和重签名密钥。

① 输入安全参数 1^k，运行 PRS 的 KeyGen 算法生成系统参数 params 和用户的公私钥对（pk, sk）。

② 输入受托者的公私钥对（pk_A, sk_A）和委托者的公私钥对（pk_B, sk_B），运行 PRS 的 ReKey 算法生成重签名密钥 $\text{rk}_{A\to B}$。

③ 选择一个随机数 $x \in Z_q$，计算 $Y = xP$，$X = x^{-1}$，则 $\text{TK} = x$，$\text{HK} = Y$。

④ 选择一个随机数 $k^* \in Z_q$，计算 $h = k^*Y$。

⑤ 运行 PRS 的 Sign 算法生成受托者对 h 的原始签名 σ_A，即代理者请求受托者生成 h 的原始签名 σ_A，但代理者不知道受托者私钥 sk_A 的任何信息。

⑥ 运行 PRS 的 ReSign 算法生成委托者对 h 的重签名 σ_B，即代理者使用 $\text{rk}_{A\to B}$ 将受托者对 h 的签名 σ_A 转换为委托者对 h 的重签名 σ_B。

公开系统参数 $(\text{params}, \text{pk}_A, \text{pk}_B, E(F_t), G, t, q, f, g, CH(\cdot,\cdot), \sigma_A, \sigma_B, Y, h)$，代理者的重签名密钥是 $(\text{rk}_{A\to B}, x, X, k^*)$。

（2）ReSign$^{\text{On/Off}}$：给定一个重签名密钥 $(\text{rk}_{A\to B}, x, X, k^*)$，代理者进行如下操作。

① 离线阶段：(a) 选择一个随机数 $k_i \in Z_q$，计算 $K_i = k_i P$；(b) 保存状态信息 K_i。

② 在线阶段：输入一个待签名的消息 $m_i \in Z_q$、一个公钥 pk_A 和消息 m_i 的签名 ρ_{Ai}，代理者进行如下操作：(a) 提取状态信息 K_i；(b) 计算 $r_i = k^* - f(m_i, K_i) \cdot X(\bmod q)$；(c) 委托者对消息 m_i 的重签名 $\rho_B = (r_i, K_i, \sigma_B, \rho_{Ai})$，因为 σ_B 作为公开系统参数发布，所以实际上 m_i 的重签名 $\rho_B = (r_i, K_i, \rho_{Ai})$。

（3）Ver：输入一个消息 m_i、委托者的公钥 pk_B 和一个签名 $\rho_B = (r_i, K_i, \rho_{Ai})$，为了验证 ρ_B 是对应于公钥 pk_B 的消息 m_i 的有效签名，验证者进行如下操作。

① 计算 $CH(m_i, r_i) = f(m_i, K_i)P + r_i Y$；

② 运行 PRS 的 Verify 算法，如果 Verify（$\text{pk}_A, m_i, \rho_{Ai}$）$=1$ 且 Verify（$\text{pk}_B, CH(m_i, r_i), \sigma_B$）$=1$，那么 ρ_B 是委托者对消息 m_i 的合法重签名，输出 1；否则，输出 0。

2. 安全性分析

定理 6.7　在随机预言模型下，如果循环群 G 上的 (T, ε)-ECDLP 假设成立，代理重签名方案 PRS=（KeyGen, ReKey, Sign, ReSign, Verify）在自适应性选择消息攻击下是不可伪造的，那么本节所提的在线/离线代理重签名方案 OPRS=（Rekey$^{\text{On/Off}}$, ReSign$^{\text{On/Off}}$, Ver）在自适应性选择消息攻击下也是不可伪造的。

证明：假设 $\mathcal{A}$ 是高效的在线/离线代理重签名方案（OPRS）的一个攻击者，

OPRS 的挑战者将公开参数 $(params, pk_A, pk_B, E(F_t), G, t, q, f, g, CH(\cdot, \cdot))$ 发送给 $\mathcal{A}$。q_s 表示 $\mathcal{A}$ 询问签名预言机（包括原始签名预言机和重签名预言机）的最大次数，q_f 表示 $\mathcal{A}$ 询问哈希函数预言机的最大次数。假设 (m_i, K_i) 是 $\mathcal{A}$ 第 i 次询问哈希函数预言机的输入，预言机返回相应的哈希函数值 e_i；m_j 是 $\mathcal{A}$ 第 j 次询问签名预言机的输入，预言机返回相应的签名 (r'_j, K'_j, ρ'_{Aj})。攻击者 $\mathcal{A}$ 在自适应性选择消息攻击下在时间 T 内以不可忽略的概率 ε 成功伪造 OPRS 的一个签名 (m, r, K, ρ_A)，即

$$\Pr[\text{Verify}(pk_A, m, \rho_A) = 1 \wedge \text{Verify}(pk_B, CH(m, r), \sigma_B)$$

$$= 1 \wedge h = CH(m, r) = CH(m_i, r_i)] \geqslant \varepsilon$$

给定系统参数 $(params, pk_A, pk_B, E(F_t), G, t, q, f, g, CH(\cdot, \cdot))$，定义一个概率多项式时间算法 $\mathcal{B}$，利用攻击者 $\mathcal{A}$ 的伪造求解椭圆曲线离散对数问题。假设 $\mathcal{B}$ 收到的椭圆曲线离散对数问题实例是 $(P, aP) \in G$，$\mathcal{B}$ 的目标是确定 aP 的离散对数 $a \in Z_q$。$\mathcal{B}$ 进行如下的操作。

（1）选择一个随机数 $b \in Z_q$，令 $Y = aP$，计算 $h = bY = abP$；运行 PRS 的 Sign 算法生成 h 的原始签名 σ_A；运行 PRS 的 ReSign 算法生成 h 的重签名 σ_B；公开 $(\sigma_A, \sigma_B, Y, h)$。

（2）创建一个列表，记为 f-list，初始值为空。对于 $\mathcal{A}$ 的第 i 次哈希函数值询问 (m_i, K_i)，$\mathcal{B}$ 首先检查列表 f-list 中是否存在 (m_i, K_i)，如果存在，返回 e_i；否则，从 Z_q 中随机选取 e_i，将 (m_i, K_i, e_i) 添加到 f-list 中并返回 e_i。

（3）对于 $\mathcal{A}$ 的第 $j (1 \leqslant j \leqslant q_s)$ 次签名询问 m_j，$\mathcal{B}$ 首先检查列表 f-list 中是否存在 (m_j, K'_j, e'_j)，若存在，则计算 $r'_j = Y^{-1}(h - K'_j e'_j)$；否则，从 Z_q 中随机选取 (e'_j, r'_j)，计算 $K'_j = e'^{-1}_j (h - r'_j Y)$，将 (m_j, K'_j, e'_j) 添加到 f-list 中。其次询问签名预言机获得受托者对消息 m_i 的原始签名 ρ'_{Ai}。最后 $\mathcal{B}$ 返回消息 m_i 的签名 (r'_j, K'_j, ρ'_{Aj})。

挑战者 $\mathcal{B}$ 返回给攻击者 $\mathcal{A}$ 关于 m_i 的签名与攻击者 $\mathcal{A}$ 询问 OPRS 的签名预言机获得的签名，在计算上是不可区分的。最后，攻击者 $\mathcal{A}$ 以大于等于 ε 的概率输出 OPRS 的一个伪造 (m, r, K, ρ_A)，这里 $h = f(m, K)P + rY$，$m \neq m_i$，$i = 1, \cdots, q_s$。根据 Forking 引理[20]，假设对于不同的哈希函数值 $f(m, K)$ 和 $f'(m, K)$，攻击者 $\mathcal{A}$ 输出同一消息 m 的两个合法的 OPRS 签名 (m, r, K, ρ_A) 和 (m, r', K, ρ_A)，其中 $h = f(m, K)P + rY$，$h = f'(m, K)P + r'Y$，存在下面的等式：

$$f(m, K)P + rY = f'(m, K)P + r'Y \text{ 和 } a = (r' - r)^{-1}(f(m, K) - f'(m, K))$$

于是，攻击者 $\mathcal{B}$ 以大于等于 ε 的概率解决了椭圆曲线离散对数问题的一个实例 $(P, aP) \in G$。如果循环群 G 上的 (T, ε)-ECDLP 假设成立，那么本书作者所提的高效的在线/离线代理重签名方案 OPRS=（Rekey$^{\text{On/Off}}$, ReSign$^{\text{On/Off}}$, Verify）在自适应性选择消息攻击下是不可伪造的。

3. 有效性分析

在本节高效的在线/离线代理重签名方案中，重签名密钥生成算法的运算主要包括两次椭圆曲线点乘运算、一次代理重签名方案中的密钥生成算法的执行、一次重签名密钥生成算法的执行、一次签名算法的执行和一次重签名算法的执行。由于 σ_B 和 h 是公开参数，σ_B 是 h 的合法重签名，只需验证 $CH(m_i, r_i) = f(m_i, K_i) \cdot P + r_i Y = h$，因此签名验证算法 Ver 的运算实际上是一次变色龙哈希函数值的计算和两次代理重签名方案中签名验证算法 Verify 的执行。离线阶段重签名算法是一次椭圆曲线点乘运算。在线阶段重签名算法是寻找变色龙哈希函数的一次碰撞，而寻找这样的一次碰撞仅需要一次模乘法运算和一次模减法运算。由于消息 m_i 的重签名 $\rho_B = (r_i, K_i, \rho_{Ai})$，所以本方案与大部分代理重签名方案[4,5,19]的重签名长度基本相同。下面对已有的在一些标准模型下可证明安全的重签名方案和本节提出的方案进行性能比较，结果见表 6.3。

表 6.3　重签名方案的性能比较

重签名方案	模减法运算	模乘法运算	幂运算	双线性对运算
S_{uni} 方案[2]	0	1	3	2
S_{mb} 方案[3]	0	0	2	3
改进的 S_{mb} 方案[5]	0	1	4	3
Libert-Vergnaud 方案[7]	0	2	6	3
Chow-Phan 方案[21]	0	4	2	2
本节方案	1	1	0	0

从表 6.3 中可以看出，在本书作者所提高效的在线/离线代理重签名方案中，在线重签名算法仅需要 1 次模减法运算和 1 次模乘法运算；当签名消息到来时，能在很短的时间内生成消息的重签名。模减法运算和模乘法运算相对于幂运算和双线性对运算而言，其计算量是可以忽略不计的。因此，本节高效的在线/离线代理重签名方案大大改善了代理重签名方案的性能，更适用于网络安全应用。

6.4　门限代理重签名方案

门限代理重签名（threshold proxy re-signature，TPRS）[6,22]是保护重签名密钥的一种有效手段。一个门限代理重签名方案所产生的重签名与拥有全部重签名密钥的单个代理者产生的重签名看起来是一样的，这个重签名可以被任何拥有其对应公钥的验证者进行合法性验证。在基于身份的门限代理重签名体制中，公钥直接从用户的身份信息中获取，因此不需要单独的目录服务器来存储公钥，也不存在公钥的管理和认证问题，大大减少了系统的复杂度。本节介绍一个传统的门限代理重签名方案和一个基于身份的门限代理重签名方案。

6.4.1　传统的门限代理重签名方案

Yang 等[22]基于 S_{mb} 方案，提出了一个双向门限代理重签名方案。但 S_{mb} 方案是不安全的，很容易受到 Kim-Yie-Lim 攻击[5]和 Chow-Phan 攻击[6]，所以 Yang 等提出的双向门限代理重签名方案是不安全的。基于改进的双向代理重签名方案[5]，本书作者提出了一个安全的双向门限代理重签名方案[23]，该方案需要一个可信的分发者将重签名密钥分发给 n 个半可信的代理者 $P_1, \cdots, P_n$。该方案具有双向性、多用性、秘密代理性和透明性，且部分重签名生成算法和门限重签名生成算法是非交互的。

1. 方案描述

假定 m 是 n_m 比特长的签名消息，为了达到这个目的，可用一个抗碰撞的哈希函数 $H_1: \{0,1\}^* \rightarrow \{0,1\}^{n_m}$。方案由以下七个算法组成。

1）系统参数生成算法

输入一个安全参数 1^k，选择两个阶为素数 p 的循环群 G_1 和 G_2，g 是 G_1 的生成元，$e: G_1 \times G_1 \rightarrow G_2$ 是一个双线性映射。在 G_1 中随机选取 $n_m + 2$ 个元素 $(g_2, u, u_1, \cdots, u_{n_m})$。公开系统参数 $\text{params} = (G_1, G_2, p, e, g, g_2, u, u_1, \cdots, u_{n_m})$。

2）密钥生成算法

输入系统参数 params，选取随机数 $x \in Z_p^*$，输出公私钥对 $(\text{pk}, \text{sk}) = (g^x, x)$。

3）门限重签名密钥生成算法

输入两个私钥 $\text{sk}_A = \alpha$ 和 $\text{sk}_B = \beta$，一个可信任的分发者执行如下操作。

（1）在 Z_p^* 中选取 $t-1$ 个随机数 $a_1, \cdots, a_{t-1}$，构造一个 t-1 次秘密多项式 $f(x) = \sum_{i=0}^{t-1} a_i x^i$，使得 $a_0 = \beta / \alpha$。

（2）广播 $B_i = g^{f(i)}$，$i = 1, \cdots, n$。

（3）计算重签名子密钥 $\text{rk}_{A \rightarrow B}^i = x_i = f(i)$ 和验证公钥 $\text{vk}_i = g_2^{f(i)}$，$i = 1, \cdots, n$，通过一个秘密渠道将 $(i, \text{rk}_{A \rightarrow B}^i)$ 分发给代理者 P_i。公开验证公钥 $\text{vk}_1, \cdots, \text{vk}_n$。

（4）每个代理者 P_i $(1 \leqslant i \leqslant n)$ 通过等式 $g^{\text{rk}_{A \rightarrow B}^i} = \prod_{j=0}^{t-1} B_j^{\lambda_{i,j}}$ 检验重签名子密钥 $\text{rk}_{A \rightarrow B}^i$ 是否合法，其中 $\lambda_{i,j}$ 是 Lagrange 插值多项式的系数。

4）签名算法

输入一个私钥 $\mathrm{sk}=\alpha$ 和一个 n_m 比特长的消息 $m=(m_1,\cdots,m_{n_m})\in\{0,1\}^{n_m}$，输出一个 m 的签名 $\sigma=(\sigma_1,\sigma_2)=(g_2^\alpha\varpi^r,g^r)$，其中 $r\in_R Z_p$ 且 $\varpi=u\prod\limits_{i=1}^{n_m}(u_i)^{m_i}$。

5）部分重签名生成算法

输入重签名子密钥 $\mathrm{rk}_{A\to B}^i$、公钥 pk_A、一个 n_m 比特长的消息 $m=(m_1,\cdots,m_{n_m})\in\{0,1\}^{n_m}$ 和签名 $\sigma_A=(\sigma_{A,1},\sigma_{A,2})$，如果 Verify（$\mathrm{pk}_A,m,\sigma_A$）$=0$，输出 $\perp$；否则，选取一个随机数 $r_i\in Z_p$，输出部分重签名 $\sigma_{B,i}=(\sigma_{i,1},\sigma_{i,2})=((\sigma_{A,1})^{\mathrm{rk}_{A\to B}^i}\varpi^{r_i},(\sigma_{A,2})^{\mathrm{rk}_{A\to B}^i}g^{r_i})$。

6）门限重签名生成算法

一个指定的部分重签名的合成者收到部分重签名 $\sigma_{B,i}=(\sigma_{i,1},\sigma_{i,2})$ 后，通过等式 $e(\sigma_{i,1},g)=e(\mathrm{vk}_i,\mathrm{pk}_A)e(\sigma_{i,2},\varpi)$ 验证其合法性，其中 vk_i 是代理者 P_i 的验证公钥。为了不失一般性，假定合成者收到 t 个合法的部分重签名 $\sigma_{B,i}=(\sigma_{i,1},\sigma_{i,2})$，$i=1,\cdots,t$，则消息 m 的门限重签名：

$$\sigma_B=(\sigma_{B,1},\sigma_{B,2})=(\prod_{i=1}^t(\sigma_{i,1})^{\lambda_{0,i}},\prod_{i=1}^t(\sigma_{i,2})^{\lambda_{0,i}})$$

其中，$\lambda_{0,i}$ 是 Lagrange 插值多项式的系数。

7）签名验证算法

输入一个 n_m 比特长的消息 m、一个公钥 pk 和一个待验证的签名 $\sigma=(\sigma_1,\sigma_2)$，如果 $e(\sigma_1,g)=e(\mathrm{pk},g_2)e(\sigma_2,\varpi)$，输出 1；否则，输出 0。

2. 安全性分析

定理 6.8　在标准模型下，本节所提双向门限代理重签名方案在计算性 Diffie-Helllman 假设下是不可伪造的；在允许一个恶意攻击者攻陷 $t-1$ 个代理者的情况下，$n\geq 2t-1$，本节方案满足强壮性。

证明：首先证明本节所提方案的强壮性。

在门限重签名密钥生成算法中，只有 t 个或更多个代理者联合起来才能重构出重签名密钥。在门限重签名生成算法中，任何 $t-1$ 个或更少的代理者不能生成一个合法的重签名，只有 t 个或更多个代理者联合起来才能生成一个合法的重签名。若代理者 P_i 提供了非法的部分重签名，合成者可通过等式 $e(\sigma_{i,1},g)=e(\mathrm{vk}_i,\mathrm{pk}_A)e(\sigma_{i,2},\varpi)$ 检测出提供非法部分重签名的代理者。即使恶意的攻击者攻陷了 $t-1$ 个代理者，只要有 t 个诚实的代理者提供部分重签名，合成者仍能生成一个合法的门限重签名，所以代理者的总人数 $n\geq 2t-1$ 时，本节方案满足强壮性。

　　下面证明本节所提方案的不可伪造性，采用静态攻陷的方法[24-26]给出其安全性证明。

　　如果一个攻击者 $\mathcal{A}$ 在时间 T 内最多询问 q_K 次密钥生成预言机、q_S 次签名生成预言机、q_{RK} 次门限重签名密钥生成预言机和 q_{RS} 次部分重签名生成预言机后，能以一个不可忽略的概率 ε 攻破本节方案，则可构造另外一个攻击者 $\mathcal{B}$ 以概率 $\varepsilon / [4(q_S + q_{RS})(n_m + 1)]$ 解决在群 G_1 上的 CDH 问题。

　　输入一个 CDH 问题实例 (g, g^a, g^b)，CDH 攻击者 $\mathcal{B}$ 根据下面的过程来模拟一个双向门限代理重签名的安全游戏。

　　1）初始化

　　攻击者 $\mathcal{B}$ 首先设置 $l_m = 2(q_S + q_{RS})$，并选择一个随机数 k_m，满足 $0 \leqslant k_m \leqslant n_m$ 和 $l_m(n_m + 1) < p$。接着，$\mathcal{B}$ 任选 $n_m + 1$ 个不大于 l_m 的正整数 $x', x_1, \cdots, x_{n_m}$，在 Z_p^* 中选择 $n_m + 1$ 个随机数 $y', y_1, \cdots, y_{n_m}$。$\mathcal{B}$ 设置公开参数 $g_2 = g^b$，$u = g_2^{x' - l_m k_m} g^{y'}$ 和 $u_i = g_2^{x_i} g^{y_i}$，$i = 1, \cdots, n_m$。对于任意一个消息 $m = (m_1, \cdots, m_{n_m}) \in \{0,1\}^{n_m}$，定义 $F(m) = x' - l_m k_m + \sum_{i=1}^{n_m} m_i x_i$ 和 $J(m) = y' + \sum_{i=1}^{n_m} m_i y_i$，则有 $\varpi = u \prod_{i=1}^{n_m} (u_i)^{m_i} = g_2^{F(m)} g^{J(m)}$。

　　2）查询

　　攻击者 $\mathcal{A}$ 可以自适应性地询问攻击者 $\mathcal{B}$ 建立的如下预言机。

　　（1）密钥生成预言机 O_{KeyGen}：攻击者 $\mathcal{B}$ 选择一个随机数 $d_i \in Z_p^*$，如果攻击者 $\mathcal{A}$ 询问的用户已被攻陷，则 $\mathcal{B}$ 返回 $(pk_i, sk_i) = (g^{d_i}, d_i)$ 给 $\mathcal{A}$；如果攻击者 $\mathcal{A}$ 询问的用户未被攻陷，则 $\mathcal{B}$ 返回 $pk_i = g_1^{d_i}$ 给 $\mathcal{A}$。

　　（2）签名生成预言机 O_{Sign}：攻击者 $\mathcal{A}$ 输入一个公钥 pk_i 和一个消息 m，如果 pk_i 已被攻陷，那么 $\mathcal{B}$ 返回签名 $\sigma = (g_2^{d_i} \varpi^r, g^r)$ 给 $\mathcal{A}$，这里 $r \in_R Z_p$。否则，攻击者 $\mathcal{B}$ 进行如下操作。

　　① 如果 $F(m) \neq 0 (\bmod p)$，攻击者 $\mathcal{B}$ 选择一个随机数 $r \in Z_p$，计算如下的签名：

$$\sigma = (g_1^{-J(m)/F(m)} \varpi^r, g_1^{-1/F(m)} g^r)$$

对于 $\tilde{r} = r - a / F(m)$，则有

$$\begin{aligned}
g_1^{-J(m)/F(m)} \varpi^r &= g_1^{-J(m)/F(m)} (g^{J(m)} g_2^{F(m)})^r \\
&= g_2^a (g_2^{F(m)} g^{J(m)})^{-a/F(m)} (g^{J(m)} g_2^{F(m)})^r \\
&= g_2^a (g_2^{F(m)} g^{J(m)})^{r - a/F(m)} = g^{ab} \varpi^{\tilde{r}} \\
g_1^{-1/F(m)} g^r &= g^{r - a/F(m)} = g^{\tilde{r}}
\end{aligned}$$

上面的推导式说明 O_{Sign} 产生的签名与 Sign 算法生成的签名是一致的。

② 如果 $F(m)=0(\bmod p)$，攻击者 $\mathcal{B}$ 不能计算出签名 σ，只能退出模拟宣告失败。

（3）门限重签名密钥生成预言机 $O_{\text{ShareRekey}}$：攻击者 $\mathcal{A}$ 输入两个不同的公钥 pk_i 和 pk_j，$\mathcal{B}$ 首先询问预言机 O_{KeyGen} 获得（pk_i，pk_j）对应的私钥（d_i，d_j），然后运行 ShareRekey（pk_i，d_i，pk_j，d_j）算法得到重签名密钥 $\text{rk}_{i\to j}$ 的 n 个子密钥 $\text{rk}_{i\to j}^k$。如果 pk_i 和 pk_j 均已被攻陷，则 $\mathcal{B}$ 将 n 个重签名子密钥 $\text{rk}_{i\to j}^k$ 返回给 $\mathcal{A}$；如果 pk_i 和 pk_j 均未被攻陷，则 $\mathcal{B}$ 将已被攻陷的 $t-1$ 个代理者的重签名子密钥 $\text{rk}_{i\to j}^k$ 返回给 $\mathcal{A}$。

（4）部分重签名生成预言机 $O_{\text{ShareResign}}$：攻击者 $\mathcal{A}$ 输入一个指标 k（$1\leqslant k\leqslant n$）、两个不同的公钥 pk_i 和 pk_j，一个消息 m 和一个签名 σ_i，如果 Verify（pk_i，m，σ_i）$=0$，攻击者 $\mathcal{B}$ 输出 $\perp$；否则，$\mathcal{B}$ 进行如下操作：

如果 pk_i 和 pk_j 都未被攻陷或都已被攻陷，输出 O_{Sign}（pk_j，m）；否则，$\mathcal{B}$ 首先询问预言机 O_{KeyGen} 获得（pk_i，pk_j）对应的私钥（d_i，d_j），然后询问预言机 $O_{\text{ShareResign}}$ 得到重签名密钥 $\text{rk}_{i\to j}$ 的第 k 个子密钥 $\text{rk}_{i\to j}^k$。$\mathcal{B}$ 调用部分重签名生成算法获得一个消息 m 的部分重签名 $\sigma_{B,k}$，并且将其返回给 $\mathcal{A}$。

3）伪造

如果攻击者 $\mathcal{B}$ 在经过上面的一系列预言机查询后都没有失败，那么攻击者 $\mathcal{A}$ 将以至少 ε 的概率输出一个消息 m^*、一个公钥 pk^* 和一个 m^* 的伪造签名 $\sigma^*=(\sigma_1^*,\sigma_2^*)$。如果 $F(m^*)\neq 0(\bmod p)$，则攻击者 $\mathcal{B}$ 退出，模拟宣告失败；否则，对于 $r^*\in Z_p$，该伪造必须满足：

$$\sigma^*=(g^{ab}\varpi^{r^*},g^{r^*})=(g^{ab}(g_2^{F(m^*)}g^{J(m^*)})^{r^*},g^{r^*})=(g^{ab+J(m^*)r^*},g^{r^*})=(\sigma_1^*,\sigma_2^*)$$

为了解决 CDH 问题实例 (g,g^a,g^b)，攻击者 $\mathcal{B}$ 计算 $(\sigma_1^*)(\sigma_2^*)^{-J(m^*)}=g^{ab}$。

如果攻击者 $\mathcal{B}$ 完成整个模拟过程，那么作为签名预言机和部分重签名预言机的输入消息 m 和 m^* 必须满足 $F(m)\neq 0(\bmod p)$ 和 $F(m^*)=0(\bmod p)$。攻击者 $\mathcal{B}$ 不退出模拟的概率分析与 S_{mb} 方案的安全性分析完全相同[3,25]，即如果攻击者 $\mathcal{A}$ 以至少 ε 的概率攻破本节方案，则攻击者 $\mathcal{B}$ 以至少 $\varepsilon/[4(q_S+q_{RS})(n_m+1)]$ 的概率解决 CDH 问题实例。

6.4.2　基于身份的门限代理重签名方案

在 Shao 等[3,25]提出的基于身份的代理重签名方案 $S_{\text{id-mb}}$ 的基础上，本书作者提出了一个基于身份的门限代理重签名方案（identity-based threshold proxy re-signature，IDTPRS）[27]，为了使方案更加灵活，对于不同长度的用户身份和签名消息比特串，利用两个抗碰撞的哈希函数 $H_1:\{0,1\}^*\to\{0,1\}^{n_{\text{id}}}$ 和 $H_2:\{0,1\}^*\to\{0,1\}^{n_m}$ 进行处理，将所有的用户身份和签名消息的长度分别映射到方案所要求的 n_{id} 和 n_m 比特长。假定 n 个半可信的代理者 $P_1,\cdots,P_n$。本节所提 IDTPRS 方案由以下七个算法组成。

1）系统参数生成算法

输入一个安全参数 1^k，选择两个阶为素数 p 的循环群 G_1 和 G_2，g 和 h 是 G_1 的生成元，定义 $e: G_1 \times G_1 \to G_2$ 是一个双线性映射。在 G_1 中随机选取 $n_{id}+1$ 个元素 $(v, v_1, \cdots, v_{n_{id}})$ 和 n_m+1 个元素 $(u, u_1, \cdots, u_{n_m})$。另外，任选一个随机数 $\alpha \in Z_p^*$，计算密钥生成中心 PKG 的公钥 $g_1 = g^\alpha$，保存密钥生成中心 PKG 的主密钥 $\text{mk} = \alpha$，公开系统参数 $\text{params} = (G_1, G_2, p, e, g, h, g_1, v, v_1, \cdots, v_{n_{id}}, u, u_1, \cdots, u_{n_m})$。

2）密钥生成算法

输入一个 n_{id} 比特长的身份 $\text{ID} = (\text{ID}_1, \cdots, \text{ID}_{n_{id}}) \in \{0,1\}^{n_{id}}$，PKG 选取 $s_{\text{ID}} \in_R Z_p^*$，计算 $J(\text{ID}) = v \prod_{i=1}^{n_{id}} v_i^{\text{ID}_i}$，输出对应的私钥 $\text{sk}_{\text{ID}} = (\text{sk}_{\text{ID}}^{(1)}, \text{sk}_{\text{ID}}^{(2)}) = (h^\alpha J(\text{ID})^{s_{\text{ID}}}, g^{s_{\text{ID}}})$。

3）门限重签名密钥生成算法

输入两个私钥 $\text{sk}_A = (h^\alpha J(\text{ID}_A)^{s_A}, g^{s_A})$ 和 $\text{sk}_B = (h^\alpha J(\text{ID}_B)^{s_B}, g^{s_B})$，PKG 执行如下操作。

（1）在 Z_p^* 中选取 $t-1$ 个随机数 $a_1, \cdots, a_{t-1}$，构造一个 $t-1$ 次秘密多项式 $f(x) = \sum_{i=0}^{t-1} a_i x^i$，使得 $a_0 = \alpha$。计算 $\alpha_i = f(i) \pmod p$，$i = 1, \cdots, n$。

（2）在 Z_p^* 中选取 $t-1$ 个随机数 $b_1, \cdots, b_{t-1}$，构造一个 $t-1$ 次秘密多项式 $g(x) = \sum_{i=0}^{t-1} b_i x^i$，使得 $b_0 = s_B$。计算 $s_i = g(i) \pmod p$，$i = 1, \cdots, n$。

（3）计算重签名子密钥 $\text{rk}_{A \to B}^i = (\text{rk}_{A \to B}^{i,1}, \text{rk}_{A \to B}^{i,2}) = \left(\dfrac{h^{\alpha_i} J(\text{ID}_B)^{s_i}}{h^\alpha J(\text{ID}_A)^{s_A}}, g^{s_i} \right)$，通过一个秘密渠道将 $(i, \text{rk}_{A \to B}^i)$ 分发给代理者 P_i；公开验证公钥 $\text{vk}_i = g^{\alpha_i}$，$i = 1, \cdots, n$。

（4）广播 g^{s_A} 和 $A_j = g^{b_j}$，$j = 0, \cdots, t-1$，其中 $A_0 = g^{s_B}$。

（5）每个代理者 P_i $(1 \leqslant i \leqslant n)$ 收到重签名子密钥 $\text{rk}_{A \to B}^i = (\text{rk}_{A \to B}^{i,1}, \text{rk}_{A \to B}^{i,2})$ 后，通过等式 $\text{rk}_{A \to B}^{i,2} = \prod_{j=0}^{t-1} (A_j)^{i^j}$ 和 $e(\text{rk}_{A \to B}^{i,1}, g) = e(h, \text{vk}_i) e(h, g_1)^{-1} e(J(\text{ID}_A), g^{s_A})^{-1} e(J(\text{ID}_B), \text{rk}_{A \to B}^{i,2})$ 验证其合法性。如果这两个等式都成立，则说明 $\text{rk}_{A \to B}^i$ 是合法有效的。

4）签名算法

输入一个消息 $m = (m_1, \cdots, m_{n_m}) \in \{0,1\}^{n_m}$ 和一个私钥 $\text{sk}_{\text{ID}} = (\text{sk}_{\text{ID}}^{(1)}, \text{sk}_{\text{ID}}^{(2)})$，选取一个随机数 $r_m \in_R Z_p^*$，计算 $\varpi = u \prod_{i=1}^{n_m} u_i^{m_i}$，输出签名 $\sigma = (\sigma_1, \sigma_2, \sigma_3) = (\text{sk}_{\text{ID}}^{(1)} \varpi^{r_m}, \text{sk}_{\text{ID}}^{(2)}, g^{r_m})$。可用对应的 ID 来验证签名 σ 的合法性。

5）部分重签名生成算法

输入一个重签名子密钥 $\mathrm{rk}_{A\to B}^{i}=(\mathrm{rk}_{A\to B}^{i,1},\mathrm{rk}_{A\to B}^{i,2})$、一个 n_{id} 比特长的身份 ID_A、一个 n_m 比特长的消息 m 和一个签名 $\sigma_A=(\sigma_{A,1},\sigma_{A,2},\sigma_{A,3})$，如果 Verify（$\mathrm{ID}_A$，$m,\sigma_A$）=0，输出 $\perp$；否则，选取一个随机数 $r_i\in Z_p$，计算一个对应于身份 ID_B 的消息 m 的部分重签名：

$$\sigma_{B,i}=(\sigma_{i,1},\sigma_{i,2},\sigma_{i,3})=(\sigma_{A,1}\cdot\mathrm{rk}_{A\to B}^{i,1}\cdot\varpi^{r_i},\mathrm{rk}_{A\to B}^{i,2},\sigma_{A,3}\cdot g^{r_i})$$

6）重签名生成算法

当一个指定的部分重签名的合成者收到部分重签名 $\sigma_{B,i}=(\sigma_{i,1},\sigma_{i,2},\sigma_{i,3})$ 后，通过等式 $e(\sigma_{i,1},g)=e(h,\mathrm{vk}_i)e(J(\mathrm{ID}_B),\sigma_{i,2})e(\varpi,\sigma_{i,3})$ 验证其合法性，这里 vk_i 是代理者 P_i 的验证公钥。为了不失一般性，假定合成者 D 收到 t 个合法的部分重签名 $\sigma_{B,i}=(\sigma_{i,1},\sigma_{i,2},\sigma_{i,3})$，$i=1,\cdots,t$，则消息 m 的门限重签名：

$$\sigma_B=(\sigma_{B,1},\sigma_{B,2},\sigma_{B,3})=\left(\prod_{i=1}^{t}(\sigma_{i,1})^{\lambda_{0,i}},\prod_{i=1}^{t}(\sigma_{i,2})^{\lambda_{0,i}},\prod_{i=1}^{t}(\sigma_{i,3})^{\lambda_{0,i}}\right)$$

其中，$\lambda_{0,i}$ 是 Lagrange 插值多项式的系数。

7）签名验证算法

输入一个 n_m 比特长的消息 m、一个 n_{id} 比特长的身份 ID 和签名 $\sigma=(\sigma_1,\sigma_2,\sigma_3)$，如果 $e(\sigma_1,g)=e(h,g_1)e(J(\mathrm{ID}),\sigma_2)e(\varpi,\sigma_3)$，输出 1；否则，输出 0。

6.5　前向安全的门限代理重签名方案

前向安全的门限代理重签名的主要思想：重签名密钥随着时间段的推移进行阶段性的更新，利用单向函数由第 $k-1$ 个时间段的重签名密钥推出第 k 个时间段的重签名密钥。攻击者无法推出第 $k-1$ 个时间段的重签名密钥，也无法伪造第 k 个时间段之前的重签名，从而为重签名密钥提供了强大的保护，使由重签名密钥泄漏造成的损失减到最小。本节介绍一种前向安全的门限代理重签名方案。

6.5.1　方案描述

对于不同长度的用户公钥比特串和签名消息比特串，使用两个抗碰撞的哈希函数分别将它们映射到方案所要求的长度，即 $H_1:\{0,1\}^*\to\{0,1\}^{n_k}$ 和 $H_2:\{0,1\}^*\to\{0,1\}^{n_m}$。文献[28]提出了一个前向安全的门限代理重签名方案，该方案由以下八个算法组成。

1）系统参数生成算法

输入一个安全参数 1^κ，选择两个阶为素数 p 的循环群 G_1 和 G_2，g 和 h 是 G_1 的生成元，定义一个双线性映射 $e: G_1 \times G_1 \to G_2$。选取 $u \in G_1$、一个 n_m 维向量 $\vec{u} = (u_i)$ 和一个 n_k 维向量 $\vec{v} = (v_j)$，其中 $u_i \in G_1$，$v_j \in G_1$。设 q_1，$q_2 = 3 (\mathrm{mod}\, 4)$ 是两个大素数且 $N_q = q_1 q_2$。任选一个随机数 $x \in Z_p^*$ 为私钥 sk，计算公钥 $\mathrm{pk} = e(g, g)^x$。将重签名密钥的有效期分为 T 个时间段，公开系统参数 $\mathrm{params} = (G_1, G_2, p, e, g, h, u, \vec{u},$ $v, \vec{v}, N_q, T)$。

2）重签名密钥初始化算法

输入一个受托者的公私钥对 $(\mathrm{pk}_A, \mathrm{sk}_A) = (e(g, g)^\alpha, \alpha)$ 和一个委托者的公私钥对 $(\mathrm{pk}_B, \mathrm{sk}_B) = (e(g, g)^\beta, \beta)$，一个可信任的分发者执行如下操作。

（1）计算 $\mathrm{pk}_B' = H_1(\mathrm{pk}_B) = (\mathrm{pk}_{B,1}', \cdots, \mathrm{pk}_{B,n_k}') \in \{0,1\}^{n_k}$ 和 $J(\mathrm{pk}_B) = v \prod\limits_{i=1}^{n_k} v_i^{\mathrm{pk}_{B,i}'}$。

（2）在 Z_p^* 中选取 $t-1$ 个随机数 $f_{0,1}, \cdots, f_{0,t-1}$，构造一个 $t-1$ 次多项式 $f_0(x) = \sum\limits_{i=0}^{t-1} f_{0,i} x^i$，使得 $f_{0,0} = \beta^{2^T} (\mathrm{mod}\, N_q)$。

（3）选取 $s_0 \in_R Z_p^*$，计算 $\mathrm{rk}_{A \to B}^{0,i} = (\mathrm{rsk}_{A \to B}^{0,i}, \mathrm{rpk}_{A \to B}^{0,i}) = (g^{f_0(i)-\alpha} J(\mathrm{pk}_B)^{s_0}, g^{s_0})$，$i = 1, \cdots, n$，通过一个秘密渠道将重签名子密钥（$i, \mathrm{rk}_{A \to B}^{0,i}$）分发给代理者 P_i。

（4）广播验证公钥 $\mathrm{vk}_{0,j} = e(g, g)^{f_0(j)}$，$j = 1, \cdots, n$。

（5）每个代理者 P_i $(1 \leqslant i \leqslant n)$ 通过下式验证 $\mathrm{rk}_{A \to B}^{0,i} = (\mathrm{rsk}_{A \to B}^{0,i}, \mathrm{rpk}_{A \to B}^{0,i})$ 的合法性：

$$e(\mathrm{rsk}_{A \to B}^{0,i}, g) = \mathrm{vk}_{0,i} \cdot \mathrm{pk}_A^{-1} \cdot e(J(\mathrm{pk}_B), \mathrm{rpk}_{A \to B}^{0,i})$$

3）门限重签名密钥更新算法

输入一个时间段参数 $k-1$、一个受托者的公私钥对 $(\mathrm{pk}_A, \mathrm{sk}_A) = (e(g, g)^\alpha, \alpha)$ 和一个委托者的公私钥对 $(\mathrm{pk}_B, \mathrm{sk}_B) = (e(g, g)^\beta, \beta)$，如果 $k > T$，输出 $\perp$；否则，一个可信任的分发者执行如下操作。

（1）在 Z_p^* 中选取 $t-1$ 个随机数 $f_{k,1}, \cdots, f_{k,t-1}$，构造一个 $t-1$ 次多项式 $f_k(x) = \sum\limits_{i=0}^{t-1} f_{k,i} x^i$，使得 $f_{k,0} = \beta^{2^{T+k}} (\mathrm{mod}\, N_q)$。

（2）选取 $s_k \in_R Z_p^*$，计算 $\mathrm{rk}_{A \to B}^{k,i} = (\mathrm{rsk}_{A \to B}^{k,i}, \mathrm{rpk}_{A \to B}^{k,i}) = (g^{f_k(i)-\alpha} J(\mathrm{pk}_B)^{s_k}, g^{s_k})$，$i = 1, \cdots, n$，通过一个秘密渠道将重签名子密钥（$i, \mathrm{rk}_{A \to B}^{k,i}$）分发给代理者 P_i。

（3）广播验证公钥 $\mathrm{vk}_{k,j} = e(g, g)^{f_k(j)}$，$j = 1, \cdots, n$。

（4）每个代理者 P_i $(1 \leqslant i \leqslant n)$ 通过下式验证 $\mathrm{rk}_{A \to B}^{k,i} = (\mathrm{rsk}_{A \to B}^{k,i}, \mathrm{rpk}_{A \to B}^{k,i})$ 的合法性：

$$e(\mathrm{rsk}_{A \to B}^{k,i}, g) = \mathrm{vk}_{k,i} \cdot \mathrm{pk}_A^{-1} \cdot e(J(\mathrm{pk}_B), \mathrm{rpk}_{A \to B}^{k,i})$$

　　4）签名算法

　　输入一个私钥 $sk = \alpha$ 和一个 n_m 比特长的消息 $m = (m_1, \cdots, m_{n_m}) \in \{0,1\}^{n_m}$，输出一个 m 的签名 $\sigma = (\sigma_1, \sigma_2) = (g^\alpha \varpi^{r_m}, g^{r_m})$，这里 $r_m \in_R Z_p$ 且 $\varpi = u \prod_{i=1}^{n_m} (u_i)^{m_i}$。

　　5）部分重签名生成算法

　　输入时间段参数 k、重签名子密钥 $rk_{A \to B}^{k,i} = (rsk_{A \to B}^{k,i}, rpk_{A \to B}^{k,i})$、$n_m$ 比特长的消息 m、公钥 pk_A 和签名 $\sigma_A = (\sigma_{A,1}, \sigma_{A,2})$，如果 Verify（0，$pk_A$，$m$，$\sigma_A$）=0，输出 $\perp$；否则，每个代理者 P_i 选取一个随机数 $r_i \in_R Z_P$。代理者 P_i 计算一个对应于公钥 pk_B 的消息 m 的部分重签名：

$$\sigma_{B,i} = (\sigma_{i,1}, \sigma_{i,2}, \sigma_{i,3}) = (\sigma_{A,1} \cdot rsk_{A \to B}^{k,i} \cdot \varpi^{r_i}, rpk_{A \to B}^{k,i}, \sigma_{A,2} \cdot g^{r_i})$$

　　6）重签名生成算法

　　当一个指定的部分重签名的合成者收到部分重签名 $\sigma_{B,i} = (\sigma_{i,1}, \sigma_{i,2}, \sigma_{i,3})$ 后，通过等式 $e(\sigma_{i,1}, g) = vk_{k,i} \cdot e(J(pk_B), \sigma_{i,2}) \cdot e(\varpi, \sigma_{i,3})$ 验证其合法性，这里 $vk_{k,i}$ 是代理者 P_i 在第 k 时间段的验证公钥。为了不失一般性，假定合成者收到 t 个合法的部分重签名 $\sigma_{B,i} = (\sigma_{i,1}, \sigma_{i,2}, \sigma_{i,3})$，$i = 1, \cdots, t$，则消息 m 的门限重签名：

$$\sigma_B = (\sigma_{B,1}, \sigma_{B,2}, \sigma_{B,3}) = \left(\prod_{i=1}^{t} (\sigma_{i,1})^{\lambda_{0,i}}, \prod_{i=1}^{t} (\sigma_{i,2})^{\lambda_{0,i}}, \prod_{i=1}^{t} (\sigma_{i,3})^{\lambda_{0,i}} \right)$$

其中，$\lambda_{0,i}$ 是 Lagrange 插值多项式的系数。

　　7）验证算法 I

　　当时间段为 0 时，调用该验证算法。输入一个 n_m 比特长的消息 m、一个公钥 pk 和一个签名 $\sigma = (\sigma_1, \sigma_2)$，如果 $e(\sigma_1, g) = pk \cdot e(\sigma_2, \varpi)$，输出 1；否则，输出 0。

　　8）验证算法 II

　　当时间段不为 0 时，调用该验证算法。输入一个时间段参数 $k(0 < k \leq T)$、一个 n_m 比特长的消息 m、一个公钥 pk 和一个签名 $\sigma = (\sigma_1, \sigma_2, \sigma_3)$，如果 $e(\sigma_1, g) = pk^{2^{T+k}} e(J(pk), \sigma_2) e(\varpi, \sigma_3)$，输出 1；否则，输出 0。

6.5.2　正确性分析

　　前向安全的门限代理重签名方案的正确性可以通过以下方程得到验证。

　　（1）第 k 个时间段的重签名子密钥的正确性验证：

$$e(rsk_{A \to B}^{k,i}, g) = e(g^{f_k(i) - \alpha} J(pk_B)^{s_k}, g) = e(g^{f_k(i)}, g) e(g^{-\alpha}, g) e(J(pk_B)^{s_k}, g)$$
$$= e(g,g)^{f_k(i)} e(g,g)^{-\alpha} e(J(pk_B), g^{s_k})$$
$$= vk_{k,i} \cdot pk_A^{-1} \cdot e(J(pk_B), rpk_{A \to B}^{k,i})。$$

（2）第 k 个时间段的部分重签名的正确性验证：

$$e(\sigma_{i,1},g) = e(\sigma_{A,1} \cdot \text{rsk}_{A \to B}^{k,i} \cdot \varpi^{r_i}, g) = e(g^\alpha \varpi^{r_m} g^{f_k(i)-\alpha} J(\text{pk}_B)^{s_k} \varpi^{r_i}, g)$$

$$= e(g^{f_k(i)} J(\text{pk}_B)^{s_k} \varpi^{r_m+r_i}, g) = e(g^{f_k(i)}, g) e(J(\text{pk}_B)^{s_k}, g) e(\varpi^{r_m+r_i}, g)$$

$$= e(g,g)^{f_k(i)} e(J(\text{pk}_B), g^{s_k}) e(\varpi, g^{r_m+r_i})$$

$$= \text{vk}_{k,i} \cdot e(J(\text{pk}_B), \sigma_{i,2}) \cdot e(\varpi, \sigma_{i,3}) 。$$

（3）第 k 个时间段的门限重签名的正确性验证：

$$\sigma_{B,2} = \prod_{i=1}^{t} (\sigma_{i,2})^{\lambda_{0,i}} = \prod_{i=1}^{t} (\text{rpk}_{A \to B}^{k,i})^{\lambda_{0,i}} = \prod_{i=1}^{t} (g^{s_k})^{\lambda_{0,i}} = g^{\sum_{i=1}^{t} s_k \lambda_{0,i}}$$

$$\sigma_{B,3} = \prod_{i=1}^{t} (\sigma_{i,3})^{\lambda_{0,i}} = \prod_{i=1}^{t} (\sigma_{A,2} g^{r_i})^{\lambda_{0,i}} = \prod_{i=1}^{t} (g^{r_m+r_i})^{\lambda_{0,i}} = g^{\sum_{i=1}^{t} (r_m+r_i)\lambda_{0,i}}$$

$$e(\sigma_{B,1}, g) = e(\prod_{i=1}^{t} (\sigma_{i,1})^{\lambda_{0,i}}, g) = e(\prod_{i=1}^{t} (g^{f_k(i)} J(\text{pk}_B)^{s_k} \varpi^{r_m+r_i})^{\lambda_{0,i}}, g)$$

$$= e(g^{\sum_{i=1}^{t} f_k(i)\lambda_{0,i}} J(\text{pk}_B)^{\sum_{i=1}^{t} s_k \lambda_{0,i}} \varpi^{\sum_{i=1}^{t}(r_m+r_i)\lambda_{0,i}}, g)$$

$$= e(g^{\sum_{i=1}^{t} f_k(i)\lambda_{0,i}}, g) e(J(\text{pk}_B)^{\sum_{i=1}^{t} s_k \lambda_{0,i}}, g) e(\varpi^{\sum_{i=1}^{t}(r_m+r_i)\lambda_{0,i}}, g)$$

$$= e(g^{\beta^{2^{T+k}}}, g) e(J(\text{pk}_B), g^{\sum_{i=1}^{t} s_k \lambda_{0,i}}) e(\varpi, g^{\sum_{i=1}^{t}(r_m+r_i)\lambda_{0,i}})$$

$$= \text{pk}_B^{2^{T+k}} e(J(\text{pk}_B), \sigma_{B,2}) e(\varpi, \sigma_{B,3}) 。$$

6.5.3　安全性分析

定理 6.9　若 $n \geqslant 2t-1$，则本节提出的前向安全的门限代理重签名（forward secure threshold proxy re-signature，FSTPRS）方案是强壮的。

证明：在重签名密钥更新算法 RekeyUpd 和门限重签名生成算法 Combine 中，如果有恶意的代理者提供不正确的信息，则通过相应的验证等式很容易确认出恶意代理者的身份。在允许 $t-1$ 个代理者被攻陷的情况下，为了保证 RekeyUpd 算法和 Combine 算法的正确执行，至少需要 t 个诚实的代理者，所以当 $n \geqslant 2t-1$ 时，本节提出的 FSTPRS 方案是强壮的。

定理 6.10　本节所提的门限代理重签名方案是前向安全的。

证明：本节所提方案的重签名密钥更新算法 RekeyUpd 使用的单向函数基于二次剩余问题的困难性[29]，即对于某个时间段 k，$\beta^{2^{T+k}} = (\beta^{2^{T+(k-1)}})^2 (\text{mod} \, N_q)$。如果攻击者在第 k 个时间段攻陷了 t 个代理者，那么攻击者可以重构出第 k 个时间段的重签名密钥 $\text{rk}_{A \to B}^k = \beta^{2^{T+k}} / \alpha (\text{mod} \, N_q)$，但无法重构出第 k 个时间段以前的重签名密钥，也不能伪造第 j 个（$j<k$）时间段的签名。在重签名的验证算法中添加

了时间段参数 k，这样可保证重签名的前向安全性。

门限代理重签名方案的安全性可采用"模拟"的证明方法，这个方法与"前向安全"属性是独立的，所以为了证明前向安全的门限代理重签名方案的不可伪造性，只需证明 FSTPRS 方案是可模拟的和 PRS 方案是不可伪造的。FSTPRS 方案基于 Chow-Phan 代理重签名方案，而 Chow-Phan 代理重签名方案已被证明在标准模型和自适应性选择消息攻击下是不可伪造的[21]。因此，只需证明本节所提的 FSTPRS 方案是可模拟的。

定理 6.11　如果一个（t，n）门限代理重签名（TPRS）方案是可模拟的，并且关联于 TPRS 的代理重签名（PRS）方案是不可伪造的，则这个门限代理重签名方案也是不可伪造的[6,7]。

定理 6.12　本节所提的 FSTPRS 方案是可模拟的。

证明： 根据 Pedersen 可验证秘密分享协议和 Joint-Exp-RSS 协议的安全性证明[24,30,31]，很容易验证 ReKey 算法和 RekeyUpd 算法是可模拟的。下面证明部分重签名生成算法 ShareResign 是可模拟的。

给定一个时间段参数 k、一个受托者和委托者的公钥（pk_A，pk_B）、一个 n_m 比特长的消息 m、一个原始签名 $\sigma_A = (\sigma_{A,1}, \sigma_{A,2})$ 和一个重签名 $\sigma_B = (\sigma_{B,1}, \sigma_{B,2}, \sigma_{B,3})$，以及 $t-1$ 个已被攻陷的重签名子密钥 $\mathrm{rk}_{A \to B}^{k,i} = (\mathrm{rsk}_{A \to B}^{k,i}, \mathrm{rpk}_{A \to B}^{k,i})$，构造一个部分重签名生成算法 ShareResign 的模拟器 $\mathrm{SIM}_{\mathrm{ShareResign}}$。$\mathrm{SIM}_{\mathrm{ShareResign}}$ 运行 Joint-Exp-RSS 协议得到 Z_p^* 中 $t-1$ 个随机数 $r_1, \cdots, r_{t-1}$，代表 $t-1$ 个已被攻陷的代理者，计算相应的部分重签名：

$$\sigma_{B,i} = (\sigma_{i,1}, \sigma_{i,2}, \sigma_{i,3}) = (\sigma_{A,1} \cdot \mathrm{rsk}_{A \to B}^{k,i} \cdot \varpi^{r_i}, \mathrm{rpk}_{A \to B}^{k,i}, \sigma_{A,2} \cdot g^{r_i}), \quad i = 1, \cdots, t-1$$

然后，$\mathrm{SIM}_{\mathrm{ShareResign}}$ 计算未被攻陷的代理者的部分重签名：

$$\sigma_j = (\sigma_{j,1}, \sigma_{j,2}, \sigma_{j,3}) = ((\sigma_{B,1})^{\lambda_{j,0}} \prod_{i=1}^{t-1} (\sigma_{i,1})^{\lambda_{j,i}}, (\sigma_{B,2})^{\lambda_{j,0}} \prod_{i=1}^{t-1} (\sigma_{i,2})^{\lambda_{j,i}}, (\sigma_{B,3})^{\lambda_{j,0}} \prod_{i=1}^{t-1} (\sigma_{i,3})^{\lambda_{j,i}}),$$

$j = t, \cdots, n$

其中，$\lambda_{j,i}$ 是 Lagrange 插值多项式的系数。因此，$\mathrm{SIM}_{\mathrm{ShareResign}}$ 能模拟 ShareResign 算法的执行，即本节所提的前向安全的门限代理重签名（FSTPRS）方案是可模拟的。

结合定理 6.9～定理 6.12 和 Chow-Phan[21]代理重签名方案的不可伪造性，可得如下定理：

定理 6.13　在标准模型下，本节所提的前向安全的门限代理重签名方案在 CDH 假设下是 UF-FSTPRS-CMA 安全的；如果 $n \geqslant 2t-1$，那么该方案也是强壮的[28]。

6.6　在线/离线门限代理重签名方案

在门限代理重签名中,分布式算法不仅增加了通信成本,也增大了代理重签名的运算量。为了改善门限代理重签名的效率问题,基于在线/离线的门限代理重签名被提出。在签名消息到来之前,离线阶段进行重签名的大部分运算,并将运算结果保存起来;在签名消息到来时,利用离线阶段保存的数据能在很短的时间内生成消息的在线重签名。

基于分布式的变色龙哈希函数 $CH(m,r) = h_1^r h_2^m$,文献[32]提出了一个在线/离线门限代理重签名方案。该方案能将任意一个安全的门限代理重签名方案转换为一个相应的在线/离线门限代理重签名方案。假定部分重签名总是正确的,即不运行部分重签名验证算法来验证每次生成的部分重签名的合法性。当发现一个新的门限重签名是非法的时,才运行部分重签名验证算法来寻找并确认发送非法部分重签名的代理者。

6.6.1　方案描述

为了便于理解,将签名验证算法和部分重签名验证算法视为两个算法来描述。在本方案中,分布式重签名密钥生成算法 OT-Rekey 仅运行一次;一旦有新的签名消息,则每次都运行离线重签名算法 OT-ReSign^{Off}、在线重签名算法 OT-ReSign^{On} 和签名验证算法 Ver;只有在门限重签名非法时,才运行部分重签名验证算法。同时该方案使用了分布式密钥生成(distributed key generation,DKG)协议[33]、分布式乘法(distributed multiplication,DM)协议[34]和分布式求逆(distributed inverse,DI)协议[35]这三种常用密码协议。本节方案具体描述如下。

1)分布式重签名密钥生成算法

选择两个大素数 p 和 q,使得 $q | p-1$。h 是 Z_p^* 中的 q 阶子群 G 的生成元。设 n 个半可信的代理者 $P_1, \cdots, P_n$,t 是门限值。运行门限代理重签名(TPRS)方案中的系统参数初始化算法生成公开参数 params,则系统参数 cp={params, p,q,h}。分布式重签名密钥生成算法的描述如图 6.1 所示。

分布式重签名密钥生成算法

公开输入:一个门限代理重签名 TPRS=(Setup, KeyGen, ShareRekey, Sign, Com-bine, ShareResign, Verify)、一个安全参数 1^k 和系统参数 cp。

公开输出:所有的公开密钥。

秘密输出:每个代理者 P_i 的重签名子密钥 rsk$_i$。

（1）输入一个安全参数 1^k，运行 TPRS 的 KeyGen 算法生成受托者的密钥对（pk_A, sk_A）和委托者的密钥对（pk_B, sk_B）。

（2）输入（pk_A, sk_A, pk_B, sk_B），运行 TPRS 的 ShareRekey 算法生成一个重签名密钥 $rk_{A \to B}$ 和相应的验证公钥 vk，每个代理者 P_i 得到一个重签名子密钥 $rk_{A \to B}^i$ 和验证公钥 vk_i。

（3）运行分布式密钥生成算法生成 $h_1 = h^y \pmod q$，$y \in Z_q^*$ 是一个门限密钥，P_i 得到 y 的一个秘密份额 y_i，存在一个 t 次秘密多项式 $f_y(x) = Z_q[x]$，使得 $f_y(0) = y$。

（4）运行 DKG 算法生成 $h_2 = h^z \pmod p$，$z \in Z_q^*$ 是另外一个门限密钥，P_i 得到 z 的一个秘密份额 z_i，存在一个 t 次秘密多项式 $f_z(x) = Z_q[x]$，使得 $f_z(0) = z$。

（5）运行分布式求逆算法，计算 y 的逆元 Y，使得 $yY = 1 \pmod q$，P_i 得到 Y 的一个秘密份额 Y_i。

（6）运行分布式乘法算法，计算 $\eta = zY \pmod q$，P_i 得到 η 的一个秘密份额 η_i。P_i 同时广播 $h^{\eta_i} \pmod p$ 作为自己的验证公钥，用来验证部分重签名的合法性。

（7）公开公钥 $(pk_A, pk_B, vk, h, h_1, h_2, \{h^{\eta_i}\}_{i=0}^n)$。代理者 P_i 的验证公钥是 $(h^{\eta_i} \pmod p, vk_i)$，重签名子密钥 $rsk_i = (rk_{A \to B}^i, y_i, z_i, \eta_i)$。

图 6.1　分布式重签名密钥生成算法

2）离线门限重签名算法

基于分布式变色龙哈希函数，离线门限重签名算法主要输出签名标签、重签名标签和每个代理者的秘密状态信息，具体如图 6.2 所示。

3）在线门限重签名算法

用一个抗碰撞的哈希函数 $H_3 : \{0,1\}^* \to Z_q$，将签名消息 m 映射为 Z_q 中的一个元素 m'。在线门限重签名算法的描述如图 6.3 所示。

离线门限重签名算法

公开输入：一个门限代理重签名 TPRS=（Setup, KeyGen, ShareRekey, Sign, Combine, ShareResign, Verify）、一个安全参数 1^k 和系统参数 cp。

秘密输入：每个代理者 P_i 的重签名子密钥 $rsk_i = (rk_{A \to B}^i, y_i, z_i, \eta_i)$。

秘密输出：签名标签（σ_A^{off}，σ_B^{off}）和每个代理者 P_i 的秘密状态信息 St_i。

（1）运行 DKG 算法生成 h_1^μ，其中 $\mu \in Z_q^*$，代理者 P_i 得到 μ 的一个秘密份额 μ_i，存在一个 t 次秘密多项式 $f_u(x) = Z_q[x]$，使得 $f_u(0) = u$。

（2）运行 DKG 算法生成 h_2^a，其中 $a \in Z_q^*$，代理者 P_i 得到 a 的一个秘密份额 a_i，存在一个 t 次秘密多项式 $f_a(x) = Z_q[x]$，使得 $f_a(0) = a$。

（3）运行 DKG 算法，算法结束后代理者 P_i 得到一个秘密份额 ω_i，存在一个 t 次秘密多项式 $f_\omega(x) = Z_q[x]$，使得 $f_\omega(0) = \omega$。

（4）因为 h_1^μ 和 h_2^a 对所有代理者都是已知的，所以 P_i 可计算出 $Com = h_1^\mu h_2^a \pmod p$。

（5）运行 TPRS 的 Sign 算法生成受托者对 Com 的签名 σ_A。

（6）运行 TPRS 的 ShareResign 算法和 Combine 算法生成 Com 的重签名 σ_B。

（7）运行 DM 算法，计算 $\tau = \mu + azY(\bmod q)$，代理者 P_i 得到 τ 的一个秘密份额 τ_i。这里需要说明的是，P_i 在执行 DM 算法过程中广播公开承诺值 $h^{\tau_i}(\bmod p)$。

（8）签名标签 $\sigma_A^{\text{off}} = (\text{Com}, \sigma_A)$，重签名标签 $\sigma_B^{\text{off}} = (\text{Com}, \sigma_B)$，每个代理者 P_i 的秘密状态信息 $St_i = (\mu_i, a_i, \omega_i)$。

图 6.2 离线门限重签名算法

在线门限重签名算法

公开输入：一个门限代理重签名 TPRS=（Setup, KeyGen, ShareRekey, Sign, Combine, ShareResign, Verify）、一个安全参数 1^k、系统参数 cp 和一个待签名的消息 $m' \in Z_q^*$。

秘密输入：签名标签 $\sigma_A^{\text{off}} = (\text{Com}, \sigma_A)$、重签名标签 $\sigma_B^{\text{off}} = (\text{Com}, \sigma_B)$、每个代理者 P_i 的秘密状态信息 $St_i = (\mu_i, a_i, \omega_i)$ 和重签名子密钥 $\text{rsk}_i = (\text{rk}_{A\to B}^i, y_i, z_i, \eta_i)$。

公开输出：消息 m' 的签名 ρ_A 和重签名 ρ_B。

（1）代理者 P_i 计算自己的部分重签名 $\mu_i' = \tau_i - m'\eta_i + \omega_i(\bmod q)$。

（2）代理者 P_i 广播 μ_i' 给其他代理者，利用 Berlekamp-Welch decoder 算法[36]重构出 μ'。

（3）受托者对消息 m' 的签名 $\rho_A = (\mu', \sigma_A)$，委托者对消息 m' 的重签名 $\rho_B = (\mu', \sigma_B)$。

图 6.3 在线门限重签名算法

4）部分重签名验证算法

如果一个新的门限重签名是非法的，则说明有些代理者提供了非法的部分重签名，运行部分重签名验证算法可确认并移除提供非法部分重签名的代理者。设 m' 是待签名的消息，$h^{\eta_i}(\bmod p)$ 是代理者 P_i 的验证公钥，$h^{\tau_i}(\bmod p)$ 和 $h^{\omega_i}(\bmod p)$ 是离线阶段的公开承诺值，通过等式 $h^{\mu_i'} = h^{\tau_i}(h^{\eta_i})^{-m'}h^{\omega_i}(\bmod p)$ 验证部分重签名 μ_i' 的合法性。若等式不成立，则说明代理者 P_i 提供了非法的部分重签名 μ_i'。

5）签名验证算法

给定一个 (t,n) 门限代理重签名 TPRS=（Setup, KeyGen, ShareRekey, ShareResign, Sign, Combine, Verify）、一个消息 m'、一个公钥 pk 和一个待验证的签名 $\rho = (\mu', \sigma)$，验证者执行如下操作：

（1）计算 $\text{Com} = h_1^{\mu'} h_2^{m'}(\bmod p)$；

（2）如果 $\text{Verify}(\text{pk}, \text{Com}, \sigma) = 1$，且 σ 是对应于公钥 pk 的消息 m 的合法签名，输出 1；否则，输出 0。

6.6.2 安全性分析

定义 **6.1** 本节所提的在线/离线门限代理重签名方案使用了文献[33]～[35]描

述的三种密码算法,而这三种算法在容许攻击者攻陷 $t < n / 3$ 个成员的情况下,均满足强壮性。因此,当 $t < n / 3$ 时,分布式重签名密钥生成算法和离线门限重签名算法也满足强壮性。在线门限重签名算法的第 2 步,要使用 Berlekamp-Welch decoder 算法[36]才能重构出正确的 μ'。由于在线/离线门限代理重签名方案中均使用的是 t 次插值多项式,且容许 $t < n / 3$ 个代理者被攻陷,根据 Berlekamp-Welch decoder 算法的界,正确插值 μ' 所需要的代理者总数至少是 $3t+1$。因此,当 $t < n / 3$ 时,本节所提在线/离线门限代理重签名方案满足强壮性[33]。

定理 6.14　设一个门限代理重签名 TPRS=(Setup, KeyGen, ShareRekey, ShareResign, Sign, Combine, Verify)在自适应性选择消息攻击下是安全的,则本节在线/离线门限代理重签名 OTPRS=(OT-Rekey, OT-ReSign^{Off}, OT-ReSign^{On}, Ver)在自适应性选择消息攻击下也是安全的;在容许攻击者攻陷 $t < n / 3$ 个代理者的情况下,本节方案满足强壮性。

证明:假设存在一个攻击者 $\mathcal{A}$,以一个不可忽略的概率 ε 成功伪造 OTPRS 的签名,则可利用这个伪造以 $\geqslant \varepsilon / 2$ 的概率成功伪造一个 TPRS 的签名,或以 $\geqslant \varepsilon / 2$ 的概率解决一个离散对数问题的实例。

(1)如果第一种情况成立,给定系统参数 cp,构造一个攻击者 $\mathcal{B}$,$\mathcal{B}$ 在自适应性选择消息攻击下伪造一个 TPRS 的签名。为了达到这个目的,$\mathcal{B}$ 适应性地选择消息 M_i 进行签名询问,得到相应的签名 RS_i。$\mathcal{B}$ 的目标是输出 (M, RS),其中 RS 是对应于某个公钥的新消息 M 的签名,这里对任意的 i,有 $(M, \text{RS}) \neq (M_i, \text{RS}_i)$。为了不失一般性,假设攻击者攻陷的 t 个代理者的集合为 $P_A = \{P_1, \cdots, P_t\}$。$\text{SIM}_1$ 是 TPRS 中 ShareRekey 算法的模拟器,SIM_2 是 TPRS 中 ShareResign 算法的模拟器。$\mathcal{B}$ 对三个算法的模拟过程如下。

① 分布式重签名密钥生成算法:$\mathcal{B}$ 代表诚实的代理者运行算法的步骤 1,3,4,5,6 和 7。设置 SIM_1 的系统参数为攻击者 $\mathcal{B}$ 的初始化系统参数,在第 2 步运行 ShareRekey 算法的模拟器 SIM_1。因为 ShareRekey 是可模拟的,于是从攻击者的角度来看,$\mathcal{B}$ 模拟上述步骤的过程与算法的实际执行过程在计算上是不可区分的。

② 离线门限重签名算法:$\mathcal{B}$ 代表诚实的代理者运行算法的步骤 1,2,3,4,5,7 和 8。对于第 6 步,$\mathcal{B}$ 首先询问它的签名预言机和重签名预言机获得计算值 Com_i 的一个签名 $\sigma_{\text{Com}_i}^A$ 和一个重签名 $\sigma_{\text{Com}_i}^B$。然后以系统参数 cp、已被攻陷的 $t-1$ 个重签名子密钥、签名 $\sigma_{\text{Com}_i}^A$ 和重签名 $\sigma_{\text{Com}_i}^B$ 为输入,运行 ShareResign 算法的模拟器 SIM_2,使得 SIM_2 的输出恰好也是 $\sigma_{\text{Com}_i}^B$。因为 ShareResign 算法是可模拟的,所以上述模拟过程是合理的。

③ 在线门限重签名算法:$\mathcal{B}$ 代表诚实的代理者运行在线门限重签名算法。

最后，攻击者 $\mathcal{A}$ 以 $\geqslant \varepsilon$ 的概率输出一个 OTPRS 的伪造 (m^*, u^*, σ^*)，针对 $\mathcal{A}$ 以前询问过的消息 m_i 的签名 (u_i, σ_i)，对于任意的 i 有 $m^* \neq m_i$ 且 $\mathrm{Com}^* \neq \mathrm{Com}_i$。这就意味着，$\mathcal{B}$ 从未向其签名预言机或重签名预言机询问过 Com^*，于是 $\mathcal{B}$ 获得一个消息 Com^* 和 (u^*, σ^*)，其中 σ^* 是 Com^* 的一个合法签名（对 TPRS 而言）。因此，$\mathcal{B}$ 以 $\geqslant \varepsilon / 2$ 的概率成功伪造了一个 TPRS 的签名。

（2）如果第二种情况成立，定义一个概率多项式时间算法 $\mathcal{B}$，利用攻击者 $\mathcal{A}$ 的伪造找到变色龙哈希函数 $CH(m, r)$ 的一个碰撞，从而解决一个离散对数问题的实例。假设 $\mathcal{B}$ 收到的离散对数问题实例是 $(h, h_1) \in Z_p^2$，$\mathcal{B}$ 的目标是确定 h_1 的离散对数 $\log_h^{h_1} = y$。

$\mathcal{B}$ 对三个算法的模拟过程如下。

① 分布式重签名密钥生成算法：$\mathcal{B}$ 代表诚实的代理者运行算法的步骤 1,2,4 和 7。因为 h_1 是通过 DKG 算法生成的，所以在第 3 步运行 DKG 算法的模拟器 $\mathrm{SIM}_{\mathrm{DKG}}$，使得 DKG 算法的输出结果是 h_1。所有代理者将分享秘密信息 $\hat{y}$，而 $\hat{y}$ 不等于 h_1 的离散对数值 y，代理者 P_i 得到 $\hat{y}$ 的一个秘密份额 $\hat{y}_i$。在第 5 步运行分布式求逆算法计算 $\hat{y}$ 的逆元 $\hat{y}^{-1}$，在第 6 步运行分布式乘法算法计算 $\hat{\eta} = z\hat{y}^{-1} (\mathrm{mod}\, q)$。

② 离线门限重签名算法：$\mathcal{B}$ 代表诚实的代理者运行算法的步骤 1,2,3,4,5,6 和 8。第 7 步的模拟与算法实际执行的唯一区别是，$\mathcal{B}$ 代表诚实的代理者运行 DM 算法，计算 $\hat{\tau} = \mu + a\hat{\eta}$。

③ 在线门限重签名算法：攻击者 $\mathcal{A}$ 选择签名消息 m'，$\mathcal{B}$ 计算 $\mu' = \mu + a\hat{\eta} - m\hat{\eta} (\mathrm{mod}\, q)$。由于 $\mathcal{B}$ 控制了所有诚实的代理者，所以 $\mathcal{B}$ 能计算出正确的 μ'。同时，$\mathcal{B}$ 也能恢复出已被攻陷的代理者的部分重签名 μ_i'，$i = 1, \cdots, t$。令 $f^*(0) = u'$，$f^*(i) = \mu_i'$，$i = 1, \cdots, t$，则能构造一个 t 次多项式 $f^*(x)$，于是 $\mathcal{B}$ 计算并广播 $\mu_j' = f^*(j)$，$j = t+1, \cdots, n$。如果所有诚实的代理者能正确地执行算法，则利用 Berlekamp-Welch decoder 算法能正确插值出 μ'。这里要说明的是，所有 μ_i' 的插值结果恰好是 μ'。

从攻击者的角度来看，上述的模拟过程与算法的实际执行过程在计算上是不可区分的。由于使用 DKG 算法的模拟器生成 h_1，所以 $\mathcal{B}$ 知道 z 和 $\hat{y}$，但不知道 h_1 的离散对数值 y。最后，攻击者 $\mathcal{A}$ 以 $\geqslant \varepsilon$ 的概率输出一个 OTPRS 的伪造 (m^*, u^*, σ^*)，对于 $\mathcal{A}$ 以前询问过的消息 m_i 的签名 (u_i, σ_i)，存在一个 i，使得 $m^* \neq m_i$ 且 $\mathrm{Com}^* \neq \mathrm{Com}_i$。于是，$\mathcal{B}$ 计算：

$$h_1^{\mu^*} h^{zm^*} = h_1^{\mu_i} h^{zm_i} (\mathrm{mod}\, p) \text{ 和 } y = (m^* - m_i) z (\mu_i - \mu^*) (\mathrm{mod}\, q)$$

因此，攻击者 $\mathcal{B}$ 以 $\geqslant \varepsilon / 2$ 的概率解决了离散对数的一个实例 $(h, h_1) \in Z_p^2$。

6.7　服务器辅助验证代理重签名方案

随着云计算和大数据的迅速发展，具有强大计算能力的云服务器提供商将成为代理重签名中的代理者，低端计算设备（如智能手机、无线传感器）是非常重要的云计算终端。然而，目前大部分代理重签名方案的签名验证算法需要进行复杂的双线性对运算，无法适用于计算能力较弱的低端计算设备。因此，如何降低代理重签名方案的签名验证计算量，是一个非常有意义且非常迫切的研究课题。

2005 年，Girault 和 Lefranc[36]提出了服务器辅助计算的形式化安全模型。服务器辅助验证代理重签名将签名验证的大部分计算任务转移给一个计算能力很强的服务器执行，极大地降低了验证者的计算量，非常适用于低端计算设备[37]。

本节介绍两个服务器辅助验证代理重签名方案[38,39]。

6.7.1　传统的服务器辅助验证代理重签名方案

1. 方案描述

基于 Kim 等[5]改进的代理重签名方案，文献[38]提出了一个双向的服务器辅助验证代理重签名方案。该方案由以下八个算法组成。

1）系统参数初始化算法

给定一个安全参数 1^{η}，选择两个阶为素数 p 的循环群 G_1 和 G_2，g 是 G_1 的生成元，$e: G_1 \times G_1 \to G_2$ 是一个双线性映射。在 G_1 中随机选取 $n_m + 2$ 个元素 $(g_2, u, u_1, \cdots, u_{n_m})$，公开系统参数 $\mathrm{cp} = (G_1, G_2, p, e, g, g_2, u, \{u_i\}_{i=1}^{n_m})$。

2）密钥生成算法

给定系统参数 cp，随机选取 $a \in Z_p^*$，输出用户的公钥/私钥对 $(\mathrm{pk}, \mathrm{sk}) = (e(g_2, g^a), a)$。

3）重签名密钥生成算法

给定一个受托者的私钥 $\mathrm{sk}_A = \alpha$ 和一个委托者的私钥 $\mathrm{sk}_B = \beta$，输出一个半可信代理者的重签名密钥 $\mathrm{rk}_{A \to B} = \beta / \alpha (\mathrm{mod}\, p)$。

4）签名算法

给定一个受托者的私钥 $\mathrm{sk}_A = \alpha$ 和一个 n_m 比特长的消息 $m = (m_1, \cdots, m_{n_m}) \in \{0,1\}^{n_m}$，输出一个消息 m 的签名 $\sigma_A = (\sigma_{A,1}, \sigma_{A,2}) = (g_2^{\alpha} \varpi^t, g^t)$，这里 $t \in_R Z_p$ 且 $\varpi = u \prod_{i=1}^{n_m} (u_i)^{m_i}$。

5）重签名生成算法

给定一个重签名密钥 $\mathrm{rk}_{A \to B}$、一个 n_m 比特长的消息 $m = (m_1, \cdots, m_{n_m}) \in \{0,1\}^{n_m}$、一个受托者的公钥 pk_A 和一个签名 $\sigma_A = (\sigma_{A,1}, \sigma_{A,2})$，如果 $\mathrm{Verify}(\mathrm{pk}_A, m, \sigma_A) = 0$，输出 $\bot$；否则，随机选取 $\tilde{r} \in Z_p^*$，输出对应于公钥 pk_B 的消息 m 的重签名 $\sigma_B = (\sigma_{B,1}, \sigma_{B,2}) = ((\sigma_{A,1})^{\mathrm{rk}_{A \to B}} \varpi^{\tilde{r}}, (\sigma_{A,2})^{\mathrm{rk}_{A \to B}} g^{\tilde{r}})$。

6）验证算法

给定一个公钥 pk、一个 n_m 比特长的消息 m 和一个待验证的签名 $\sigma = (\sigma_1, \sigma_2)$，验证者检验等式 $e(\sigma_1, g) = \mathrm{pk} \cdot e(\varpi, \sigma_2)$ 是否成立。如果等式成立，输出 1；否则，输出 0。

7）服务器辅助验证参数生成算法

给定系统参数 cp，验证者随机选取一个元素 $x \in Z_p^*$，令比特串 $\mathrm{VString} = x$。

8）服务器辅助验证算法

给定 $\mathrm{VString} = x$、一个公钥 pk 和一个消息签名对 $(m, \sigma = (\sigma_1, \sigma_2))$，验证者和服务器之间的服务器辅助验证交互如下。

（1）验证者计算 $\sigma' = (\sigma_1', \sigma_2') = ((\sigma_1)^x, (\sigma_2)^x)$，将 (m, σ') 发送给服务器。

（2）服务器计算 $K_1 = e(\sigma_1', g)$ 和 $K_2 = e(\varpi, \sigma_2')$，将 (K_1, K_2) 发送给验证者。

（3）验证者检验等式 $K_1 = (\mathrm{pk})^x K_2$ 是否成立。如果等式成立，输出 1；否则，输出 0。

2. 正确性分析

1）重签名的正确性验证

对于受托者的签名 $\sigma_A = (\sigma_{A,1}, \sigma_{A,2}) = (g_2^\alpha \varpi^t, g^t)$ 和委托者的签名 $\sigma_B = (\sigma_{B,1}, \sigma_{B,2})$，则有

$$e(\sigma_{B,1}, g) = e((\sigma_{A,1})^{\mathrm{rk}_{A \to B}} \varpi^{\tilde{r}}, g) = e((g_2^\alpha \varpi^t)^{\beta/\alpha} \varpi^{\tilde{r}}, g) = e(g_2^\beta \varpi^{\tilde{r}+t\beta/\alpha}, g)$$
$$= e(g_2^\beta, g) e(\varpi^r, g) = \mathrm{pk}_B \cdot e(\varpi, (g^t)^{\beta/\alpha} g^{\tilde{r}})$$
$$= \mathrm{pk}_B \cdot e(\varpi, (\sigma_{A,2})^{\mathrm{rk}_{A \to B}} g^{\tilde{r}}) = \mathrm{pk}_B \cdot e(\varpi, \sigma_{B,2})$$

其中，$r = \tilde{r} + t\beta/\alpha$。

2）服务器辅助验证协议的正确性验证

对于委托者的签名 $\sigma_B = (\sigma_{B,1}, \sigma_{B,2}) = (g_2^\beta \varpi^r, g^r)$ 和字符串 $\mathrm{VString} = x$，则有

$$K_1 = e(\sigma_{B,1}', g) = e((\sigma_{B,1})^x, g) = e((g_2^\beta \varpi^r)^x, g) = e(g_2^\beta, g)^x e(\varpi^{rx}, g)$$
$$= e(g_2, g^\beta)^x e(\varpi, g^{rx}) = (\mathrm{pk}_B)^x e(\varpi, g^{rx})$$
$$= (\mathrm{pk}_B)^x e(\varpi, (g^r)^x) = (\mathrm{pk}_B)^x e(\varpi, (\sigma_{B,2})^x)$$
$$= (\mathrm{pk}_B)^x e(\varpi, \sigma_{B,2}') = (\mathrm{pk}_B)^x K_2$$

因为签名算法生成的签名和重签名生成算法生成的重签名在计算上是不可区分的，即用户感觉不到代理者的存在，所以本节方案满足透明性和多用性。又因为重签名密钥 $\mathrm{rk}_{A\to B} = \beta/\alpha = 1/\mathrm{rk}_{B\to A}$，所以本节方案满足双向性。代理者只需保存一个重签名密钥 $\mathrm{rk}_{A\to B}$，因此本节方案满足密钥最优性。

3. 安全性分析

定义 6.2 如果攻击者在上述两个游戏中获胜的概率是可忽略的，则称服务器辅助验证协议 SAV-Verify 是完备的[37]。

针对 Wu 等[40]提出的服务器辅助验证签名方案的安全缺陷，文献[41]给出了两类服务器和签名者的合谋攻击。但在本节方案的服务器辅助验证协议 SAV-Verify 中，验证者对签名 $\sigma = (\sigma_1, \sigma_2)$ 进行了幂运算处理，因而可有效抵抗这两类攻击[41,42]。本节所提方案基于改进的 Shao 方案[5]，而文献[5]已在标准模型下证明改进的 Shao 方案是存在不可伪造的，其安全性可归约到 CDH 假设。因此，根据定义 6.2，证明本节方案的服务器辅助验证协议 SAV-Verify 是完备的，也就证明了本节方案是安全的。

定理 6.15 假定 $\mathcal{A}_1$ 代表服务器和受托者之间的合谋攻击者，则 $\mathcal{A}_1$ 让挑战者 C 确信一个非法原始签名是合法的概率是可忽略的。

证明： 令 $\mathcal{A}_1$ 扮演 SAV-Verify 协议中服务器的角色，C 扮演 SAV-Verify 协议中验证者的角色。给定一个消息的非法原始签名后，$\mathcal{A}_1$ 的任务是让 C 确信这个非法签名是合法的。挑战者 C 执行如下的模拟操作。

（1）建立：挑战者 C 运行系统参数初始化算法得到系统参数 cp，随机选取 2 个元素 $x^*, a \in Z_p^*$，令 $\mathrm{VString} = x^*$，计算受托者的公私钥对 $(\mathrm{pk}_A, \mathrm{sk}_A) = (e(g_2, g^a), a)$，将 $\{\mathrm{cp}, \mathrm{pk}_A, \mathrm{sk}_A\}$ 发送给攻击者 $\mathcal{A}_1$。

（2）查询：攻击者 $\mathcal{A}_1$ 可以自适应性地进行有限次服务器辅助验证询问。对于每次询问 (m_i, σ_i)，挑战者 C 和 $\mathcal{A}_1$ 执行 SAV-Verify 协议，然后将协议的输出结果作为响应返回给 $\mathcal{A}_1$。

（3）输出：攻击者 $\mathcal{A}_1$ 最后输出消息 m^* 和字符串 $\sigma^* = (\sigma_1^*, \sigma_2^*)$，令 Ω_m 是消息 m^* 对应于公钥 pk_A 的所有合法签名的集合，$\sigma^* \notin \Omega_m$。挑战者 C 收到 (m^*, σ^*) 后，利用 VString 计算 $(\sigma^*)' = ((\sigma_1^*)', (\sigma_2^*)') = ((\sigma_1^*)^{x^*}, (\sigma_2^*)^{x^*})$，将 $(\sigma^*)' = ((\sigma_1^*)', (\sigma_2^*)')$ 发送给攻击者 $\mathcal{A}_1$。$\mathcal{A}_1$ 计算 $K_1^* = e((\sigma_1^*)', g)$ 和 $K_2^* = e(\varpi^*, (\sigma_2^*)')$，并将 (K_1^*, K_2^*) 返回给 C。下面分析等式 $K_1^* = (\mathrm{pk}_A)^{x^*} K_2^*$ 成立的概率是 $1/(p-1)$。

① 由于 $(\sigma^*)' = (\sigma^*)^{x^*}$ 且 $x^* \in_R Z_p^*$，因此攻击者 $\mathcal{A}_1$ 通过 σ^* 成功伪造 $(\sigma^*)'$ 的概率是 $1/(p-1)$。

② 假设攻击者 $\mathcal{A}_1$ 返回 (K_1^*, K_2^*)，使得 $K_1^* = (\mathrm{pk}_A)^{x^*} K_2^*$，则有

$$\log_{\mathrm{pk}} \cdot K_1^* = x^* + \log_{\mathrm{pk}_A} K_2^*$$

因为 x^* 是从 Z_p^* 中随机选取的，所以攻击者 $\mathcal{A}_1$ 寻找 x^* 使得上述等式成立的概率是 $1/(p-1)$。综上所述，攻击者 $\mathcal{A}_1$ 让挑战者 C 确信 (m^*, σ^*) 是合法签名的概率是 $1/(p-1)$。由于 p 是一个大素数，因此 $\mathcal{A}_1$ 让挑战者 C 确信一个非法原始签名是合法的概率是可忽略的。

定理 6.16　假定 $\mathcal{A}_2$ 代表服务器和代理者之间的合谋攻击者，则 $\mathcal{A}_2$ 让挑战者 C 确信一个非法重签名是合法的概率是可忽略的。

证明：令 $\mathcal{A}_2$ 扮演 SAV-Verify 协议中服务器的角色，C 扮演 SAV-Verify 协议中验证者的角色。给定一个消息的非法重签名后，$\mathcal{A}_2$ 的任务是让 C 确信这个非法签名是合法的。挑战者 C 执行如下的模拟操作。

（1）建立：挑战者 C 运行系统参数初始化算法得到系统参数 cp，随机选取 3 个元素 $x^*, a, b \in Z_p^*$，令 $\mathrm{VString} = x^*$，计算受托者的公私钥对 $(\mathrm{pk}_A, \mathrm{sk}_A) = (e(g_2, g^a), a)$ 和委托者的公私钥对 $(\mathrm{pk}_B, \mathrm{sk}_B) = (e(g_2, g^b), b)$，以及一个重签名密钥 $\mathrm{rk}_{A \to B} = b/a (\mathrm{mod}\, p)$，将 cp，$\mathrm{pk}_A$，$\mathrm{pk}_B$ 和 $\mathrm{rk}_{A \to B}$ 发送给攻击者 $\mathcal{A}_2$。

（2）查询：与定理 6.15 中的应答过程相同。

（3）输出：最后攻击者 $\mathcal{A}_2$ 输出消息 m^* 和字符串 $\sigma^* = (\sigma_1^*, \sigma_2^*)$，令 Ω_{m^*} 是消息 m^* 对应于公钥 pk_B 的所有合法签名的集合，$\sigma^* \notin \Omega_{m^*}$。攻击者 $\mathcal{A}_2$ 让挑战者 C 确信 (m^*, σ^*) 是合法签名的概率是 $1/(p-1)$，即 $\mathcal{A}_2$ 让挑战者 C 确信一个非法重签名是合法的概率是可忽略的。

定义 6.3　如果一个代理重签名方案在自适应性选择消息攻击下是存在不可伪造的，相应的服务器辅助验证协议 SAV-Verify 是完备的，则称双向服务器辅助验证代理重签名方案在合谋攻击和自适应性选择消息攻击下是安全的[37]。

由定义 6.2、定理 6.15 和定理 6.16 可推导出定理 6.17。

定理 6.17　本节方案的服务器辅助验证协议 SAV-Verify 在合谋攻击和自适应性选择消息攻击下是完备的[37]。

定理 6.18　在标准模型下，改进的 Shao 方案在自适应性选择消息攻击下存在不可伪造性[5]。

根据定义 6.3、定理 6.17 和定理 6.18，可得如下定理 6.19。

定理 6.19　在标准模型下，本节提出的双向服务器辅助验证代理重签名方案在合谋攻击和自适应性选择消息攻击下是安全的[37]。

4. 性能分析

下面将本节提出的方案与已有的 4 个代理重签名方案进行验证者计算开销的

比较。为了表述方便，用 Wang-SAVPRS-1 方案和 Wang-SAVPRS-2 方案分别表示 Wang 等[41]提出的第一个和第二个服务器辅助验证代理重签名方案。假定所有方案选择相同长度的素数，以及相同阶的群和。相对于双线性对和幂运算而言，乘法、加法等运算的计算量都比较小，因此这些运算操作将不再进行讨论。验证者的计算开销比较如表 6.4 所示。

表 6.4　验证者的计算开销比较

方案	G_1 中的幂运算	G_2 中的幂运算	双线性对运算	标准模型
Shao 方案[3]	0	0	3	是
改进的 Shao 方案[5]	0	0	3	是
Wang-SAVPRS-1 方案[41]	2	1	1	否
Wang-SAVPRS-2 方案[41]	1	1	0	否
本节方案[39]	2	1	0	是

从表 6.4 可以看出，在本节提出的方案中，签名验证算法 Verify 需要 2 次 G_1 中的幂运算，服务器辅助验证算法 SAV-Verify 不需要执行计算量很大的双线性对运算，仅需执行 G_1 中的 2 次幂运算和 G_2 中的 1 次幂运算，因此本节方案是节约计算资源的。本节方案比 Wang 等[41]提出的第二个服务器辅助验证代理重签名方案多 1 次幂运算，但本节方案可证明在标准模型下是安全的，并且能有效抵抗合谋攻击[42]，具有更高的安全性。与其他 3 个方案相比，本节方案具有较高的计算效率，大大提高了签名的验证速度。

由于 Shao 方案[3]与改进的 Shao 方案[5]的重签名验证算法相同，下面仅将 Shao 方案与本节方案中验证者的验证时间开销、验证效率与不同数量级长度的签名消息进行实验分析比较，结果如图 6.4 和图 6.5 所示。本次实验运行的硬件环境：CPU 型号为英特尔酷睿 i7-3770 处理器，主频 3.4GHz，内存 8GB；软件环境：64 位的 Windows 7 操作系统，Microsoft Virtual PC 和 PBC-0.4.7-VC。

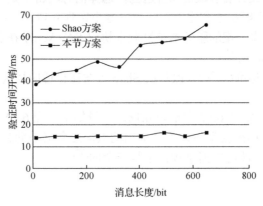

图 6.4　验证时间开销与消息长度关系图

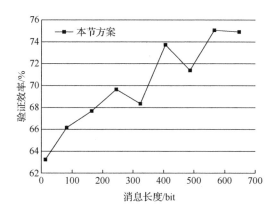

图 6.5　验证效率与消息长度关系图

从图 6.4 可知，对于相同长度的签名消息，验证者在本节方案中的验证时间开销低于在 Shao 方案中的验证时间开销。当签名消息长度增大时，验证者在 Shao 方案中的验证时间开销也随着增大，但在本节方案中验证时间开销基本保持不变。图 6.5 表明本节方案大大减少了验证者的验证时间开销，缩短了签名验证的时间；与 Shao 方案相比，本节方案的验证效率至少提高了 62%。

6.7.2　基于身份的服务器辅助验证代理重签名方案

1. 方案描述

基于 Wang 等提出的方案[43]，本书作者提出了一个安全的基于身份的服务器辅助验证代理重签名方案[38]，方案具体描述如下。

1）系统参数生成算法

输入安全参数 1^{λ}、比特长度 l 的消息和比特长度 n 的身份，算法运行群生成器 $\Gamma(1^{\lambda}, k = l + n)$ 产生阶数为 p 的群组 $G = (G_1, \cdots, G_k)$，$g_1, \cdots, g_k$ 分别是其生成元，令 $g = g_1$。随机选取群元素 $A = (A_{1,0} = g^{a_{1,0}}, A_{1,1} = g^{a_{1,1}}), \cdots, (A_{l,0} = g^{a_{l,0}}, A_{l,1} = g^{a_{l,1}}) \in G_1^2$。随机选取 $(b_{1,0}, b_{1,1}), \cdots, (b_{n,0}, b_{n,1}) \in Z_p^2$ 使得 $B_{i,\beta} = g^{b_{i,\beta}}, i \in [n], \beta \in \{0,1\}$。定义哈希函数 $H(I, M) : \{0,1\}^n \times \{0,1\}^l \to G_k$。令 $m_1, \cdots, m_l$ 为消息 M 的比特位，$\mathrm{id}_1, \cdots, \mathrm{id}_n$ 为身份 I 的比特位，哈希函数 H 的迭代计算过程如下：

$H_1(I, M) = B_{1, \mathrm{id}_1}$，当 $i \in \{2, \cdots, n\}$ 时，$H_i(I, M) = e(H_{i-1}(I, M), B_{1, \mathrm{id}_1})$，当 $i \in \{n+1, \cdots, n+l = k\}$ 时，$H_i(I, M) = e(H_{i-1}(I, M), A_{i-n, m_{i-n}})$。系统主公钥 MPK 为 $(A_{1,0}, A_{1,1}), \cdots, (A_{l,0}, A_{l,1}), (B_{1,0}, B_{1,1}), \cdots, (B_{n,0}, B_{n,1})$，主私钥 MSK 为 $(b_{1,0}, b_{1,1}), \cdots, (b_{n,0}, b_{n,1})$。系统参数 param $= \{G, g_1, \cdots, g_k, A, p, e, H\}$。

2）密钥生成算法

给定身份 I 和主私钥 MSK，其中 $I \in \{0,1\}^n$，算法输出密钥 $\mathrm{sk}_{I_b} = (g_{n-1}^{\prod_{i \in n} B_{i,\mathrm{id}_i}}, g_l^{1/\prod_{i \in n} b_{i,\mathrm{id}_i}})$。

3）重签名密钥生成算法

给定受托者 I_b 的密钥 $\mathrm{sk}_{I_b} = (g_{n-1}^{\prod_{i \in [n]} b_{i,\mathrm{id}_i}}, g_l^{1/\prod_{i \in [n]} b_{i,\mathrm{id}_i}})$ 和委托者 I_B 的密钥 $\mathrm{sk}_{I_B} = (g_{n-1}^{\prod_{i \in [n]} B_{i,\mathrm{id}_i}}, g_l^{1/\prod_{i \in [n]} B_{i,\mathrm{id}_i}})$，算法输出重签名密钥 $\mathrm{sk}_{I_b \to I_B} = e(g_l^{1/\prod_{i \in [n]} b_{i,\mathrm{id}_i}},$ $g_{n-1}^{\prod_{i \in [n]} B_{i,\mathrm{id}_i}}) = g_{k-1}^{\frac{\prod_{i \in [n]} B_{i,\mathrm{id}_i}}{\prod_{i \in [n]} b_{i,\mathrm{id}_i}}}$。

4）签名算法

给定消息 $M \in \{0,1\}^l$，I_b 的私钥 sk_{I_b}，$I \in \{0,1\}^n$，算法输出签名 $\sigma = g_{k-1}^{(\prod_{i \in [n]} b_{i,\mathrm{id}_i})(\prod_{i \in [l]} a_{i,m_i})}$。

5）重签名生成算法

给定受托者 I_b 的签名 σ_b 和重签名密钥 $\mathrm{rk}_{I_b \to I_B}$，算法生成委托者 I_B 的重签名：

$$\sigma_B = \sigma_b \cdot \mathrm{rk}_{I_b \to I_B} = g_{k-1}^{(\prod_{i \in [n]} b_{i,\mathrm{id}_i})(\prod_{i \in [l]} a_{i,m_i})} \cdot g_{k-1}^{\frac{\prod_{i \in [n]} B_{i,\mathrm{id}_i}}{\prod_{i \in [n]} b_{i,\mathrm{id}_i}}} = g_{k-1}^{(\prod_{i \in [n]} B_{i,\mathrm{id}_i})(\prod_{i \in [l]} a_{i,m_i})}$$

6）验证算法

给定委托者 I_B 的公钥 pk_{I_B}、消息 m 和消息的一个待验证签名 σ，验证者计算并验证等式 $e(\sigma, g) = e(H(m), \mathrm{pk}_{I_B})$ 是否成立，若等式成立，输出 1；否则，输出 0。

7）服务器辅助验证参数生成算法

给定系统参数 param，验证者随机选取 $r \in Z_p^*$，计算 $R = g^r$，字符串 $\mathrm{VString} = (r, R)$。

8）服务器辅助验证算法

给定 VString、公钥 pk 和一个消息签名对 (m, σ)，验证者和服务器之间执行以下交互验证协议：

（1）验证者将 (σ, R) 发送给服务器。

（2）服务器计算 $K_1 = e(\sigma, R)$，并将 K_1 返回给验证者。

验证者计算 $K_2 = e(H(m), \mathrm{pk})^r$，并验证 $K_1 = K_2$ 是否成立。若等式成立，则签名 σ 是合法的，输出 1；否则，签名不合法，输出 0。

2. 安全性分析

文献[43]已证明 Wang 等所提方案中代理重签名方案在自适应性选择消息攻击下是存在不可伪造的，因此基于 Wang 等所提方案的本节方案也具有不可伪造性。根据定义 6.2，要证明本节方案是安全的，仅需证明方案的服务器辅助验证协议是完备的。

由定义 6.2、定理 6.18 和定理 6.19 可推出定理 6.20。

定理 6.20　本节方案的服务器辅助验证协议 SAV-Verify 在自适应性选择消息攻击和合谋攻击下是完备的[38]。

定理 6.21　Wang 等所提方案的代理重签名方案在自适应性选择消息攻击下是存在不可伪造的[43]。

根据定理 6.20、定理 6.21 和定义 6.3 可推出定理 6.22。

定理 6.22　本节的基于身份的服务器辅助验证代理重签名方案在自适应性选择消息攻击和合谋攻击下是安全的[38]。

3. 性能分析

下面比较本节方案与文献[43]方案中验证者的计算开销，具体结果如表 6.5 所示。

表 6.5　验证者的计算开销比较

方案	多线性对运算	幂运算	哈希函数
文献[43]方案	2	0	1
本节方案	1	1	1

由表 6.5 可以看出，签名验证者在本节方案中对运算的计算量相对于文献[43]方案有所减少，因此本节方案是节约计算资源的。尽管增加了 1 次幂运算，但相较于幂运算，多线性对运算在运算量上更大，因此本节方案的计算效率获得了有效提高，重签名的验证速度也得到了明显的提升。

6.8　基于区块链和代理重签名的匿名密码货币支付方案

利用区块链技术实现的数字加密货币发展迅猛，但透明且不可篡改的交易使得用户的隐私受到威胁[44]，基于工作量证明的共识机制也使得交易有巨大的延时。本节介绍一种结合门限代理重签名[6]和盲代理重签名[45]的匿名密码货币支付方案。

6.8.1　系统模型

本书作者结合门限签名和盲签名的机制，基于文献[46]中的匿名密码货币支付系统，提出了一种具有更强鲁棒性的货币支付系统。该系统包括用户、商家、代理和权威中心四类实体，具体如图 6.6 所示。

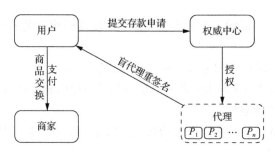

图 6.6　本书提出的货币支付系统

1）用户

用户在某个地址拥有一定数量的密码货币，并且希望在该地址的交易能够快速确认的同时，保证交易输出地址的匿名性。

2）权威中心

该中心是可信任的，不参与交易流程，并且需委托多重代理进行重签名。

3）代理

负责将用户盲化的交易签名转化为权威中心的交易签名。

4）商家

该实体与权威中心签署合作算法，商家接受由权威中心签名的交易。

6.8.2　方案描述

该方案包括七个算法，具体描述如下。

1）系统建立

假设 G_1 和 G_2 是两个阶为素数 p 的循环乘法群，定义一个双线性映射：$e: G_1 \times G_1 \to G_2$。 g_1 和 g_2 是群 G_1 的两个生成元，$H:\{0,1\}^* \to Z_p$ 是一个抗碰撞的哈希函数。对于每一个实体的参数设置如下。

（1）权威中心 D 选择随机数 $d \in Z_p$ 作为私钥 sk_D，计算公钥 $\mathrm{pk}_D = g_1^d$。同时，选择一个长期的密钥对 $(\mathrm{pk}_1, \mathrm{sk}_1)$ 用来产生签名。

（2）对于用户 A，选择一个随机数 $\alpha \in Z_p$，计算 $\mathrm{pk}_A = g_1^\alpha$ 和 $\mathrm{pk}_a = g_2^{1/\alpha}$，并设置秘密值 $\mathrm{sk}_A = \alpha$ 和公钥 $A\mathrm{pk} = (\mathrm{pk}_A, \mathrm{pk}_a)$。依旧选择一个长期的密钥对 $(\mathrm{pk}_2, \mathrm{sk}_2)$ 用来产生签名。

（3）商家 B 选择两个长期的密钥对 $(\mathrm{pk}_B, \mathrm{sk}_B)$ 和 $(\mathrm{pk}_b, \mathrm{sk}_b)$。

2）交易申请和存款

（1）用户 A 提交一个存款申请 $w \| t \| \mathrm{pk}_A$ 给权威中心 D，其中 w 表示存款金

额，t 表示最迟存款期限。

（2）如果权威中心 D 收到用户的存款申请，需产生一个签名 $\delta_D = \text{Sig}(\text{sk}_1, \Delta t \| w \| t \| \text{pk}_A \| \text{pk}_D)$ 作为同意此申请的证明返回给用户 A，其中 Δt 表示权威中心收到申请后产生应答消息的时间间隔；若 D 未收到申请，则终止协议。

（3）当用户收到 δ_D 后，用自己的公钥地址 pk_A 及签名作为交易的输入，以权威中心的公钥地址 pk_D 作为交易输出地址构建一个交易，发布到区块链上。

（4）如果权威中心 D 在时间 t 内接收到来自 pk_A 向自己的公钥地址 pk_D 的转账，则产生交易确认签名 $\delta_{\text{UTXO}_d} = \text{Sig}(\text{sk}_1, \text{UTXO}_D)$，其中 UTXO_D 表示用户转账交易的标识符，随后将该签名返回给用户 A 和可信代理 $P_i (i = 1, 2, \cdots, n)$；若 D 未收到转账，则终止协议。

（5）如果用户在时间 $\Delta t + t$ 后仍然没有收到 δ_{UTXO_d}，他需要公布 δ_D 和 UTXO_D，所有人可以使用 pk_1 验证 δ_D 的有效性，并且通过交易标识符查看交易，从而证明 A 诚实遵守了协议。

3）密钥授权

对于已经转账的用户 A，权威中心 D 进行如下操作：

（1）随机选择 $a_0, a_1, \cdots, a_{t-1} \in Z_p^*$；

（2）构造函数 $F(x) = a_0 + a_1 x + \cdots + a_{t-1} x^{t-1}$，其中 $F(0) = a_0 = d$，计算 $F(1), F(2), \cdots, F(n)$；

（3）广播 $D\text{pk}_i = g_1^{f(i)}$，$i = 1, 2, \cdots, n$；

（4）计算部分重签名密钥 $\text{rk}_{A \to D,i} = (g_2^{1/\alpha})^{f(i)} = g_2^{f(i)/\alpha}$，$i = 1, 2, \cdots, n$；

（5）将 δ_A 和 $\text{rk}_{A \to D,i}$ 通过秘密通道分发给可信任代理 $P_i (i = 1, 2, \cdots, n)$。

可信任的代理负责重签名的转换，而 n 个可信任代理需通过积分机制在 m 个代理中被挑选出，从而保证代理的真实可靠性。

4）订单提交

（1）用户 A 选择一个随机数 $\theta \in Z_p$，计算 $N = g_1^\theta$ 和一次公钥地址 $\text{pk}_{A \to B} = g_1^{H(\text{pk}_b^\theta)} \cdot \text{pk}_b$，将 $N \| \text{purmsg} \| \text{Sig}(\text{sk}_1, N \| \text{purmsg})$ 返回给商家，其中 purmsg 表示用户的订购信息。

（2）商家接收到 $N \| \text{purmsg} \| \text{Sig}(\text{sk}_1, N \| \text{purmsg})$ 以后，先验证签名

$\mathrm{Sig}(\mathrm{sk}_1, N \| \mathrm{purmsg})$ 的有效性，然后计算一次公钥地址 $\mathrm{pk}_{A\to B} = g_1^{H(N^{\mathrm{sk}_B})} \cdot \mathrm{pk}_b$，并且把 $\mathrm{pk}_{A\to B}$ 作为本次交易的收款地址，同时计算出私钥 $\mathrm{sk}_{A\to B} = H(N^{\mathrm{sk}_B}) + \mathrm{sk}_b$。

（3）商家计算签名 $\delta_B = \mathrm{Sig}(\mathrm{sk}_B, N \| \mathrm{purmsg})$ 作为本次交易的承诺发给用户。

5）交易产生

（1）用户 A 随机选择一个数 $h \in Z_p$，计算 $r = g_2^h$ 和 $s = \alpha(h + H(r \| \mathrm{TS}))$，得到签名 $\delta_{\mathrm{AV}} = (r, s)$。

（2）用户 A 随机选择一个数 $k \in Z_p$，计算 $s' = s \cdot r^k = \alpha r^k(h + H(r \| \mathrm{TX}))$，得到盲化后的签名 $\delta'_{\mathrm{AV}} = (r, s')$，将 δ'_{AV} 和 δ_{UTXO_d} 分发给可信代理 P_i。

（3）如果代理 P_i 收到 δ'_{AV} 和 δ_{UTXO_d}，验证数据库中的 δ_{UTXO_d} 是否存在，如果存在，代理 P_i 则通过 $\mathrm{rk}_{A\to D,i}$ 计算出 $\delta'_{\mathrm{DV},i} = (r, s'_{D,i}) = (r, (\mathrm{rk}_{A\to D,i})^{s'}) = (r, g_2^{f(i)r^k(h+H(r\|\mathrm{TS}))})$，随后返回 $i \| \delta'_{\mathrm{DV},i}$ 给用户 A，并删除数据库中的 δ_{UTXO_d}。

（4）若 A 收到了至少 t 份由不同代理发送的同一合法消息 $i \| \delta'_{\mathrm{DV},i}$，先调用等式 $e(s'_{D,i}, g_1) = e(g_2^{(h+H(r\|\mathrm{TS}))}, g_1^{f(i)r^k}) = e(r \cdot g_2^{H(r\|\mathrm{TS})}, D\mathrm{pk}_i \cdot g_1^{r^k})$ 验证签名的有效性。若验证通过，则令所有发送了消息的代理者的序号 i 的集合为 ψ，生成门限签名：

$$\delta'_D = (r, s'_D) = (r, \prod_{i\in\psi}(s'_{D,i})^{\prod_{j\in\psi, j\neq i}\frac{0-j}{i-j}}) = (r, g_2^{dr^k(h+H(r\|\mathrm{TS}))})$$

并且脱盲得到最终签名 $\delta_D = (r, s_D) = (r, s'_D \cdot g_2^{-r^k}) = (r, g_2^{d(h+H(r\|\mathrm{TS}))})$。

（5）用户使用下面的等式验证最终的代理重签名的合法性：

$$e(s_D, g_1) = e(r \cdot g_2^{H(r\|\mathrm{TS})}, g_1^d) = e(r \cdot g_2^{H(r\|\mathrm{TS})}, \mathrm{sk}_D)$$

（6）用户将自己的签名、权威中心的签名和 $K_{A\to D}$ 作为交易输入，以一次公钥地址 $\mathrm{pk}_{A\to B}$ 作为输出发布交易，交易货币金额为 w，令该交易的标识符为 UTXO_a。

6）交易确认

（1）一旦商家收到用户对一次性公钥地址 $\mathrm{pk}_{A\to B}$ 的转账，商家不需要等 6 个块后的交易确认，便可立刻为用户发货，因此提高了交易的确认效率。

（2）如果用户收到物品，则使用私钥 sk_2 产生签名 $\delta_{A\to B} = \mathrm{Sig}(\mathrm{sk}_2, \mathrm{purmsg} \| \mathrm{goodmsg})$，其中 goodmsg 表示快递信息。将签名发送给商家作为签收凭证。

7）事后追责

（1）恶意商家如果未发货，用户则可以将 $(\delta_B, \theta, \mathrm{pk}_B, \mathrm{pk}_b)$ 公布，任何人可以使用 pk_B 验证签名 δ_B 的有效性来证明商家已经接受订单，计算一次公钥地址

$pk_{A\to B}=g_1^{H(pk_B^\theta)}\cdot pk_b$，在区块链上查找以 $pk_{A\to B}$ 为输出地址的交易，从而证实用户已经向商家转账。

（2）如果用户恶意诽谤商家未发货，商家可以公开 $(goodmsg,\delta_{A\to B})$，其他人可以用 pk_2 验证 $\delta_{A\to B}$，证明商家已经发货。

参 考 文 献

[1] BLAZE M, BLEUMER G, STRAUSS M. Divertible protocols and atomic proxy cryptography[C]. International Conference on the Theory and Applications of Cryptographic Techniques, Espoo, Finland, 1998: 127-144.

[2] ATENIESE G, HOHENBERGER S. Proxy re-signatures: New definitions algorithms and applications[C]. Proceedings of Computer and Communications Security, Alexandria, USA, 2005: 310-319.

[3] SHAO J, CAO Z, WANG L, et al. Proxy re-signature schemes without random oracles[C]. International Conference on Cryptology in India, Berlin, Germany, 2007: 197-209.

[4] WATERS B. Efficient identity-based encryption without random oracles[C]. Annual International Conference on the Theory and Applications of Cryptographic Techniques, Berlin, Germany, 2005: 114-127.

[5] KIM K, YIE I, LIM S. Remark on Shao et al.'s bidirectional proxy re-signature scheme in indocrypt'07[J]. International Journal of Network Security, 2009, 9(1): 8-11.

[6] 孙超亮, 曹珍富, 梁晓辉. 门限代理重签名方案[J]. 计算机工程, 2009, 35(4): 128-130.

[7] LIBERT B, VERGNAUD D. Multi-use unidirectional proxy re-signatures[C]. Proceedings of the 15th ACM Conference on Computer and Communications Security, Alexandria, USA, 2008: 511-520.

[8] 范祯, 欧海文, 裴焘. 格上无证书代理重签名[J]. 密码学报, 2020, 7(1): 15-25.

[9] VIVEK S S, SELVI S S D, BALASUBRAMANIAN G, et al. Strongly unforgeable proxy re-signature schemes in the standard model[EB/OL]. IACR Cryptology ePrint Archive, 2012. http://eprint iarc. org/2012/080.pdf.

[10] LIU Z H, HU Y P, ZHANG X S. Efficient and strongly unforgeable short signature scheme in standard model[J]. Journal of Jiangsu University (Natural Science Edition), 2013, 34(3): 309-313.

[11] 杨小东, 周思安, 李燕, 等. 强不可伪造的多用双向代理重签名方案[J]. 小型微型计算机系统, 2014, 35(11): 2469-2472.

[12] 寻甜甜, 于佳, 杨光洋, 等. 密钥隔离的无证书聚合签名[J]. 电子学报, 2016, 44(5): 1111-1116.

[13] 胡江红, 杜红珍, 张建中. 一个无证书聚合签名方案的分析与改进[J]. 计算机工程与应用, 2015, 52(10): 80-84.

[14] 杨小东, 杨平, 高国娟, 等. 具有聚合性质的无证书代理重签名方案[J]. 计算机工程与科学, 2018, 40(6): 1023-1028.

[15] GUO D, PING W, DAN Y. A certificateless proxy re-signature scheme[C]. Proceedings of Computer Science and Information Technology, Chengdu, China, 2010:157-161.

[16] 冯涛, 梁一鑫. 可证安全的无证书盲代理重签名[J]. 通信学报, 2012 (S1): 58-69.

[17] CHEN L, CHEN X Y, SUN Y, et al. A new certificateless proxy re-signature scheme in the standard modle[C]. Proceedings of 2014 ISCID, Hangzhou, China, 2014: 202-206.

[18] CHEN X, ZHANG F, SUSILO W, et al. Efficient generic on-line/off-line signatures without key exposure[C]. International Conference on Applied Cryptography and Network Security, Berlin, Germany, 2007: 18-30.

[19] 杨小东, 王彩芬. 高效的在线/离线代理重签名方案[J]. 电子与信息学报, 2011, 33(12): 6.

[20] POINTCHEVAL D, STERN J. Security arguments for digital signatures and blind signatures[J]. Journal of Cryptology, 2000, 13(3): 361-396.

[21] CHOW S S M, PHAN R C W. Proxy re-signatures in the standard model[C]. International Conference on Information Security, Berlin, Germany, 2008: 260-276.

[22] YANG P, CAO Z, DONG X. Threshold proxy re-signature[J]. Journal of Systems Science and Complexity, 2011, 24(4): 816-824.

[23] YANG X, WANG C. Threshold proxy re-signature schemes in the standard model[J]. Journal of Electronics(China), 2010(2): 345-350.

[24] BAEK J, ZHENG Y. Identity-based threshold signature scheme from the bilinear pairings[C]. International Conference on Information Technology: Coding and Computing, Las Vegas, USA, 2004: 124-128.

[25] 邵俊. 代理重密码的研究[D]. 上海: 上海交通大学, 2007.

[26] SHOUP V, GENNARO R. Securing threshold cryptosystems against chosen ciphertext attack[C]. International Conference on the Theory and Applications of Cryptographic Techniques, Berlin, Germany, 1998: 1-16.

[27] 张玉磊, 杨小东, 王彩芬. 基于身份的双向门限代理重签名方案[J]. 计算机应用, 2011, 31(1): 127-128.

[28] 杨小东, 王彩芬. 前向安全的单向门限代理重签名[J]. 计算机应用, 2011, 31(3): 801-804.

[29] CANETTI R, HALEVI S, KATZ J. A forward-secure public-key encryption scheme[C]. International Conference on the Theory and Applications of Cryptographic Techniques, Berlin, Germany, 2003: 255-271.

[30] GENNARO R, JARECKI S, KRAWCZYK H, et al. Robust threshold DSS signatures[C]. International Conference on the Theory and Applications of Cryptographic Techniques, Berlin, Germany, 1996: 354-371.

[31] GENNARO R, JARECKI S, KRAWCZYK H, et al. Secure distributed key generation for discrete-log based cryptosystems[C]. International Conference on the Theory and Applications of Cryptographic Techniques, Berlin, Germany, 1999: 295-310.

[32] BAR-ILAN J, BEAVER D. Non-cryptographic fault-tolerant computing in constant number of rounds of interaction[C]. Proceedings of the Eighth Annual ACM Symposium on Principles of Distributed Computing, Edmonton, Canada, 1989: 201-209.

[33] YANG X, WANG C, ZHANG L, et al. On-line/off-line threshold proxy re-signatures[J]. Chinese Journal of Electronics, 2014, 23(2): 6.

[34] YANG X, WANG C, LAN C, et al. Flexible threshold proxy re-signature schemes[J]. Chinese Journal of Electronics, 2011, 20(4E): 691-696.

[35] 杨小东, 张磊, 王彩芬. 可证明安全的可变门限代理重签名方案[J]. 计算机工程与科学, 2014, 36(7): 1250-1254.

[36] GIRAULT M, LEFRANC D. Server-aided verification: Theory and practice[C]. International Conference on Theory and Application of Cryptology and Information Security, Berlin, Germany, 2005: 605-623.

[37] WU WEI, YI M, WILLY S, et al. Server-aided verification signatures: Definitions and new constructions[C]. Proceeding of ProvSec 2008, Shanghai, China, 2008: 141-155.

[38] 杨小东, 李亚楠, 高国娟, 等. 标准模型下的服务器辅助验证代理重签名方案[J]. 电子与信息学报, 2016, 38(5): 1151-1157.

[39] 杨小东, 李亚楠, 周其旭, 等. 基于身份的服务器辅助验证代理重签名方案[J]. 计算机工程, 2017, 43(4): 166-170, 176.

[40] WU H, XU C X, DENG J, et al. On the security of server-aided verification signature schemes[J]. Journal of Computational Information System, 2013, 9(4): 1449-1454.

[41] WANG Z, WANG L, YANG Y, et al. Comment on Wu et al.'s server-aided verification signature schemes[J]. IJ Network Security, 2010, 10(2): 158-160.

[42] CANETTI R, GOLDREICH O, HALEVI S. The random oracle methodology, revisited[J]. Journal of the ACM, 2004, 51(4): 557-594.

[43] WANG Z W, XIA A. ID-based proxy re-signature with aggregate property[J]. J. Inf. Sci. Eng., 2015, 31(4): 1199-1211.

[44] 蔡晓晴, 邓尧, 张亮, 等. 区块链原理及其核心技术[J]. 计算机学报, 2021, 44(1): 84-131.

[45] 贺得飞. 一种新的盲代理重签名方案[J]. 计算机应用与软件, 2012, 29(3): 294-296.

[46] 张键红, 白文乐, 欧培荣. 基于区块链的匿名密码货币支付协议[J]. 山东大学学报(理学版), 2019, 54(1): 88-95.

第7章 属性基加密体制

属性基加密（attribute-based encryption，ABE）体制是身份基加密体制基础上的延伸，实现了在一对多消息传输场景中的"细粒度"加密。2005 年，Sahai 等[1]提出了基于模糊身份的加密方案，同时为了给身份基加密方案增加容错性，提出了属性基加密的概念。在 ABE 方案中，将身份基加密体制中的用户身份分解成一系列描述用户身份的属性，数据拥有者制定访问策略将数据加密成密文，只有满足设定策略的属性集合才能够解密密文。ABE 依据访问策略嵌入的是密钥还是密文分为密钥策略属性基加密（key-policy ABE，KP-ABE）方案和密文策略属性基加密（ciphertext-policy ABE，CP-ABE）方案。前者由管理机构根据用户的访问结构（权限）分发相应的解密私钥，而用户规定对接收消息的属性要求。后者由管理机构根据用户的属性集合分发解密密钥，加密者根据自己选定的访问策略加密消息，只有属性满足密文访问策略的用户才能解密。

ABE 通过在密文或密钥中嵌入访问控制策略，实现对数据的灵活访问控制[2]，在云计算、区块链、移动社交网络、电子医疗和物联网相关领域中有着广泛的应用前景。微软研究院发布的 *Cryptographic Cloud Storage*[3]白皮书也提出用 ABE 实现虚拟的私有云服务，解决归档、安全数据交换、电子挖掘及健康记录系统等加密数据的安全服务问题。在一个基于区块链的数据共享结构中，数据密文有关的验证信息存储在区块链上，通过智能合约可信计算验证云存储数据的完整性，同时能够消除对可信云服务器的依赖。对于加密后的密文，数据接收方利用自己的属性私钥解密获得发送方所传输的原始数据。除了属性集合满足访问控制策略的用户，其他人无法获得加密数据的具体内容，从而实现密文数据的安全共享。

Goyal 等[4]提出 KP-ABE 方案后，Ostrovsky 等[5]在该 KP-ABE 方案的基础上构造了一个具有通用结构的 KP-ABE 方案，增强了基础方案访问结构的逻辑表达能力。为了提高 KP-ABE 方案的解密计算效率，越来越多的方案利用外包技术降低解密时用户端计算开销，从而减少解密时间。在此基础上，文献[6]从外包解密并行化的角度考虑，提出了一种新的支持解密外包的 KP-ABE 方案，进一步降低属性解密的计算开销。在密文策略属性基方面，Bethencourt 等[7]提出 CP-ABE 方案后，Cheung 等[8]提出了第一个在标准模型下基于标准假设证明安全性的 CP-ABE 方案。为了避免属性集合或者访问策略随密文一同上传至云端所面临的敏感信息泄露风险，Kapadia 等[9]首先提出了隐藏访问策略的属性基加密体制。随后，文献[10]构造了一个选择密文攻击（chosen ciphertext attack，CCA）安全的策略隐藏 CP-ABE 方案。针对 ABE 中双线性对运算开销过大的问题，Green 等[11]提出一种解密运算安全外包方案。后来，一系列具有特殊功能的 ABE 方案相继被提出，如具有多属性权威机构的 ABE 方案[12-14]、属性或用户可撤销的 ABE 方案[15-17]和具有用户可追踪等功能的 ABE 方案[18-20]。

本章首先介绍密钥策略属性基加密和密文策略属性基加密的典型方案，然后介绍基于区块链和属性基加密的医疗数据共享隐私保护方案。

7.1　属性基加密方案

7.1.1　密钥策略属性基加密方案

密钥策略属性基加密通过在用户私钥中嵌入访问策略，实现了一对多的加密。在密钥策略属性基加密方案中，密文用与其相关的属性加密存放在服务器上，当允许用户得到某些消息时，由管理机构根据用户的访问结构（权限）分发相应的解密私钥。

为了实现移动用户场景下云端数据可验证删除功能，Zhang 等[21]提出了一个支持外包和属性灵活撤销的 KP-ABE 方案，具体描述如下。

1）初始化算法

给定一个安全参数 λ，令 G 是阶为素数 p 的循环群，生成元为 g。授权中心选择哈希函数 $F:\{0,1\}^* \to G$，并随机选择 $\alpha, a, \Delta a \in Z_p^*$ 和 $h \in G$。授权中心设置主私钥 $\mathrm{MSK} = \{\alpha\}$，并公布公钥 $\mathrm{PK} = \{j, g, g^\alpha, g^a, g^{\Delta a}, h, h^a, h^{\Delta a}, F\}$，其中 j 表示当前系统的版本。

2）加密算法

给定一个对称密钥 κ、公钥 PK 和属性集合 S，数据拥有者执行如下加密操作。

（1）随机选择 $s \in Z_p^*$，计算 $C_1^j = \kappa \cdot e(g^\alpha, h^{a_j \cdot s})$、$C_2^j = g^{a_j \cdot s}$ 和 $\{C_x^j = F(x)^s\}_{\forall x \in S}$，其中 $h^{a_j \cdot s} = h^a \cdot (h^{\Delta a})^j$，$g^{a_j \cdot s} = g^a \cdot (g^{\Delta a})^j$，并定义 $a = a_0$。

（2）公布密文 $\mathrm{CT}^j = (S, C_1^j, C_2^j, \{C_x^j\}_{x \in S})$。

（3）对消息 M 进行对称加密 $C = \mathrm{Encrypt}_K[M \| \mathrm{Tag}]$，其中 Tag 是用于验证外包数据的消息验证标记。如果外包存储或计算中出现错误，解密者可以通过此验证机制进行检测。

3）密钥生成算法

给定公钥 PK、系统主密钥 MSK 和访问结构 $(M_{l \times n}, \rho)$，其中 $M_{l \times n}$ 为密钥策略矩阵，ρ 是映射到 $M_{l \times n}$ 每一行的矩阵函数。授权机构执行如下操作。

（1）随机选择 $y_2, \cdots, y_n \in Z_p^*$，设置 $v = (\alpha, y_2, \cdots, y_n)$，计算 $\lambda_i = M_i \cdot v$，其中

$i = 1, \cdots, l$。

（2）随机选择 $z, r_1', \cdots, r_l' \in Z_p^*$，计算 $D_i'^j = h^{\lambda_i} \cdot F(\rho(i))^{r_i'}$ 和 $R_i'^j = g^{r_i' \cdot a_j}$，其中 $\forall i = [1, l]$。计算控制密钥 $CK_i = g^{\Delta a \cdot r_i}$，其中 $r_i = r_i' / z$。设置 $SK = z$，$TK'^j = \{D_i'^j, R_i'^j\}$。

（3）授权机构输出 (SK, TK^j, CK_i)。

4）密钥更新算法

密钥更新算法根据访问结构将转换密钥 TK^k 更新为 TK^j。授权机构执行如下操作。

（1）对 $\forall i \in [1, l]$，设置 $D_i^j = D_i^k$。计算 $R_i^j = R_i^k \cdot (CK_i)^{k-j}$，其中 $\forall i = [1, l]$。

（2）授权机构输出转换密钥 $TK^j = \{D_i^j, R_i'^j\}_{i \in [1, l]}$。

5）外包解密算法

给定密文 CT^j 和私钥 SK，解密用户的对称密文 $\tilde{C}^j = \dfrac{e(C_2^j, (\prod\limits_{i \in I} D_i^j)^{w_i})}{\prod\limits_{i \in I} e(R_i^j, (C_{\rho(i)}^j)^{w_i})}$。

6）用户解密算法

给定部分解密密文 $\tilde{C}^j$ 和控制密钥 CK，解密用户执行如下操作。

（1）计算对称密钥 $\kappa = \dfrac{C_1^j}{\tilde{C}^{j^z}}$。

（2）通过对称解密算法解密明文：$Decrypt_K[C] = M \| Tag$，并验证消息验证标记 Tag 是否正确。如果标记正确，解密算法最终输出明文 M。

7.1.2　密文策略属性基加密方案

为了解决传统云环境中属性基加密方案单授权机构的性能瓶颈问题，并实现细粒度的属性变更，本书作者设计了一个支持多授权机构与属性变更的云访问控制方案[22]，具体描述如下。

1. 方案描述

1）初始化

给定一个安全参数 1^λ，一个可信的中央认证机构（CA），一个素数 p，两个阶为 p 的乘法循环群 G 和 G_T，两个 G 的生成元 g、g_1 和一个双线性映射 $e: G \times G \to G_T$。CA 随机选择 $\mu \in Z_p^*$，选择 1 个哈希函数 $H: \{0,1\}^* \to G$ 和 1 个对称加/解密算法 $E_k(\cdot) / D_k(\cdot)$。最后，CA 保存主密钥 $MSK = (\mu)$，公开系统参数 $GPRA = \{e, p, g, g_1, g^\mu, G, G_T\}$。

2）密钥生成

密钥生成算法分为 CA 密钥生成、属性密钥生成和组密钥生成三部分，其描述如下。

（1）CA 密钥生成：用户使用身份标识 gid 向 CA 申请注册，CA 随机选取 $\alpha \in Z_p^*$，设置用户身份密钥 $\text{rpsk}_{\text{gid}} = (\alpha)$，并公布公钥 $\text{rppk}_{\text{gid}}(e(g,g)^{\alpha}, g^{\alpha})$。

（2）属性密钥生成：令 AA_k 表示第 k 个属性机构，AA_k 所负责的属性集为 U_k。给定用户身份标识 gid 和属性集 $\text{AS} = \{\text{att}_1, \text{att}_2, \cdots, \text{att}_i\}$，其中 $\forall \text{att}_i \in U_k \bigcap \text{AS}$。$\text{AA}_k$ 随机选择 $a, t_{\text{att,gid}} \in Z_p^*$，计算 $K_{\text{gid}} = g^{a \cdot t_{\text{att,gid}}} \cdot g^{\alpha}$，$L_{\text{gid}} = g^{t_{\text{att,gid}}}$ 和 $K_x = (g^{\mu})^{t_{\text{att,gid}}}$，其中 $\forall x \in 1, 2, \cdots, l$。$\text{AA}_k$ 发送属性私钥 $\text{rask}_{\text{gid}} = \{K_{\text{gid}}, L_{\text{gid}}, K_x\}$ 给用户，并公布属性公钥 $\text{rapk}_{\text{gid}}(e(g,g)^{t_{\text{att,gid}}}, g^a)$。

（3）组密钥生成：结合密钥加密密钥（key encryption key, KEK）算法[23]在 AA_k 和用户之间构造一棵包含所有用户的逻辑二叉树，二叉树的叶节点代表用户成员，逻辑二叉树具体结构请参阅文献[22]。

① 节点密钥生成：AA_k 为二叉树中的每个叶节点随机选择 $\text{AK}_k \in Z_p^*$ 作为叶节点密钥，用户利用哈希函数和叶节点密钥计算整条路径上的节点密钥直至根节点。例如，文献[22]的逻辑二叉树示意图中，$c_8 = H(\text{AK}_k)$，$c_4 = H(c_8)$，$c_2 = H(c_4)$，$c_1 = H(c_2)$，同理能够计算出其他路径节点密钥。

② 属性组密钥生成：AA_k 随机选择一个参数 μ_i 并公布。在文献[22]的逻辑二叉树示意图中，若属性 att_1 对应的用户集为 $\{u_1, u_2, u_4\}$，在二叉树中寻找能将用户集 $\{u_1, u_2, u_4\}$ 覆盖的最小子树，并将根节点 $\{c_4, c_{11}\}$ 的节点密钥作为组密钥，即属性 att_1 的组密钥 $E_1 = \{c_4 \| c_{11} \| \mu_1\}$，同理能够计算出其他属性的组密钥 $E_i (1 \leqslant i \leqslant n)$。

3）文件创建

文件创建过程通过对称加密和属性加密两个过程完成。数据拥有者（DO）执行加密操作，具体描述如下。

（1）DO 为数据文件选择唯一编号 fid，利用对称加密算法 E（如 AES 等）对数据文件 m_{profile} 进行加密，得到数据密文 $\text{CT}_{\text{profile}} = E_{K_{\text{profile}}}(m_{\text{profile}})$。

（2）DO 采用属性基加密算法来加密算法 E 的对称密钥 K_{profile}，得到相应的密钥密文 $C_{M,\rho}$。DO 定义线性秘密共享方案（linear secret sharing scheme, LSSS）的访问结构为 (M, ρ)，其中 M 为 $l \times n$ 矩阵，$\rho(i)$ 是通过映射到 M 每一行 i 得到的属性。DO 随机选择 $r_1, r_2, \cdots, r_l \in Z_p^*$ 和 $v = (s, v_2, \cdots, v_n) \in Z_p^*$，设置 $\lambda_i = v \cdot M_i$，其中 $i = 1, 2, \cdots, l$，M_i 为矩阵 M 的第 i 行。DO 计算 $\text{CT}_{\text{profile}} = K_{\text{profile}} e(g,g)^{\alpha s}$，$C' = g^s$，$C'' = g_1^s$，$\{B_i = (g^a)^{\lambda_i} \cdot (g^{\mu})^{-r_i}$，$C_i = g^{r_i}\}_{\forall i \in [1,l]}$。令 $B = \prod_{i \in l} B_i = (g^a)^{\sum\limits_{i \in l} \lambda_i} \cdot (g^{\mu})^{\sum\limits_{i \in l} -r_i}$，

$C = \prod_{i \in l} C_i = g^{\sum_{i \in l} r_i}$。设置密钥密文 $C_{M,\rho} = \{\mathrm{CT_{profile}}, C', C'', C, B\}$。

（3）DO 将完整密文 $\{\mathrm{fid}, \mathrm{CT_{profile}}, C_{M,\rho}\}$ 发送给 CSP。

4）文件访问

（1）CSP 收到用户对编号为 fid 文件的访问请求时，验证用户的属性集合是否满足访问策略。若满足，则意味着存在常数 $\omega_i \in Z_N$，满足 $\sum_{\rho(i) \in AS_{\mathrm{gid}}} \omega_i \lambda_i = s$。CSP 对密钥密文进行预解密：$\mathrm{PDKEY} = \dfrac{e(C', K_{\mathrm{gid}})}{(e(B, L_{\mathrm{gid}}) \cdot e(C, K_{\rho(i)}))^{\omega_i}}$，并发送三元组 $\{\mathrm{PDKEY}, \mathrm{CT}_{K_{\mathrm{profile}}}, \mathrm{CT_{profile}}\}$ 给访问用户。

（2）访问用户收到 $\{\mathrm{PDKEY}, \mathrm{CT}_{K_{\mathrm{profile}}}, \mathrm{CT_{profile}}\}$ 后，计算 $K_{\mathrm{profile}} = \dfrac{\mathrm{CT}_{K_{\mathrm{profile}}}}{\mathrm{PDKEY}} = \dfrac{K_{\mathrm{profile}} e(g,g)^{\alpha s}}{e(g^s, g^\alpha)}$，通过 K_{sth} 解密得到数据文件 $m_{\mathrm{profile}} = D_{K_{\mathrm{profile}}}(\mathrm{CT_{profile}})$。

5）属性及用户的变更

（1）属性变更。

当用户加入系统、离开系统或撤销某些属性时，属性授权机构 AA_k 根据用户叶节点所在的位置情况，重新寻找能将用户集覆盖的最小子树的根节点，利用重加密算法更新用户的属性私钥和重加密文件。下文以文献[22]的逻辑二叉树结构为例，阐述 AA_k 实现属性的撤销和加入的过程。

① 属性撤销：如果属性机构要撤销其管理的某个属性 att_i，则首先查找一个满足 att_i 的除撤销用户外的用户集，然后寻找能覆盖用户集的最小子树根节点，并更新相应的属性组密钥。假设属性 att_i 的用户集为 $\{u_1, u_2, u_7, u_8\}$，属性组密钥 $E_i = \{c_4 \| c_7 \| \mu_i\}$。当撤销用户 u_8 的属性 att_i 时，AA_k 为属性 att_i 重新寻找能够覆盖用户集 $\{u_1, u_2, u_7\}$ 的最小子树根节点，即 $\{c_4 \| c_{11}\}$，撤销属性后的组密钥更新为 $E_i' = \{c_4 \| c_{11} \| \mu_i\}$。

② 属性加入：如果属性机构要加入某个属性 att_i，则首先为 att_i 分配一个叶节点密钥，然后利用组密钥更新的方法计算新的属性组密钥。例如，在逻辑二叉树结构中，假设属性 att_i 的用户集为 $\{u_1, u_2, u_5, u_6, u_7\}$，属性组密钥 $E_i = \{c_4 \| c_6 \| c_{14} \| \mu_i\}$。当加入新用户 u_8 时，AA_k 为节点 c_{15} 分配叶节点密钥，根据组密钥更新的方法计算新的组密钥 $E_i' = \{c_4 \| c_3 \| \mu_i\}$。

（2）用户变更。

用户变更分为用户加入和用户撤销两种情况，其中用户加入可以归纳为属性加入，用户撤销可以归纳为属性撤销。同样地，以文献[22]的逻辑二叉树示意图为例，进一步说明节点密钥的更新过程。当用户 u_8 离开系统时，需要修改 u_8 所在

路径上的节点 c_7、c_3、c_1 的节点密钥，过程如下。

首先，AA_k 随机选择 $AK_{tmp} \in Z_p^*$，利用公式 $c_i' = AK_{tmp} \text{xorc}_i$ 对节点 c_8、c_{12}、c_{14} 进行更新，得到新节点密钥 c_8'、c_{12}'、c_{14}'。

其次，$c_1' \xleftarrow{H} c_2' \xleftarrow{H} c_4' \xleftarrow{H} c_8'$ 利用更新后的节点密钥重新对 u_8 所在路径上的节点生成新的密钥链，即 $c_1' \xleftarrow{H} c_2' \xleftarrow{H} c_4' \xleftarrow{H} c_8'$，$c_3' \xleftarrow{H} c_6' \xleftarrow{H} c_{12}'$，$c_7' \xleftarrow{H} c_{14}'$。

最后，AA_k 对完成更新的节点通过广播加密的方式将其密钥发送给其所在子树的叶节点。例如，能将叶节点 u_5、u_6 覆盖的最小子树的根节点为 c_6，那么对更新后的节点密钥 AA_k 通过广播的方式将消息发送给这两个用户。同理，其他最小子树按上述方法完成节点更新。

6）未被撤销属性的用户密钥更新

AA_k 利用组密钥 E_i 计算 $K_{gid}^* = (g^a / g^{E_i})^{f_{att},gid} \cdot g^{\alpha_{gid}}$，更新属性密钥 $\text{rask}_{gid}^* = \{K_{gid}^*, L_{gid}, K_x \mid \forall x \in 1,2,\cdots,l\}$，并将组密钥 E_i 发送给 CSP。

7）密文更新

CSP 收到 AA_k 发送的组密钥 E_i 后，利用 E_i 对密钥密文 $C_{M,\rho}$ 进行重加密，计算 $B_i^* = (g^a / g^{E_i})^{\lambda_i} \cdot (g^\mu)^{-r_i}$ 和 $B^* = \prod_{i \in l} B_i^* = (g^{a'} / g^a)^{\sum\limits_{i \in l} \lambda_i} \cdot (g^\mu)^{\sum\limits_{i \in l} -r_i}$，从而得到重加密密文 $C_{M,\rho}' = \{CT_{K_{sth}}, C', C'', C, B^*\}$，并将存储在 CSP 的 $C_{M,\rho}$ 替换为 $C_{M,\rho}'$。

2. 安全性分析

定理 7.1　如果判定性 q - BDHE 假设成立，则新方案在随机预言模型下满足选择明文攻击安全。

证明：如果单授权机构满足选择明文攻击安全，那么多授权机构也能够满足。因此，可以将多授权机构系统的安全模型看作单授权机构系统的安全模型来证明[24,25]。假设攻击者 $\mathcal{A}$ 存在不可忽略的概率 ε 可以攻破本节方案，那么存在一个挑战者 $\mathcal{C}$ 利用 $\mathcal{A}$ 求解 q - BDHE 假设。$\mathcal{C}$ 和 $\mathcal{A}$ 进行如下游戏。

（1）初始化：$\mathcal{A}$ 将挑战的访问结构 (M^*, ρ^*) 发送给 $\mathcal{C}$，M^* 是 $l^* \times n^*$ 的矩阵，其中 $l^*, n^* \leqslant q$。

（2）建立阶段：$\mathcal{C}$ 提交 gid^* 并随机选择 $\alpha_{gid^*}' \in Z_p^*$，令 $\alpha_{gid} = \alpha_{gid^*}' + a^{q+1}$，则 $e(g,g)^{\alpha_{gid}} = e(g^a, g^{a^q}) e(g,g)^{\alpha_{gid^*}'}$。$\mathcal{C}$ 将公共参数 $GPRA = \{E, P, g, g_1, g^\mu, g^{\eta_i}, G\}$ 发送给 $\mathcal{A}$。

下面描述 $\mathcal{C}$ 如何执行随机预言机 H，H 由 $\mathcal{C}$ 控制。如果 H 被 $\mathcal{A}$ 询问，则 $\mathcal{C}$ 按如下方式应答。

H 的询问：对于一个在 $x \in U$ 上的 H_1 询问（U 表示全体属性集），若 H_1 列表中已有元组 $(x, z_x, \delta_{2,x})$，$\mathcal{C}$ 将已有的值 δ_2、x 返回给 $\mathcal{A}$，这里 $z_x \in Z_p^*$，$\delta_2, x \in G$；否则，令 X 表示包含矩阵 M^* 的所有行所对应的属性 x 的集合。如果 X 为空，$\mathcal{C}$ 选择 $z_x \in Z_N$，计算 $\delta_{2,x} = g^{z_x} \cdot \prod_{i \in X} g^{a \cdot M_{i,1}^*/b_i + a^2 \cdot M_{i,2}^*/b_i + a^{n^*} \cdot M_{i,n^*}^*/b_i}$；否则 $\mathcal{C}$ 设置 $\delta_{2,x} = g^{z_x}$。最后，$\mathcal{C}$ 返回 δ_2、x 给 $\mathcal{A}$ 并添加元组 $(x, z_x, \delta_{2,x})$ 到 H 列表中。

（3）询问阶段 1：$\mathcal{C}$ 对 $\mathcal{A}$ 发起的一系列询问进行如下的响应。

私钥提取询问：$\mathcal{A}$ 按其属性集 AS 来构造私钥 $\text{rask}_{\text{gid}^*}$。若 AS 满足 (M^*, ρ^*)，那么 $\mathcal{C}$ 输出 $\{0,1\}$ 中的任意一个值，并终止模拟游戏；否则，$\mathcal{C}$ 随机选取 $r_S \in Z_p^*$，然后寻找一个向量 $\omega = (\omega_1, \omega_2, \cdots, \omega_n^*) \in Z_p^*$。此外，$\omega = -1$ 且 $\rho^*(i) \in \text{AS}$，满足 $M_i^* \cdot \omega = 0$。

$\mathcal{C}$ 令 $L_{\text{gid}^*} = g^{r_S} \cdot \prod_{i=1,2,\cdots,n^*} g^{a^{q+1-i} \cdot \omega_i} = g^{t_{\text{att,gid}}}$，$t_s = r_s + w_1 \cdot a^q + \cdots + w_{n^*} \cdot a^{q-n+1}$，构造 $K_{\text{gid}^*} = g^{\alpha'} \cdot g^{a \cdot r_S} \cdot \prod_{i=3,\cdots,n^*} g^{a^{q+2-i} \cdot \omega_i}$。$K_{\text{gid}^*}$ 的有效性验证过程如下：

$$K_{\text{gid}^*} = g^{\alpha'} \cdot g^{a \cdot r_S} \cdot \prod_{i=2,3,\cdots,n^*} g^{a^{q+2-i} \cdot \omega_i} = g^{\alpha'} \cdot g^{a \cdot q+1} \cdot g^{-a \cdot q+1} \cdot g^{a \cdot r_S} \cdot \prod_{i=2,3,\cdots,n^*} g^{a^{q+2-i} \cdot \omega_i}$$

$$= g^{\alpha} \cdot (g^{r_S} \cdot \prod_{i=1,2,\cdots,n^*} g^{a^{q+1-i} \cdot \omega_i})^a = g^{\alpha} \cdot L_{\text{gid}^*}^a = g^{\alpha} \cdot g^{a \cdot t_{\text{att}},\text{gid}}$$

若 $x \in \text{AS}$，则 $\rho^*(i) \neq x(i \in \{1,2,\cdots,l^*\})$，那么得到 $K_x = (g^{\mu t_{\text{att,gid}}})^{z_x} = \delta_{2 \cdot x}^{t_{\text{att,gid}}}$。

若 $x \notin \text{AS}$，$K_x = L_{\text{gid}^*}^{z_x} \prod_{i \in X_j} \prod_{j=1,2,\cdots,n^*} (g^{(a^j/b_i) \cdot r_s} \cdot \prod_{k=1,2,\cdots,n^*} g^{(a^{q+1+j-k}/b_i)\omega_k})^{M_{i,j}^*}$。

于是有

$$K_x = L_{\text{gid}^*}^{z_x} \prod_{i \in X} \prod_{j=1,2,\cdots,n^*} (g^{(a^j/b_i) \cdot r_s} \cdot \prod_{k=1,2,\cdots,n^*} g^{(a^{q+1+j-k}/b_i)\omega_k})^{M_{i,j}^*}$$

$$= L_{\text{gid}^*}^{z_x} \prod_{i \in X} \prod_{j=1,2,\cdots,n^*} (g^{(a^j/b_i) \cdot r_s} \cdot \prod_{k=1,2,\cdots,n^*} g^{(a^{q+1+j-k}/b_i)\omega_k})^{M_{i,j}^*} \cdot \prod_{i \in X} \prod_{j=1,2,\cdots,n^*} g^{(a^{q+1}/b_i)\omega_j M_{i,j}^*}$$

$$= (g^{r_s} \cdot \prod_{i=1,2,\cdots,n^*} g^{a^{q+1-i}\omega_i})^{z_x} \cdot \prod_{i \in X} \prod_{j=1,2,\cdots,n^*} (g^{(a^j/b_i)r_s} \cdot \prod_{k=1,2,\cdots,n^*} (g^{a^{q+1+j-k}/b_i} \omega_k)^{M_{i,j}^*}$$

$$= (g^{z_x} \cdot \prod_{\in X} g^{a \cdot M_{i,1}^*/b_i + a^2 \cdot M_{i,2}^*/b_i + \ldots + a^{n^*} \cdot M_{i,n^*}^*/b_i})^{(r_s + \omega_1 \cdot a^q + \ldots + \omega_n^* \cdot a^{q-n^*+1})}$$

$$= \delta_{2,x}^{(r_s + \omega_1 \cdot a^q + \ldots + \omega_n^* \cdot a^{q-n^*+1})} = \delta_{2,x}^{\mu'} = (g^{\mu})^{t_{\text{att,gid}}}$$

令 X 是满足 $\rho^*(i) = x$ 的所有 i 的集合，如果 AS 不满足 (M^*, ρ^*)，那么 $M_i^* \cdot \omega = 0$，进而又有 $\prod_{i \in X} \prod_{j=1,2,\cdots,n^*} (g^{a^{q+1}/b_i})^{\omega_k \cdot M_{i,j}^*} = g^{a^{q+1-i} \cdot (\sum_{i \in X} \sum_{j=1,2,\cdots,n^*} \cdot w_i \cdot M_{i,j}^* / b_i)} = g^0 = 1$。

最后，$\mathcal{C}$ 将 $\text{rask}_{\text{gid}^*}$ 添加到列表中并发送给 $\mathcal{A}$。

（4）挑战：$\mathcal{A}$ 将 2 个等长的消息 m_1、m_2 发送给 $\mathcal{C}$，$\mathcal{C}$ 随机选取 $b \in \{0,1\}$，并进行如下回答。对于 M^* 的每一行 i 所对应属性 $x^* = \rho^*(i)$，$\mathcal{C}$ 通过对 x^* 的 H_1 询问获得元组 $(x^*, z_{x^*}, \delta_{2,x^*})$，随机选择 $y_2', y_3', \cdots, y_n' \in Z_p^*$ 和矢量 $v = (s, v_2, \cdots, v_n) \in Z_p^*$，选择 $r_1', r_2', \cdots, r_{l^*}' \in Z_p^*$，其中 $i \in \{1,2,\cdots,l^*\}$。令 $R_i = \{\rho^*(i) = \rho^*(k) | i \neq k\}$，定义 $T \cdot e(g^s \cdot g^\alpha) = \text{CT}_{\text{profile}}^* / m_b$，计算 $C_i^* = g^{r_i' + s \cdot b_i}$，$B_i^* = \delta_{2,x}^{-r_i} \cdot (\prod_{j=2,3,\cdots,n^*} g^{a \cdot M_{i,j}^* \cdot y_j'}) \cdot g^{b_i \cdot s \cdot (-z_{x^*})} \cdot$

$(\prod_{k \in R_i} \prod_{j=1,2,\cdots,n^*} (g^{a^j \cdot s \cdot (b_i/b_k)})^{M_{k,j}^*})^{-1}$，$C^* = \prod_{i \in l^*} C_i^*$，$B^* = \prod_{i \in l^*} B_i^*$，$C_*' = g^s$ 和 $C_*'' = g_1^s$，并将挑战密文 $C_{M,\rho}^* = \{\text{CT}_{K_{\text{sth}}}^*, C_*', C_*'', C^*, B^*\}$ 发送给 $\mathcal{A}$。

（5）询问阶段 2：类似于询问阶段 1。

（6）猜测：$\mathcal{A}$ 最后输出对 b 的猜测 b'。若 $b' = b$，那么 $\mathcal{C}$ 输出 1，表明 $T \cdot e(g,g)^{a^q \cdot s}$；否则，$\mathcal{C}$ 输出 0，表明 T 是 G_T 的随机值。

当 $T \cdot e(g,g)^{a^q \cdot s}$ 时，$\mathcal{A}$ 得到一个关于 m_b 的有效密文，并以 ε 的概率正确猜测结果，则有 $\Pr[b' \neq b | (y, T = e(g,g)^{a^{q+1} \cdot s}) = 0] = \frac{1}{2} + \text{Adv}_A$。当 T 是一个随机群元素时，$\mathcal{A}$ 得不到关于 m_b 的任何消息，从而有 $\Pr[b' \neq b | (y, T = R) = 0] = \frac{1}{2}$。因此，$\mathcal{C}$ 能成功解决判定性 q-parallel DBHE 问题的概率为 $\frac{\varepsilon}{2}$。

3. 效率分析

将文献[26]、文献[27]、文献[24]方案与本书作者所提方案[22]进行对比，结果如表 7.1 所示。其中，S_c 表示加密文件时选取的相关属性集，S_k 表示与私钥相关的属性集，E 表示一次指数运算操作，P 表示一次双线性对运算操作，n 表示每个属性所拥有的用户数量。说明：为了能够直观对比，在这里指定所应用二叉树的方案均为满二叉树。

表 7.1　性能比较

方案	访问结构	密文长度与属性集合的关系	文件解密	用户变更计算复杂度	属性变更计算复杂度	授权机构
文献[26]方案	LSSS	$3+2S_c$	E	无用户变更	无属性变更	单
文献[27]方案	LSSS	$3+S_c$	$(1+S_k)E+3P$	$O(n)$	无属性变更	单
文献[24]方案	树	$2+2S_c$	$(2+S_k)E+4P$	$O(1+n)$	$O(2n)$	多
本书作者所提方案	LSSS	5	P	$O(1)$	$O(\log_2 n)$	多

　　由表 7.1 可知,本书作者所提方案与文献[26]、文献[27]所提方案均采用线性秘密共享的访问结构,支持任意灵活的访问控制策略,但文献[26]和文献[27]方案都是单授权机构系统,适用范围有一定的局限性。与大部分的 CP-ABE 方案类似,文献[26]、文献[27]和文献[24]方案中密文长度与属性集合线性相关,而本书作者所提方案将密文长度固定为常数,与属性个数无关。本书作者提出的方案与文献[26]所提方案均采用外包解密技术,将文件解密计算任务部分委托给云服务器执行,大大降低了用户的解密计算开销,但文献[26]所提方案并未涉及属性变更机制。与文献[27]和文献[24]所提方案相比,在本书作者所提方案中当用户加入或撤出系统时,用户仅需要完成一次更新密钥的操作,故用户变更计算复杂度为 $O(1)$;当发生属性变更时,用户只需计算最小子树的根节点密钥,则属性变更计算复杂度为 $O(\log_2 n)$。由此得出,本书作者所提方案在文件加密/解密和用户/属性变更方面具有较高的性能。

7.2　基于区块链和属性基加密的医疗数据共享隐私保护方案

　　电子医疗数据具有易于检索、方便存储等特点,为患者和医疗机构提供了极大便利[28]。然而,已有的大部分医疗数据共享方案存在数据篡改和伪造等安全风险,并未支持验证数据来源的真实性。针对这些问题,文献[29]设计了一个医疗数据共享隐私保护方案。利用云服务器存储医疗数据密文,区块链系统存储医疗数据密文对应地址及相关描述,避免了区块链存储限制的问题;采用基于属性的加密体制,确保了对数据进行细粒度访问控制;使用基于属性的签名算法,保证存储和共享的医疗数据不能篡改、不可伪造和可验证;结合外包解密机制,减轻了医疗数据使用者的计算负担。

7.2.1　系统模型

　　本节方案的系统模型如图 7.1 所示,包含属性权威机构(attribute authority

organization, AAO）、患者、医院、区块链、云服务器提供商（cloud service provider, CSP）和医疗数据访问者（用户）六个实体。

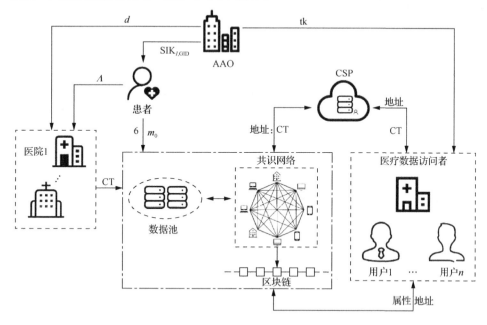

图 7.1　本节方案的系统模型

（1）属性权威机构：主要负责将相应的属性签名密钥 $SIK_{I,GID}$（其中 GID 为全局身份标识符）、转换密钥 tk 和私钥 d 分发给患者、医疗数据访问者和医院。

（2）患者：制定与门访问控制结构 Λ 并发送给医院。然后，患者生成与医疗数据相关的部分信息 m_0 的签名 σ。最后，患者将数据发送到数据池。

（3）医院：主要负责根据患者制定的与门访问控制结构 Λ 加密医疗数据，并将加密的医疗数据 CT 发送到数据池。

（4）区块链：数据池负责暂时存储医疗数据密文、与医疗数据相关的部分信息及其签名。区块链负责存储与医疗数据相关的部分信息和医疗数据密文存储地址，并确保区块上的内容是不可篡改的。记账节点将医疗数据密文发送到云服务器，并从医疗云中获取对应的数据访问地址，然后将与医疗数据相关的部分信息和医疗数据密文存储地址一起写入区块链。

（5）云服务器提供商：主要存储医疗数据密文，并将密文存储地址发送到区块链。同时，经数据访问者授权，完成医疗数据密文部分解密。

（6）医疗数据访问者（用户）：首先，通过向区块链提交属性集合发起医疗数据访问申请，如果验证通过，得到记账节点发送的医疗数据密文地址。其次，将数据地址及转换密钥发送给医疗云，并授权医疗云对医疗数据密文部分解密。

最后，医疗数据访问者利用转换密钥完成医疗数据解密。

7.2.2 方案描述

基于文献[30]、文献[31]提出的属性基密码方案，本节提出了一个基于区块链的医疗数据共享隐私保护方案。

1）系统建立

AAO 通过如下步骤生成系统参数 PP 和主密钥 MSK。

（1）选择两个阶为素数 p 的乘法循环群 G 和 G_T、一个 G 的生成元 g 和一个双线性映射 $e: G \times G \to G_T$。

（2）选择 5 个哈希函数 $H_1: \{0,1\}^{2l} \to Z_p$，$H_2: G_T \to \{0,1\}^l$，$H_3: \{0,1\}^l \to \{0,1\}^l$，$H_4: \{0,1\}^* \to G$ 和 $H_5: \{0,1\}^* \to G_T$，其中 l 是医疗数据的长度。

（3）定义由 n 个属性构成的集合 $N = \{1, \cdots, n\}$，随机选择 $\varphi, t_1, \cdots, t_{3n} \in Z_p$，计算 $\phi = e(g,g)^\varphi$ 和 $T_i = g^{t_i}$，其中 $i \in \{1, \cdots, 3n\}$。

（4）秘密保存主密钥 $MSK = (\varphi, t_1, \cdots, t_{3n})$，公开系统参数 $PP = (e, g, p, G, G_T, \phi, T_1, \cdots, T_{3n}, H_1, H_2, H_3, H_4, H_5)$。

2）密钥生成

（1）加密密钥生成。

用户在系统中注册成功后，收到某个医院发送的属性集合 $S_{\mathfrak{f}} = \{S_{\mathfrak{f}1}, \cdots, S_{\mathfrak{f}w}\} \subseteq N$，AAO 生成对应属性私钥的过程如下。

① 随机选择 $r_i \in Z_p$，其中 $i \in [1, n]$，计算 $r = \sum_{i=1}^{n} r_i \bmod p$ 和 $\hat{D} = g^{\varphi - r}$。

② 计算 $D_i = \begin{cases} g^{r_i/t_i}, & i \in S_{\mathfrak{f}} \\ g^{r_i/t_{n+i}}, & i \notin S_{\mathfrak{f}} \end{cases}$ 和 $F_i = g^{r_i/t_{2n+i}}$，其中 $i \in [1, n]$。

③ 生成与属性 $S_{\mathfrak{f}}$ 相关的私钥 $d = \{\hat{D}, (D_i, F_i)\}$，并将 d 发送给医院。

（2）签名密钥生成。

收到某个患者发送的属性集合 $S_U = \{S_{U1}, \cdots, S_{Uw}\} \subseteq N$ 和全局验证的标识符 GID，AAO 生成对应签名密钥的过程如下。

① 为每个属性 i 随机选择 $\alpha_i, \gamma_i \in Z_p$，计算 $VK = \{e(g,g)^{\alpha_i}, g^{\gamma_i} \forall i\}$ 和 $SIK = \{\alpha_i, \gamma_i \forall i\}$。

② 计算每一个 GID 对应的属性 i 的签名密钥 $SIK_{i,GID} = \{g^{\alpha_i}, H_4(GID)^{\gamma_i} \forall i\}$，并将 $SIK_{i,GID}$ 发送给患者。

（3）外包解密密钥生成。

医疗数据访问者随机选取 $\eta \in Z_p$ 作为检索密钥 rk，并计算转换密钥

$\text{tk} = (\hat{D}^{\eta}, \{(D_i^{\eta}, F_i^{\eta}) \mid i \in [1, n]\})$，得到外包解密密钥 $\text{ok} = \{\text{tk}, \text{rk}\}$。

3）医疗数据上传

（1）签名生成。

患者选择一个医疗数据 m 的与门访问控制结构 $\Lambda = \wedge_{i \in I}\ \underline{i}$，其中 $I \subseteq N$，属性 $i \in I$，满足 $\underline{i} = +i$ 或 $\underline{i} = -i$。然后，生成 m 相关信息 m_0（包括病例类型、创建的日期、访问控制结构等）。最后，患者通过如下过程生成 m_0 的签名 σ。

① 选择一个 $k \times j$ 阶矩阵 M 和函数 ρ，其中 ρ 将矩阵 M 的第 k 行和属性联系起来。随机选择 $z \in Z_p$，向量 $v \in Z_p^x$，其中向量 z 的第一个元素是 v。定义 M_k 作为矩阵 M 的第 k 行向量，并计算 $\mu_k = M_k \cdot v$。随机选择一个向量 $\omega \in Z_p^x$，其中 ω 的第一个元素是 0，计算 $\omega_k = M_k \cdot \omega$。

② 对于每个 M_k，随机选择一个元素 $\tau_k \in Z_p$。

③ 计算 $\sigma_0 = e(g,g)^{\eta \cdot H_5(m_0)}$，$\sigma_2 = \dfrac{e(H_4(\text{GID}), g^{\omega_k})}{e(H_4(\text{GID})^{\gamma_{\rho(M_k)}}, g^{\tau_k})} \cdot \dfrac{e(g,g)^{\mu_k}}{e(g^{\alpha_{\rho(M_k)}}, g)}$ 和 $\sigma_1 = H_4(\text{GID})^{\tau_x}$。

④ 生成 m_0 的签名 $\sigma = (\sigma_0, \sigma_1, \sigma_2)$，并将 σ 发送给数据池。

（2）密文生成。

收到患者发送的与门访问控制结构 $\Lambda = \wedge_{i \in I}\ \underline{i}$ 后，医院通过如下步骤生成医疗数据 m 的密文。

① 随机选择 $\zeta \in \{0,1\}^l$，计算 $\partial = H_1(\zeta \| m)$，$\overline{C}_1 = \zeta \oplus H_2(\phi^{\partial})$，$\overline{C}_2 = m \oplus H_3(\zeta)$，$\overline{C}_3 = g^{\partial}$ 和 $C_i = \begin{cases} T_i^{\partial}, & i \in I \wedge \underline{i} = +i \\ T_{n+i}^{\partial}, & i \in I \wedge \underline{i} = -i \\ T_{2n+i}^{\partial}, & i \in N \setminus I \end{cases}$。

② 计算 $\overline{C}_4 = H_4(\Lambda \| \overline{C}_1 \| \overline{C}_2 \| \overline{C}_3 \| C_1 \| \cdots \| C_n)^{\partial}$。

③ 发送医疗数据 m 的密文 $\text{CT} = (\Lambda, \overline{C}_1, \overline{C}_2, \overline{C}_3, \overline{C}_4, \{C_i\}_{i \in N})$ 给数据池。

（3）数据上传。

收到医疗数据 m 的密文 CT 和与 m 相关信息 m_0 的签名 σ 后，记账节点执行如下操作。

① 首先通过 $\sum\limits_k \tau_k M_k = (1, 0, \cdots, 0)$ 计算 τ_k，然后验证 $\sigma_0^{\frac{1}{H_3(m_0)}} = \prod\limits_k (e(g,g)^{\alpha_{\rho(M_k)}} \cdot e(\sigma_1, g^{\gamma_{\rho(M_k)}}) \cdot \sigma_2)^{\tau_k}$ 是否成立。如果该等式成立，表明该签名合法，执行以下步骤；否则，丢弃该数据。

② 上传医疗数据密文 CT 至医疗云。

③ 将与 m 相关信息 m_0、医疗数据密文 CT 对应存储地址写入区块链。

4）医疗数据访问

（1）外包解密医疗数据。

收到医疗数据访问者提交的转换密钥 tk 和医疗数据密文 CT 后，云服务器提供商执行如下操作。

① 验证 $e(\bar{C}_3, H_4(\Lambda \| \bar{C}_1 \| \bar{C}_2 \| \bar{C}_3 \| C_1 \| \cdots \| C_n)) = e(g, \bar{C}_4)$，当 $i \in I \wedge \underline{i} = +i$ 时，$e(\bar{C}_3, T_i) = e(g, C_i)$；当 $i \in I \wedge \underline{i} = -i$ 时，$e(\bar{C}_3, T_{n+i}) = e(g, C_i)$；当 $i \in N \setminus I$ 时，$e(\bar{C}_3, T_{2n+i}) = e(g, C_i)$ 是否成立，如果以上任意一个等式不成立，则操作终止；否则，执行如下步骤。

② 计算 $\bar{C}_5 = \prod_{i \in N \setminus I} e(C_i, F_i^\eta) \cdot \prod_{i \in I} e(C_i, D_i^\eta) \cdot e(\bar{C}_3, \hat{D}^\eta) = e(g, g)^{\varphi \cdot \partial \cdot \eta}$。

③ 生成转换密文 $\mathrm{CT}' = (\bar{C}_1, \bar{C}_2, \bar{C}_5)$，并将 CT′ 发送给医疗数据访问者。

（2）解密医疗数据。

收到转换密文 CT′ 后，医疗数据访问者进行以下操作。

① 验证 $\bar{C}_1 = \zeta \oplus H_2(\phi^{H_1(\zeta \| m)})$ 和 $\phi^{H_1(\zeta \| m)} = \bar{C}_5^{1/\eta}$ 是否都成立，如果不成立，终止解密操作；否则，执行如下操作。

② 通过计算 $\zeta = \bar{C}_1 \oplus H_2(\bar{C}_5^{1/\eta})$ 得到医疗数据 $m = \bar{C}_2 \oplus H_3(\zeta)$。

7.2.3　安全性分析

定理 7.2　如果 MDDH 假设成立，则本节方案在随机预言模型下满足机密性。

证明： 利用文献[31]的证明方法，下面证明在选择密文攻击下本节方案的机密性可以归约到 $\phi = e(g, g)^\varphi$ 问题的困难性。

如果存在一个敌手 $\mathcal{A}$ 能以不可忽略的概率 ε 攻破该方案的机密性，则存在一个算法 $\mathcal{B}$ 能以 $\varepsilon/2$ 的概率解决 MDDH 问题。给定一个 MDDH 问题实例 $(g, A = g^a, B = e(g, g)^b, Z) \in G^2 \times G_T^2$，$\mathcal{B}$ 为了判断 $Z = e(g, g)^{ab}$ 是否成立，与 $\mathcal{A}$ 执行如下安全游戏。

（1）初始化：收到敌手 $\mathcal{A}$ 发送的挑战访问结构 $\Lambda^* = \wedge_{i \in I} \underline{i}$ 后，随机选择 $\varphi, t_1, \cdots, t_{3n} \in Z_p$，计算 $\phi = e(g, g)^\varphi$ 和 $T_i = g^{t_i}$，其中 $i \in [1, 3n]$。

（2）询问阶段 1：$\mathcal{B}$ 回答 $\mathcal{A}$ 发起的如下哈希询问。

① H_1 预言机询问：$\mathcal{B}$ 建立一个列表 L_1（初始为空），$\mathcal{A}$ 向 $\mathcal{B}$ 发送 $V_1 \in \{0,1\}^{2l}$，如果列表 L_1 中存在 (V_1, h_1)，则 $\mathcal{B}$ 将 h_1 返回给 $\mathcal{A}$。否则，随机选择 $h_1 \in Z_p$ 发送给 $\mathcal{A}$，并将 (V_1, h_1) 添加到列表 L_1 中。

② H_2 预言机询问：$\mathcal{B}$ 建立一个列表 L_2（初始为空），$\mathcal{A}$ 向 $\mathcal{B}$ 发送 $V_2 \in G_T$，

如果列表 L_2 中存在 (V_2, h_2)，则 $\mathcal{B}$ 将 h_2 返回给 $\mathcal{A}$。否则，随机选择 $h_2 \in \{0,1\}^l$ 发送给 $\mathcal{A}$，并将 (V_2, h_2) 添加到列表 L_2 中。

③ H_3 预言机询问：$\mathcal{B}$ 建立一个列表 L_3（初始为空），$\mathcal{A}$ 向 $\mathcal{B}$ 发送 $V_3 \in \{0,1\}^l$，如果列表 L_3 中存在 (V_3, h_3)，则 $\mathcal{B}$ 将 h_3 返回给 $\mathcal{A}$。否则，随机选择 $h_3 \in \{0,1\}^l$ 发送给 $\mathcal{A}$，并将 (V_3, h_3) 添加到列表 L_3 中。

（3）询问阶段 2：$\mathcal{A}$ 向 $\mathcal{B}$ 发起如下询问。

① 私钥预言机询问 O_{sk}：收到 $\mathcal{A}$ 提交的属性集合 S 后，$\mathcal{B}$ 查询列表 $L_{\mathrm{sk}}(S, d)$，如果列表 L_{sk} 中存在对应属性集合 S 的私钥，则发送给 $\mathcal{A}$。

② 转换密钥预言机询问 O_{tk}：收到 $\mathcal{A}$ 提交的属性集合 S 后，$\mathcal{B}$ 首先在列表 L_{ok} 中查找 $S \in \Lambda^*$，如果存在，将 tk 返回给 $\mathcal{A}$。否则，$\mathcal{B}$ 执行如下步骤。

如果 $i \neq i^*$ 或 $S \in \Lambda^*$，$\mathcal{B}$ 首先通过私钥预言机询问得到相应私钥 d，然后运行外包解密算法获得对应外包解密密钥 ok $= (\mathrm{tk}, \mathrm{rk}) = ((\hat{D}^\eta, \{(D_i^\eta, F_i^\eta) \mid i \in [1, n]\}), \eta)$。

如果 $i = i^*$ 且 $S \in W^*$，$\mathcal{B}$ 首先通过私钥预言机询问得到相应私钥 d，然后利用 d 计算 ok $= (\mathrm{tk}, \mathrm{rk}) = (A^{\varphi - r}, \{A^{r_i/t_i} \mid i \in S\}, \{A^{r_i/t_{n+i}} \mid i \notin S\}, \{A^{r_i/t_{2n+i}} \mid i \in [1, n]\}, *)$，其中 r 和 $\{r_i \mid i \in [1, n]\}$ 是用来产生对应私钥 $S \in \Lambda^*$ 的随机元素，$*$ 表示 rk 是未知的，即当 $i = i^*$ 且 $S \in \Lambda^*$ 时，$\mathcal{B}$ 设置 $\eta = a$。

$\mathcal{B}$ 在列表 L_{ok} 中记录 (i, ok, S)，并将 tk 发给 $\mathcal{A}$。

③ 检索密钥预言机询问 O_{rk}：与 O_{tk} 类似，唯一不同的是发送给 $\mathcal{A}$ 的是检索密钥 rk。

④ 外包解密预言机询问 O_{od}：收到 $\mathcal{A}$ 发送的 (C_i, S, i) 后，$\mathcal{B}$ 首先检查 S 是否满足与 C_i 对应的访问结构 Λ^*。如果不满足，则输出 $\perp$；否则，$\mathcal{B}$ 将 Λ^* 发送给 $\mathcal{A}$。

⑤ 解密预言机询问 O_{dec}：收到 $\mathcal{A}$ 发送的 $S \notin \Lambda^*$ 后，$\mathcal{B}$ 首先检查 S 是否满足与 C_i 对应的访问结构 Λ^*。如果不满足，输出 $\perp$；否则，执行如下步骤。

如果 $i \neq i^*$ 或 $S \notin \Lambda^*$，$\mathcal{B}$ 利用 rk 计算出 m，并将 $V_1 = \zeta \| m$ 发送给攻击者 $\mathcal{A}$；

如果 $i \neq i^*$ 且 $S \in \Lambda^*$，分别在列表 L_1、L_2、L_3 中查找对应的 $V_3 = \zeta$，要求能够满足 $V_1 = \zeta \| m$，$\overline{C}_1 = \zeta \oplus h_2$，$V_2 = \phi^h$，$\overline{C}_2 = m \oplus h_3$ 和 $V_3 = \zeta$。如果不满足，输出 $\perp$；否则，$\mathcal{B}$ 检查 $\overline{C}_5 = e(A, g)^{\varphi \cdot h}$ 是否成立，如果不成立，输出 $\perp$；否则，$\mathcal{B}$ 将消息 m 发送给 $\mathcal{A}$。

（4）挑战：$\mathcal{A}$ 选择两个等长的明文 m_0^* 和 m_1^*，计算 $\overline{C}_1 = \zeta \oplus H_2(B^\varphi)$，$\overline{C}_2 = m_\theta \oplus H_3(\zeta)$ 和 $\overline{C}_3 = Z^\varphi$，其中 $\zeta \in \{0,1\}^l$。若 $Z = e(g, g)^{abc}$，则得到有效挑战密文。

（5）猜测：$\mathcal{A}$ 输出猜测结果 θ' 。如果 $\theta = \theta'$ ，则 $e(g,g)^{abc} = Z$ ，CT 是有效的密文；反之，CT 是无效的密文。

执行以上操作来解决 MDDH 问题，但 MDDH 问题是困难的。因此，本节方案被攻破的概率是可忽略的，该方案满足了机密性。

定理 7.3　本节方案采用基于属性的签名对与医疗数据相关信息 m_0 进行签名，确保了数据的不可伪造性。

证明：根据文献[30]的分析结果，假设 $\sigma = (\sigma_0, \sigma_1, \sigma_2)$ 是医疗数据的有效签名，只有符合患者制定的访问控制策略的用户才能计算医疗数据的签名。如果用户不满足对应属性 i ，则无法计算 $e(g^{\alpha_{\rho(M_k)}}, g)$ 和 $e(H_4(\text{GID})^{\gamma_{\rho(M_k)}}, g^{\tau_k})$ 。由于 $\tau_k \in Z_p$ 是用户随机选择的，所以无法伪造签名。

定理 7.4　本节方案满足患者身份的匿名性。

证明：授权机构为系统中的所有实体分配对应的属性，这些属性跟全局身份标识符 GID 绑定在一起。患者首先从授权机构获取每个属性对应的签名密钥，然后使用与该属性对应的密钥对医疗数据相关信息 m_0 进行签名。当系统中其他用户验证该签名时，只能验证对应签名的属性验证密钥。也就是说，在患者将医疗数据部分信息上传到区块链后，当数据访问者查看数据时，在不知道该患者真实身份的情况下，可以验证医疗数据是否由合格医生创建。

7.2.4　性能分析

将本节方案与文献[32]所提方案在数据加密和数据解密阶段所用时间进行对比。为了比较方便，假设用 E 表示在群 G 上的 1 次指数运算；E_T 表示在群 G_T 上的 1 次指数运算；E_Z 表示在环 Z_p 上的 1 次指数运算；P 表示 1 次双线性对运算。数据加密和数据解密阶段计算开销比较如表 7.2 所示。

表 7.2　计算开销比较

方案	数据加密	数据解密
文献[32]方案	$P + (3n+1)E + E_T$	$(2n+1)P + E_T$
本节方案	$(n+2)E + E_T$	$P + E_Z + 2E_T$

由表 7.2 可得，本节方案的计算开销明显低于文献[32]方案。文献[32]方案在数据加密阶段进行了 1 次双线性对运算，在群 G 上进行了 $3n+1$ 次指数运算，在群 G_T 上进行了 1 次指数运算；本节方案在群 G 上进行了 $n+2$ 次指数运算，在群 G_T 上进行了 1 次指数运算，极大减少了计算开销。在数据解密阶段，本节方案采用外包解密技术，将医疗数据外包给云服务器，只进行 1 次双线性对运算，在环 Z_p

上进行 1 次指数运算，在群 G_T 上进行 2 次指数运算，在很大程度上降低了医疗数据使用者的计算量。

　　基于 JPBC_2.0.0 密码库，对文献[32]方案和本节方案进行实验仿真。设置属性数量为 10，各阶段时间对比结果如图 7.2 所示。本节方案相比文献[32]方案，在加密、签名和解密阶段具有较低的计算开销。

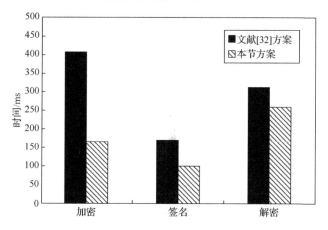

图 7.2　各阶段时间对比

　　令属性数量以 10 个为单位的增长速度从 10 增长到 100，测试医疗数据的加密时间，结果如图 7.3 所示。本节方案和文献[32]方案在加密阶段时间花费和属性数量成正相关，但本节方案的加密时间始终少于文献[32]方案。

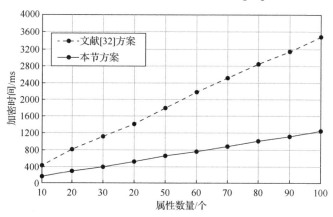

图 7.3　加密时间与属性数量的关系

　　图 7.4 显示文献[32]方案解密时间随属性数量的增加呈线性增长趋势，而本节方案将复杂的解密运算委托给云服务器，所以解密时间随属性数量的增加基本保持不变。

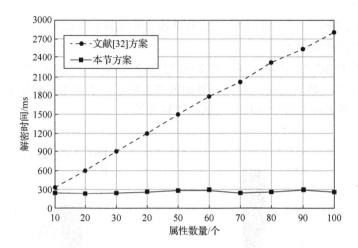

图 7.4 解密时间与属性数量的关系

本节方案采用基于属性的加密和基于属性的签名实现医疗数据的安全性、访问控制和隐私保护，并利用外包解密技术减轻数据使用者的计算负担。因此，该方案从计算开销和安全性两个方面，高效且安全地实现了医疗数据的安全存储和共享。同时，本节方案结合区块链技术和云存储技术，确保医疗数据不可篡改，实现医疗数据的完整性。

参 考 文 献

[1] SAHAI A, WATERS B. Fuzzy identity-based encryption[C]. Annual International Conference on the Theory and Applications of Cryptographic Techniques, Berlin, Germany, 2005: 457-473.

[2] 冯登国, 张敏, 张妍, 等. 云计算安全研究[J]. 软件学报, 2011, 22(1): 71-83.

[3] KAMARA S, LAUTER K. Cryptographic cloud storage[C]. International Conference on Financial Cryptography and Data Security, Berlin, Germany, 2010: 136-149.

[4] GOYAL V, PANDEY O, SAHAI A, et al. Attribute-based encryption for fine-grained access control of encrypted data[C]. Proceedings of the 13th ACM Conference on Computer and Communications Security, Alexandria, USA, 2006: 89-98.

[5] OSTROVSKY R, SAHAI A, WATERS B. Attribute-based encryption with non-monotonic access structures[C]. Proceedings of the 14th ACM Conference on Computer and Communications Security, Alexandria, USA, 2007: 195-203.

[6] 晋云霞, 杨贺昆, 冯朝胜, 等. 一种支持解密外包的 KP-ABE 方案[J]. 电子学报, 2020, 48(3): 561-567.

[7] BETHENCOURT J, SAHAI A, WATERS B. Ciphertext-policy attribute-based encryption[C]. 2007 IEEE Symposium on Security and Privacy, Berkeley, USA, 2007: 321-334.

[8] CHEUNG L, NEWPORT C. Provably secure ciphertext policy ABE[C]. Proceedings of the 14th ACM Conference on Computer and Communications Security, Alexandria, USA, 2007: 456-465.

[9] KAPADIA A, TSANG P P, SMITH S W. Attribute-based publishing with hidden credentials and hidden policies[C]. Network and Distributed System Security, San Diego, USA, 2007, 7: 179-192.

[10] 宋衍, 韩臻, 刘凤梅, 等. 基于访问树的策略隐藏属性加密方案[J]. 通信学报, 2015, 36(9): 119-126.

[11] GREEN M, HOHENBERGER S, WATERS B. Outsourcing the decryption of abe ciphertexts[C]. Proceeding of the 20th USENIX Security Symposium, San Francisco, USA, 2011: 1-16.

[12] CHASE M, CHOW S S M. Improving privacy and security in multi-authority attribute-based encryption[C]. Proceedings of the 16th ACM Conference on Computer and Communications Security, Chicago, USA, 2009: 121-130.

[13] ROUSELAKIS Y, WATERS B. Efficient statically-secure large-universe multi-authority attribute-based encryption[C]. International Conference on Financial Cryptography and Data Security, Berlin, Germany, 2015: 315-332.

[14] 韩清德, 谢慧, 袁志民, 等. 一种支持访问结构隐藏的 MA-CP-ABE 方案[J]. 信息网络安全, 2017(1): 48-56.

[15] 李谢华, 刘婷, 周茂仁. 云存储中基于多授权机构可撤销的 ABE 访问控制方法[J]. 计算机应用研究, 2017, 34(3): 897-902.

[16] 方雪锋, 王晓明. 可撤销用户的外包加解密 CP-ABE 方案[J]. 计算机工程, 2016, 42(12): 124-128.

[17] 卿勇, 孙伟, 熊虎, 等. 云计算中可撤销存储的外包加解密 CP-ABE 方案[J]. 信息网络安全, 2017(6): 6-13.

[18] YU S, WANG C, REN K, et al. Achieving secure, scalable, and fine-grained data access control in cloud computing[C]. 2010 Proceedings IEEE INFOCOM, San Diego, USA, 2010: 1-9.

[19] 彭维平, 郭凯迪, 宋成, 等. 面向外包数据的可追踪防泄漏访问控制方案[J]. 计算机工程与应用, 2020, 56(6): 117-125.

[20] 陈家豪, 殷新春. 基于云雾计算的可追踪可撤销密文策略属性基加密方案[J]. 计算机应用, 2021, 41(6): 1611-1620.

[21] ZHANG S, LI W, WEN Q, et al. A flexible KP-ABE suit for mobile user realizing decryption outsourcing and attribute revocation[J]. Wireless Personal Communications, 2020, 114(4): 2783-2800.

[22] 杨小东, 安发英, 杨苗苗, 等. 支持多授权中心与属性变更的云访问控制方案[J]. 计算机工程, 2018, 44(8): 1-6.

[23] 杨小东, 王彩芬. 基于属性群的云存储密文访问控制方案[J]. 计算机工程, 2012, 38(11): 20-22.

[24] 关志涛, 杨亭亭, 徐茹枝, 等. 面向云存储的基于属性加密的多授权中心访问控制方案[J]. 通信学报, 2015, 36(6): 116-126.

[25] YANG K, JIA X. Expressive, efficient, and revocable data access control for multi-authority cloud storage[J]. IEEE Transactions on Parallel and Distributed Systems, 2013, 25(7): 1735-1744.

[26] 王光波, 王建华. 基于属性加密的云存储方案研究[J]. 电子与信息学报, 2016, 38(11): 2931-2939.

[27] 李拴保, 王雪瑞, 傅建明, 等. 多云服务提供者环境下的一种用户密钥撤销方法[J]. 电子与信息学报, 2015, 37(9): 2225-2231.

[28] GOSTIN L O, LAZZARINI Z, NESLUND V S, et al. The public health information infrastructure: A national review of the law on health information privacy[J]. Journal of the American Medical Association, 1996, 275(24): 1921-1927.

[29] 李婷. 基于区块链和属性基密码的云端数据共享方案研究[D]. 兰州: 西北师范大学, 2021.

[30] SUN Y, ZHANG R, WANG X, et al. A decentralizing attribute-based signature for healthcare blockchain[C]. 2018 27th International Conference on Computer Communication and Networks, Hangzhou, China, 2018: 1-9.

[31] ZUO C, SHAO J, WEI G, et al. CCA-secure ABE with outsourced decryption for fog computing[J]. Future Generation Computer Systems, 2018, 78: 730-738.

[32] WANG H, SONG Y. Secure cloud-based EHR system using attribute-based cryptosystem and blockchain[J]. Journal of Medical Systems, 2018, 42(8): 1-9.

第8章 可搜索加密体制

云计算技术的出现促使越来越多的用户和企业将个人数据上传到云服务器。云服务器可以提供高效的数据共享服务，数据拥有者可以与多个用户共享数据文件，无需再考虑本地数据的存储和维护开销。然而，云计算技术的多用户资源共享、资源平台开放、外包服务便捷等特点[1]使得用户在享受便利数据共享服务的同时，也面临其带来的数据隐私泄露和网络空间风险增大等安全挑战。保护云数据隐私已经成为云计算技术进一步发展不可或缺的一步。

为了防止敏感数据泄露，保护云数据隐私，数据拥有者通常在将数据上传至云服务器之前对其执行加密操作，但加密会破坏数据的自然结构，造成数据检索操作困难。最简单的解决方法是将全部密文文件下载解密后进行检索操作。但此方法浪费了大量的网络传输开销、本地存储空间和解密开销，在实际应用中并不适用。可搜索加密技术允许用户直接检索密文数据[2]，同时满足了用户在云端存储和检索密文数据的需求。因此，可搜索加密技术具有深远的研究意义和广阔的应用前景。

Song 等[3]提出了可搜索加密的概念，首次在加密方案中实现了密文检索功能。Boneh 等[4]提出了公钥可搜索加密（public-key encryption with keyword search，PEKS）方案。为解决传统 PEKS 方案和基于身份的 PEKS 方案中存在的密钥托管和证书管理问题，一系列具有特殊性质的无证书公钥可搜索加密（certificateless public-key encryption with keyword search，CLPEKS）方案相继被提出，如无双线性对的搜索方案[5]、支持联合关键词搜索的可搜索加密方案[6]、能够抵抗内部关键词攻击的 PEKS 方案[7]、指定测试者的 PEKS 方案[8]、多用户密文检索方案[9]及支持授权的 PEKS 方案[10]等。

本章介绍基于无证书的可搜索加密方案、面向多用户的无证书可搜索加密方案、基于代理重加密的无证书可搜索加密方案、基于区块链的无证书否认认证可搜索加密方案，以及基于区块链的云端医疗数据搜索共享方案。

8.1 无证书可搜索加密方案

本节介绍两个典型的无证书可搜索加密方案，它们经常被作为密码基础构件来设计其他更为复杂、功能性更好的无证书可搜索加密方案。

8.1.1 PCLPEKS 方案

Peng 等[11]提出的无证书公钥可搜索加密方案（记为 PCLPEKS 方案）的具体描述如下。

1）系统建立算法

KGC 选定系统参数 λ，两个阶为素数 p 的循环群 G_1 和 G_2，g 是群 G_1 的生成元，双线性映射 $e:G_1 \times G_1 \to G_2$。KGC 选择 $s \in Z_q^*$ 作为系统主密钥，并计算 $\mathrm{PK}_c = sg$。然后，KGC 选择四个哈希函数 $H_1:\{0,1\}^* \to G_1^*$，$H_2:\{0,1\}^* \to Z_q^*$，$H_3:\{0,1\}^* \to G_1^*$ 和 $H_4:G_2 \to \{0,1\}^f$。KGC 输出系统参数 $\mathrm{param} = \{G_1,G_2,e,g,\mathrm{PK}_c, H_1,H_2,H_3,H_4\}$，并秘密保存系统参数 s。

2）部分私钥生成算法

输入用户 U 的身份 ID_u、数据拥有者 O 的身份 ID_o 和云服务器提供商的身份 ID_a，KGC 计算 $Q_u = H_1(\mathrm{ID}_u)$，$Q_o = H_1(\mathrm{ID}_o)$ 和 $Q_a = H_1(\mathrm{ID}_a)$。用户 U 的部分密钥 $D_u = sQ_u$，数据拥有者 O 的部分密钥 $D_o = sQ_o$，云服务器提供商的部分密钥 $D_a = sQ_a$。

3）秘密值生成算法

用户 U 选择随机数 $s_u \in Z_q^*$ 作为自己的秘密值。数据拥有者 O 选择随机数 $s_o \in Z_q^*$ 作为自己的秘密值。云服务器提供商选择随机数 $s_a \in Z_q^*$ 作为自己的秘密值。

4）私钥生成算法

用户 U 计算 $\mathrm{SK}_{u1} = s_u$ 和 $\mathrm{SK}_{u2} = s_u D_u$，设置自己的私钥 $\mathrm{SK}_u = (\mathrm{SK}_{u1}, \mathrm{SK}_{u2})$。类似地，数据拥有者 O 计算 $\mathrm{SK}_{o1} = s_o$ 和 $\mathrm{SK}_{o2} = s_o D_o$，设置自己的私钥 $\mathrm{SK}_o = (\mathrm{SK}_{o1}, \mathrm{SK}_{o2})$。云服务器提供商计算 $\mathrm{SK}_{a1} = s_a$ 和 $\mathrm{SK}_{a2} = s_a D_a$，设置自己的私钥 $\mathrm{SK}_a = (\mathrm{SK}_{a1}, \mathrm{SK}_{a2})$。

5）公钥生成算法

用户 U 计算 $\mathrm{PK}_{u1} = s_u g$ 和 $\mathrm{PK}_{u2} = s_u \mathrm{PK}_c$，设置自己的公钥 $\mathrm{PK}_u = (\mathrm{PK}_{u1}, \mathrm{PK}_{u2})$。类似地，数据拥有者 O 计算 $\mathrm{PK}_{o1} = s_o g$ 和 $\mathrm{PK}_{o2} = s_o \mathrm{PK}_c$，设置自己的公钥 $\mathrm{PK}_o = (\mathrm{PK}_{o1}, \mathrm{PK}_{o2})$；云服务器提供商计算 $\mathrm{PK}_{a1} = s_a g$ 和 $\mathrm{PK}_{a2} = s_a \mathrm{PK}_c$，设置自己的公钥 $\mathrm{PK}_a = (\mathrm{PK}_{a1}, \mathrm{PK}_{a2})$。

6）索引密文生成算法

数据拥有者 O 执行该算法，对每个关键词 $w_i (1 \leqslant i \leqslant m)$ 选择随机数 $r_i \in Z_q^*$，计算 $t_i = e(r_i H_2(w)Q_u, \mathrm{PK}_{u2}) e(r_i Q_a, \mathrm{PK}_{a2}) e(r_i H(w), g)$ 和 $U_i = r_i g$ 和 $V_i = H_4(t_i)$。然后，数据拥有者 O 设置 $C_{w_i} = (U_i, V_i)$ 和索引密文 $C_w = (C_{w_1}, C_{w_2}, \cdots, C_{w_m})$。

7）搜索陷门生成算法

输入系统参数 λ、用户 U 的私钥、目标关键词 w_i' 和云服务器提供商的公钥，

用户 U 对关键词 w_i' 计算 $T_1 = \lambda g$，$T_2 = H_2(w')SK_{u_2} \oplus \lambda PK_{a_1}$ 和 $T_3 = H_3(w') \oplus \lambda PK_{a_1}$，设置 $T_{w_i'} = (T_1, T_2, T_3)$ 和索引密文 $T_{w'} = (T_{w_1'}, T_{w_2'}, \cdots, T_{w_m'})$。

8）密文关键词匹配算法

云服务器提供商计算 $T_1' = SK_{a_1}T_1$，$T_2' = T_2 \oplus (SK_{a_1}T_1)$ 和 $T_3' = T_3 \oplus (SK_{a_1}T_1)$，验证等式 $H_4(e(T_2' + SK_{a_2} + T_3', U_i)) = V_i$ 是否成立。若等式成立，则密文关键词匹配成功。若不成立，则证明该文件不包含用户 U 想检索的目标关键词。

正确性分析：密文关键词匹配算法中 CSP 执行如下计算。

$$H_4(e(T_2' + SK_{a_2} + T_3', U_i))$$
$$= H_4(e((T_2 \oplus T_1') + SK_{a_2} + (T_3 \oplus T_1'), r_i g))$$
$$= H_4(e(H_2(w')SK_{u_2} + SK_{a_2} + H_3(w'), r_i g))$$
$$= H_4(e(H_2(w')s_u D_u + s_a D_a + H_3(w'), r_i g))$$
$$V_i = H_4(t_i) = H_4(e(r_i H_2(w)Q_u, PK_{u_2})e(r_i Q_a, PK_{s_2})e(r_i H_3(w), g))$$
$$= H_4(e(r_i H_2(w)Q_u, s_u PK_c)e(r_i Q_a, s_a PK_c)e(r_i H_3(w), g))$$
$$= H_4(e(H_2(w)Q_u s_u s, r_i g)e(s_a D_a, r_i g)e(H_3(w), r_i g))$$
$$= H_4(e(H_2(w)D_u s_u + s_a D_a + H_3(w), r_i g))$$

当索引密文包含的关键词 w_i 与搜索陷门包含的关键词 w_i' 相等时，等式 $H_4(e(T_2' + SK_{a_2} + T_3', U_i)) = V_i$ 成立，PCLPEKS 方案满足正确性。

PCLPEKS 方案在随机预言模型下能够抵抗选择密文攻击，其安全性证明参阅文献[11]。

8.1.2　YCLPEKS 方案

Yang 等[12]提出了一个典型的无证书公钥可搜索加密方案（记为 YCLPEKS 方案），其安全性基于 CDH 假设，方案具体描述如下。

1）系统建立算法

选定系统参数 λ，G 是一个阶为素数 p 的循环群，g 是群 G 的生成元。KGC 选择 $s \in Z_q^*$ 作为系统主密钥，选择三个哈希函数 $H_1 : \{0,1\}^* \to Z_q^*$，$H_2 : \{0,1\}^* \to Z_q^*$ 和 $H_3 : G \to Z_q^*$，并计算 $P_{pub} = sg$。最后，KGC 输出系统参数 param $= \{G, p, g, P_{pub}, H_1, H_2, H_3\}$，并秘密保存 s。

2）部分密钥生成算法

输入用户 U 的身份 ID_u，KGC 随机选择 $x \in Z_q^*$，计算 U 的部分公钥 $PPK_u = xg$，部分私钥 $PSK_u = x + sH_1(ID_u)$。

3）秘密值生成算法

用户 U 选择随机数 $y \in Z_q^*$ 作为自己的秘密值。

4）私钥生成算法

输入用户 U 的部分私钥 PSK_u 和用户 U 的秘密值，用户 U 设置 $\mathrm{SK}_{u1} = \mathrm{PSK}_u$，$\mathrm{SK}_{u2} = y$，私钥 $\mathrm{SK}_u = (\mathrm{SK}_{u1}, \mathrm{SK}_{u2})$。

5）公钥生成算法

输入用户 U 的部分公钥 PPK_u 和用户 U 的秘密值，用户 U 计算 $\mathrm{PK}_{u1} = \mathrm{PPK}_u$ 和 $\mathrm{PK}_{u2} = yg$，设置公钥 $\mathrm{PK}_u = (\mathrm{PK}_{u1}, \mathrm{PK}_{u2})$。

6）索引密文生成算法

输入用户 U 的公钥 PK_u、系统参数 param 和关键词索引信息 $w_i (1 \leqslant i \leqslant m)$，数据拥有者 O 执行如下操作生成索引密文 C_{w_i}。

（1）计算 $Q_u = \mathrm{PK}_{u1} + \mathrm{PK}_{u2} + H_1(\mathrm{ID}_u)P_{\mathrm{pub}}$。

（2）对每个关键词 w_i 选择随机数 $r_i \in Z_q^*$，计算 $C_{w_i} = (C_{w_1}, C_{w_2}) = (r_i g, H_3(r_i H_2(w) Q_u))$。

7）搜索陷门生成算法

输入用户 U 的私钥 SK_u、系统参数 param 和关键词索引信息 $w_i (1 \leqslant i \leqslant m)$，用户 U 生成搜索陷门 $T_{w_i} = (\mathrm{SK}_{u_1} + \mathrm{SK}_{u_2})H_2(w)$。

8）密文关键词匹配算法

云服务器提供商验证等式 $C_{w_2} = H_3(T_{w'}C_{w_1})$ 是否成立。若等式成立，则密文关键词匹配成功。否则，该文件不包含用户 U 想搜索的目标关键词 w。

正确性分析：

$$
\begin{aligned}
H_3(T_{w'}C_{w_1}) &= H_3((\mathrm{SK}_{u_1} + \mathrm{SK}_{u_2})H_2(w')rg) \\
&= H_3((x + sH_1(\mathrm{ID}_u) + y)H_2(w')rg) \\
&= H_3(rH_2(w')(\mathrm{PK}_{u_1} + \mathrm{PK}_{u_2} + H_1(\mathrm{ID}_u)P_{\mathrm{pub}})) \\
&= H_3(rH_2(w')Q_u)
\end{aligned}
$$

当 $w = w'$ 时，等式 $C_{w_2} = H_3(T_{w'}C_{w_1})$ 成立，方案满足正确性。

YCLPEKS 方案在构造过程中未使用双线性对，具有较好的计算性能。在随机预言模型下该方案对于选择密文攻击是安全的，其安全性证明参阅文献[12]。

8.2　面向多用户的无证书可搜索加密方案

面向多用户的无证书可搜索加密方案适用于真实的数据共享环境，其结合了多用户数据共享和无证书可搜索加密体制的优点，多个数据访问用户可以通过云服务器检索数据拥有者共享的密文数据，同时无证书密码体制避免了繁杂的证书管理和密钥托管问题。本书作者提出了一个面向多用户的无证书可搜索加密方案[9]，本节介绍该方案并对该方案的安全性与计算性能进行分析。

8.2.1　系统模型

面向多用户的无证书可搜索加密方案的系统模型如图 8.1 所示，主要包含四个实体：密钥生成中心（KGC）、数据拥有者、数据访问用户和云服务器提供商（CSP）。

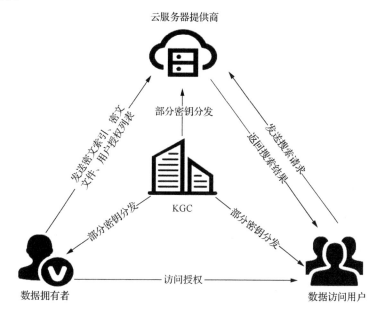

图 8.1　面向多用户的无证书可搜索加密方案的系统模型

（1）密钥生成中心：负责生成系统参数及为每个实体生成部分私钥。

（2）数据拥有者：主要负责生成密文索引、密文文件和用户授权列表，之后将密文索引、密文文件和用户授权列表发送给云服务器提供商。

（3）数据访问用户：负责将待检索关键词加密生成陷门（搜索请求）发送给 CSP，并解密 CSP 返回的密文文件（搜索结果）。

（4）云服务器提供商：负责存储密文索引、密文文件和用户授权列表，并对陷门和密文索引进行匹配，将匹配成功的密文文件返回给用户。

8.2.2　方案描述

本小节介绍面向多用户的无证书可搜索加密方案的具体构造，该方案主要由系统初始化、部分密钥生成、密钥生成、关键词加密、用户授权、搜索陷门生成、搜索、用户添加和用户撤销九个算法构成。

1）系统初始化算法

输入安全参数 λ 后，KGC 执行以下步骤生成系统参数和主密钥。

（1）选择阶为素数 p 的两个乘法循环群 G_1 和 G_2，群 G_1 的生成元是 g，一个双线性映射 $e:G_1\times G_1\to G_2$，三个防碰撞的哈希函数 $H:\{0,1\}^*\to G_1$，$H_1:\{0,1\}^*\to G_1$ 和 $H_2:G_2\to\{0,1\}^{\log_2 p}$。

（2）随机选择 $x\in Z_p^*$，秘密保存主密钥 $\mathrm{msk}=x$，并发布系统参数 $\mathrm{param}=(g,G_1,G_2,e,p,H,H_1,H_2,g^x)$。

2）部分密钥生成算法

收到数据访问用户和 CSP 的身份 id_i 和 id_s 后，KGC 分别计算数据访问用户和 CSP 的部分私钥 $\mathrm{psk}_{\mathrm{id}_i}=H(\mathrm{id}_i)^x$ 和 $\mathrm{psk}_{\mathrm{id}_s}=H(\mathrm{id}_s)^x$，并通过安全信道分别向用户和 CSP 发送 $\mathrm{psk}_{\mathrm{id}_i}$ 和 $\mathrm{psk}_{\mathrm{id}_s}$。

3）密钥生成算法

数据访问用户 U_i 收到 $\mathrm{psk}_{\mathrm{id}_i}$ 后，随机选取 $s_i\in Z_p^*$，计算其公钥 $\mathrm{pk}_{\mathrm{id}_i}=g^{s_i}$，并设置相应完整私钥 $\mathrm{sk}_{\mathrm{id}_i}=(s_i,\mathrm{psk}_{\mathrm{id}_i})=(s_i,H(\mathrm{id}_i)^x)$。同样地，CSP 随机选取 $t\in Z_p^*$，计算其公钥 $\mathrm{pk}_{\mathrm{id}_s}=g^t$，并设置相应完整私钥 $\mathrm{sk}_{\mathrm{id}_s}=(t,\mathrm{psk}_{\mathrm{id}_s})=(t,H(\mathrm{id}_s)^x)$。

4）关键词加密算法

数据拥有者执行以下步骤加密关键词，生成密文索引，并将其发送给 CSP。

（1）提取关键词集 $w_i\in\psi(1\leqslant i\leqslant m)$，其中 ψ 表示所有关键词的集合，m 表示集合中关键词的数量。

（2）随机选取 $r_i\in Z_p^*$ 和文件密钥 $k\in Z_p^*$，计算关键词 w_i 的加密密文 $C_i=(C_{i1},C_{i2},C_{i3})=(B_i,D_i,r_i)$，其中 $B_i=H_2(e(H_1(w_i)^{k\cdot r_i},\mathrm{pk}_{\mathrm{id}_s}))$，$D_i=g^{x\cdot k}$。

（3）利用文件对称密钥 $k\in Z_p^*$ 对数据文件 F 进行加密，获得对应的加密文件 CT。

（4）将密文索引 $C_F=(C_1,C_2,\cdots,C_m)$ 和 CT 发送至 CSP。

5）用户授权算法

数据拥有者利用数据访问用户公钥 $\mathrm{pk}_{\mathrm{id}_i}$ 和文档密钥 k 为数据访问用户授权。数据拥有者首先计算 $\Delta_{F\to U_i}=(\mathrm{pk}_{\mathrm{id}_i})^k=g^{s_i k}$，然后在用户授权列表 L_F 中添加 $(\mathrm{pk}_{\mathrm{id}_i},\Delta_{F\to U_i})$，最后将更新后的 L_F 发送至 CSP。

6）搜索陷门生成算法

数据访问用户执行以下步骤生成搜索陷门，并将其发送给 CSP。

（1）选择搜索关键词集 $w'\in\psi$。

（2）随机选择 $r'\in Z_p^*$，计算 $T_1=(\mathrm{pk}_{\mathrm{id}_s})^{r'}=g^{tr'}$，$T_2=(H_1(w')\cdot H(\mathrm{id}_i)^x)^{1/s_i}\cdot g^{r'}$ 和

$T_3 = H(\mathrm{id}_s)^{s_i}$。

（3）设置搜索陷门 $T_{w'} = (T_1, T_2, T_3)$。

7）搜索算法

收到数据访问用户的搜索请求后，CSP 执行以下步骤进行搜索。

（1）计算 $\sigma_1 = e(T_2^{\ t} / T_1, \Delta_{F \to U_i}) e(H(\mathrm{id}_s)^x, g^{s_i})$，$\sigma_2 = e(T_3, g^x) \cdot e(H(\mathrm{id}_i), C_{i2}^{\ t})$ 和 $\sigma_3 = \sigma_1 / \sigma_2$。

（2）利用每个关键词 $w_i (1 \leqslant i \leqslant m)$ 的密文 $C_i = (C_{i1}, C_{i2}, C_{i3})$ 来验证等式 $H_2(\sigma_3^{\ C_{i3}}) = C_{i1}$ 是否成立。

（3）如果等式成立，关键词匹配成功，CSP 将关键词对应的加密文件返回给数据访问用户；否则，将匹配失败的信息返回给数据访问用户。

8）用户添加算法

收到数据访问用户对数据文件 F 的访问请求后，数据拥有者利用文档密钥 k 和该用户公钥 $\mathrm{pk}_{\mathrm{id}_j}$ 计算 $\Delta_{F \to U_i} = (\mathrm{pk}_{\mathrm{id}_j})^k = g^{s_j k}$，将 $(\mathrm{pk}_{\mathrm{id}_j}, \Delta_{F \to u_j})$ 提交给 CSP 并给数据访问用户回馈授权成功信息。同时，CSP 更新文件 F 的授权列表。

9）用户撤销算法

如果数据拥有者想撤销数据访问用户 U_i 对 F 的搜索权限，需向 CSP 发送撤销指令，请求删除 L_F 中的 $(\mathrm{pk}_{\mathrm{id}_i}, \Delta_{F \to u_i})$。CSP 收到数据拥有者的撤销指令后，更新授权信息，从而完成数据访问用户撤销。

正确性分析：

CSP 收到搜索陷门 $T_{w'} = (T_1, T_2, T_3) = (g^{tr'}, (H_1(w') \cdot H(\mathrm{id}_i)^x)^{1/s_i} \cdot g^{r'}, H(\mathrm{id}_s)^{s_i})$ 后，计算：

$$\sigma_1 = e(T_2^{\ t} / T_1, \Delta_{F \to u_i}) e(H(\mathrm{id}_s)^x, g^{s_i}) = e(H_1(w'), g)^{tk} e(H(\mathrm{id}_i), g)^{txk} e(H(\mathrm{id}_s), g)^{s_i x}$$

$$\sigma_2 = e(T_3, g^x) \cdot e(H(\mathrm{id}_i), C_{i2}^{\ t}) = e(H(\mathrm{id}_s), g)^{s_i x} \cdot e(H(\mathrm{id}_i), g)^{txk}$$

$$\sigma_3 = \sigma_1 / \sigma_2 = e(H_1(w'), g)^{tk}$$

$$H_2(\sigma_3^{\ C_{i3}}) = H_2(e(H_1(w'), g)^{t \cdot k \cdot r_i}) = H_2(e(H_1(w')^{k \cdot r_i}, \mathrm{pk}_{\mathrm{id}_s})) = C_{i1}$$

当关键词 $w' = w_i$ 时，等式 $H_2(\sigma_3^{\ C_{i3}}) = C_{i1}$ 成立，本节方案满足正确性。

8.2.3　安全性分析

面向多用户的无证书可搜索加密方案的安全模型[13-15]主要考虑两种类型的攻击者：Ⅰ型攻击者 $\mathcal{A}_1$ 和Ⅱ型攻击者 $\mathcal{A}_2$。攻击者 $\mathcal{A}_1$ 可以替换任何用户的公钥，但无法拥有系统主密钥。相反，攻击者 $\mathcal{A}_2$ 拥有系统主密钥，但无法替换任何用户的公钥。一个安全的面向多用户的无证书可搜索加密方案需要抵抗攻击者 $\mathcal{A}_1$ 和 $\mathcal{A}_2$，具体安全模型通过攻击者 $\mathcal{A}_i (i = 1, 2)$ 和挑战者 C 之间的游戏来定义，思路如下。

引理 8.1　假定 $\mathcal{A}_1$ 最多可以发起 q_{H_2} 次哈希询问 2、q_{CUR} 次创建用户询问和 q_{T} 次陷门询问 1，其中 q_{H_2}、q_{CUR} 和 q_{T} 是正整数。若 $\mathcal{A}_1$ 能以不可忽略的概率 ε 攻破该方案，则存在挑战者 C 能以不可忽略的概率 $\varepsilon' = \varepsilon / (2q_{\mathrm{CUS}}) \cdot (1 - 1/q_{\mathrm{CUS}})^{q_{\mathrm{T}}} \cdot eq_{\mathrm{T}}$ 解决 BDH 问题。

证明： 给定元组 $(g, u_1 = g^{\alpha}, u_2 = g^{\beta}, u_3 = g^{\gamma})$，$C$ 通过以下游戏与 $\mathcal{A}_1$ 进行交互，以此计算 $e(g,g)^{\alpha\beta\gamma}$，解决 BDH 问题。$C$ 选择一个挑战身份 $\mathrm{ID}_D (1 < D < q_{\mathrm{CUS}})$，设置 $P = g^{\alpha}$ 和 $\mathrm{pk}_s = u_2$，并将 $\mathrm{param} = (G_1, G_2, e, g, P, H, H_1)$ 发送给 $\mathcal{A}_1$。

1）哈希询问

C 维护元组为 $(\mathrm{ID}_i, Q_{\mathrm{ID}_i}, h_i)$ 的列表 L_H。当 $\mathcal{A}_1$ 发起有关 ID_i 的查询时，C 通过以下步骤响应 $\mathcal{A}_1$ 的请求。

（1）如果 L_H 中已有 ID_i 的对应项 $(\mathrm{ID}_i, Q_{\mathrm{ID}_i}, h_i)$，$C$ 返回 Q_{ID_i} 给 $\mathcal{A}_1$；当 $\mathrm{ID}_i = \mathrm{ID}_D$ 时，C 设置 $Q_{\mathrm{ID}_D} = g^{\beta}$，将 $(\mathrm{ID}_D, Q_{\mathrm{ID}_D}, \perp)$ 存储在列表 L_H 中，并将 Q_{ID_D} 返回给 $\mathcal{A}_1$。

（2）否则，C 随机选择 $h_i \in Z_p^*$，计算 $Q_{\mathrm{ID}_i} = (g \cdot g^{\beta})^{h_i}$，将 $(\mathrm{ID}_i, Q_{\mathrm{ID}_i}, h_i)$ 存储在列表 L_H 中，并将 Q_{ID_i} 返回给 $\mathcal{A}_1$。

2）哈希询问 1

C 维护元组为 (w_i, h_{1_i}, a_i, c_i) 的列表 L_{H_1}。当 $\mathcal{A}_1$ 发起有关 $w_i \in \{0,1\}^*$ 的查询时，C 通过以下步骤响应 $\mathcal{A}_1$ 的请求。

（1）如果 L_{H_1} 中已有 w_i 的对应项 (w_i, h_{1_i}, a_i, c_i)，C 返回 h_{1_i}。

（2）否则，C 为每一个未被查询的 w_i 随机选择 $a_i \in Z_p^*$，$c_i \in \{0,1\}$，并设 $\Pr[c_i = 0] = 1/(q_{\mathrm{T}}+1)$。若 $c_i = 0$，计算 $h_i = u_3 \cdot g^{a_i}$；若 $c_i = 1$，计算 $h_i = u_1^{a_i}$，将 h_{1_i} 存储在列表中，并将 h_{1_i} 返回给 $\mathcal{A}_1$。

3）哈希询问 2

C 维护元组为 (t, V) 的列表 L_{H_2}。当 $\mathcal{A}_1$ 发起有关加密索引 t 的查询时，C 通过以下步骤响应 $\mathcal{A}_1$ 的请求。

（1）如果 L_{H_2} 中已有 t 的对应项 (t, V)，C 返回 V。

（2）否则，C 为每一个未被查询的 t 随机选择 $V \in \{0,1\}^{\log_2 p}$，令 $H_2(t) = V$，将 V 存储在列表 L_{H_2} 中，并将 V 返回给 $\mathcal{A}_1$。

4）创建用户询问

C 维护元组为 $(\mathrm{ID}_i, \mathrm{PK}_{\mathrm{ID}_i}, \mathrm{PSK}_{\mathrm{ID}_i}, x_{\mathrm{ID}_i})$ 的列表 L_{user}。在收到身份 ID_i 后，C 通过以下步骤响应 $\mathcal{A}_1$ 的请求。

（1）如果 L_{user} 中已有身份 ID_i 的对应项 $(\text{ID}_i, \text{PK}_{\text{ID}_i}, \text{PSK}_{\text{ID}_i}, x_{\text{ID}_i})$，$C$ 返回 PK_{ID_i}；当 $\text{ID}_i = \text{ID}_D$ 时，C 随机选择 $x_{\text{ID}_D} \in Z_p^*$，设置 $\text{PK}_{\text{ID}_D} = g^{x_{\text{ID}_D}}$ 和 $\text{PSK}_{\text{ID}_D} = \perp$，将 $(\text{ID}_D, \text{PK}_{\text{ID}_D}, \text{PSK}_{\text{ID}_D}, x_{\text{ID}_D})$ 存储在列表 L_{user} 中，并将 PK_{ID_D} 返回给 $\mathcal{A}_1$。

（2）否则，C 随机选择 $x_{\text{ID}_i} \in Z_p^*$，进行哈希询问获得 h_i，设置 $\text{PK}_{\text{ID}_i} = g^{x_{\text{ID}_i}}$ 和 $\text{PSK}_{\text{ID}_i} = (g^{\alpha})^{h_i}$，将 $(\text{ID}_i, \text{PK}_{\text{ID}_i}, \text{PSK}_{\text{ID}_i}, x_{\text{ID}_i})$ 存储在列表 L_{user} 中，并将 PK_{ID_i} 返回给 $\mathcal{A}_1$。

5）部分私钥询问

C 收到关于身份 ID_i 的部分私钥询问后，若 $\text{ID}_i = \text{ID}_D$，则游戏终止（使用 EV_1 表示此事件）。否则，在列表 L_{user} 中搜索 ID_i，找到元组 $(\text{ID}_i, \text{PK}_{\text{ID}_i}, \text{PSK}_{\text{ID}_i}, x_{\text{ID}_i})$，并将 PSK_{ID_D} 返回给 $\mathcal{A}_1$。

6）秘密值询问

收到身份 ID_i 的秘密值询问后，C 在 L_{user} 中搜索 ID_i，找到元组 $(\text{ID}_i, \text{PK}_{\text{ID}_i}, \text{PSK}_{\text{ID}_i}, x_{\text{ID}_i})$，并将 x_{ID_i} 返回给 $\mathcal{A}_1$。

7）公钥询问

收到身份 ID_i 的公钥询问后，C 在 L_{user} 中搜索 ID_i，找到元组 $(\text{ID}_i, \text{PK}_{\text{ID}_i}, \text{PSK}_{\text{ID}_i}, x_{\text{ID}_i})$，并将 PK_{ID_i} 返回给 $\mathcal{A}_1$。

8）替换公钥询问

收到元组 $(\text{ID}_i, \text{PK}'_{\text{ID}_i})$ 的替换公钥询问后，C 进行创建用户询问获得元组 $(\text{ID}_i, \text{PK}_{\text{ID}_i}, \text{PSK}_{\text{ID}_i}, x_{\text{ID}_i})$，并更新 L_{user} 将元组 $(\text{ID}_i, \text{PK}_{\text{ID}_i}, \text{PSK}_{\text{ID}_i}, x_{\text{ID}_i})$ 替换为 $(\text{ID}_i, \text{PSK}_{\text{ID}_i}, \text{PK}'_{\text{ID}_i}, \perp)$。

9）陷门询问 1

$\mathcal{A}_1$ 选择任意关键词 w'、数据拥有者身份 ID_i 和用户身份 ID_j，向 C 发起陷门查询。C 收到 $\mathcal{A}_1$ 的陷门询问后，通过以下步骤生成关键词 w' 的陷门，并将其发送给 $\mathcal{A}_1$。

（1）如果 $c_i = 0$，游戏终止，C 返回失败信息（使用 EV_2 表示此事件）。

（2）否则，当 $\text{ID}_j = \text{ID}_D$ 时，C 终止游戏并返回失败信息（使用 EV_3 表示此事件）。当 $\text{ID}_j \neq \text{ID}_D$ 时，C 从列表 L_H 中搜索 $(\text{ID}_i, Q_{\text{ID}_i}, h_i)$ 和 $(\text{ID}_j, Q_{\text{ID}_j}, h_j)$，从列表 L_{user} 中搜索 $(\text{ID}_i, \text{PK}_{\text{ID}_i}, \text{PSK}_{\text{ID}_i}, x_{\text{ID}_i})$ 和 $(\text{ID}_j, \text{PK}_{\text{ID}_j}, \text{PSK}_{\text{ID}_j}, x_{\text{ID}_j})$。$C$ 选择 $r' \in Z_p^*$，计算陷门 $T_1 = g^{tr'}$，$T_2 = (h_{i} \cdot (g^{\alpha})^{h_i})^{1/x_{\text{ID}_i}} \cdot g^{r'}$ 和 $T_3 = H(\text{id}_s)^{1/x_{\text{ID}_i}}$，并设置 $T_{w'} = (T_1, T_2, T_3)$，C 返回 $T_{w'}$。

10）挑战

$\mathcal{A}_1$ 选择数据拥有者的身份 ID_O、用户的身份 ID_U、两个查询关键词 W_0 和 W_1，发送给 C。特别地，在陷门询问 1 阶段，W_0 和 W_1 未被查询。C 通过以下步骤响应 $\mathcal{A}_1$ 的挑战。

（1）如果 $c_0 = 1$ 且 $c_1 = 1$，C 终止游戏并返回失败信息（使用 EV_4 表示此事件）。若 $\mathrm{ID}_U \neq \mathrm{ID}_D$，$C$ 终止游戏并返回失败信息（使用 EV_5 表示此事件）。

（2）否则，当 $c_0 = 0$ 且 $c_1 = 0$，选取 $b \in \{0,1\}$，令 $c_b = 0$，选择 $r_b \in Z_p^*$，且 $r_b = \alpha / k$。从 L_{H_2} 中选取元组 (t_b, V_b)，其中 $t_b = e(H_1(w_b)^{kr_b}, \mathrm{pk}_s) = e(H_1(u_3 g^{a_b})^{\alpha}, u_2) = e(g,g)^{\alpha\beta(\gamma + a_b)}$。将 V_b 发送给 $\mathcal{A}_1$。

11）陷门询问 2

$\mathcal{A}_1$ 继续请求关键词 w_j 的陷门查询。查询过程与陷门询问 1 相同，但是要求 $w_j \neq W_0$ 且 $w_j \neq W_1$。

12）猜测

$\mathcal{A}_1$ 输出对 b 的猜测 $b' \in \{0,1\}$。若 $b' = b$，则 $\mathcal{A}_1$ 赢得游戏。

接下来分析 C 解决 BDH 问题的优势。首先分析该游戏未在模拟过程中结束的概率，其次分析游戏不终止前提下 $\mathcal{A}_1$ 可以正确响应 C 的概率，最后分析 $\mathcal{A}_1$ 赢得该游戏的概率 ε。

根据终止事件 EV_2 和 EV_4 的概率可分别得 $\Pr[\neg \mathrm{EV}_2] \geqslant (1 - (1/(q_\mathrm{T} + 1)))^{q_\mathrm{T}} \geqslant 1/e$ 和 $\Pr[\neg \mathrm{EV}_4] = 1 - \Pr[c_0 = c_1 = 1] = 1 - (1 - 1/(q_\mathrm{T} + 1))^2 \leqslant 1/q_\mathrm{T}$。由于 EV_2 和 EV_4 相互独立，所以 EV_2 和 EV_4 同时不发生的概率为 $\Pr[\neg \mathrm{EV}_2 \cap \neg \mathrm{EV}_4] = \Pr[\mathrm{EV}_2] \cdot \Pr[\mathrm{EV}_4] = (1/e) \cdot (1/q_\mathrm{T}) = 1/eq_\mathrm{T}$。根据事件 EV_5 可知事件 EV_1，$\Pr[\neg \mathrm{EV}_5] = 1/q_\mathrm{CUS}$，$\Pr[\neg \mathrm{EV}_3] = (1 - 1/q_\mathrm{CUS})^{q_\mathrm{T}}$ 和 $\Pr[\neg \mathrm{EV}_1 \cap \neg \mathrm{EV}_3 \cap \neg \mathrm{EV}_5] \geqslant 1/q_\mathrm{CUS}(1 - 1/q_\mathrm{CUS})^{q_\mathrm{T}} / q_\mathrm{CUS} \cdot (1 - 1/q_\mathrm{CUS})^{q_\mathrm{T}}$，则终止游戏的概率至少为 $1/q_\mathrm{CUS} \cdot (1 - 1/q_\mathrm{CUS})^{q_\mathrm{T}} \cdot eq_\mathrm{T}$。

假定 C 完美地模拟了攻击游戏，即 C 未在模拟过程中终止游戏并且 $\mathcal{A}_1$ 发起过 $H_2(e(H_1(W_0)^{\alpha}, u_2))$ 或 $H_2(e(H_1(W_1)^{\alpha}, u_2))$ 询问。$\mathcal{A}_1$ 询问过 $H_2(e(H_1(w_b)^{\alpha}, u_2))$ 的概率至少为 1/2，所以 C 成功输出 $e(g,g)^{\alpha\beta\gamma}$ 的概率 ε' 至少为 $\varepsilon / 2q_\mathrm{CUS} \cdot (1 - 1/q_\mathrm{CUS})^{q_\mathrm{T}} \cdot eq_\mathrm{T}$。由 BDH 问题的难解性可知，$\varepsilon'$ 忽略不计，则 $\mathcal{A}_1$ 可以攻破该方案的概率 ε 可以忽略不计。

引理 8.2 假定 $\mathcal{A}_2$ 最多可以发起 q_{H_2} 次哈希询问 2、q_CUR 次创建用户询问和 q_T 次陷门询问 1，其中 q_{H_2}、q_CUR 和 q_T 是三个正整数。若 $\mathcal{A}_2$ 能以不可忽略的概率 ξ 攻破本节方案，则存在一个挑战者 C 能以不可忽略的概率 $\xi' = \xi / (2q_\mathrm{CUS}) \cdot (1 - 1/q_\mathrm{CUS})^{q_\mathrm{T}} \cdot eq_\mathrm{T}$ 解决 BDH 问题。

证明：给定 $(g, u_1 = g^{\alpha}, u_2 = g^{\beta}, u_3 = g^{\gamma})$，$C$ 通过以下游戏与 $\mathcal{A}_2$ 进行交互，以

此计算 $e(g,g)^{\alpha\beta\gamma}$ 。 C 随机选取 $s \in Z_p^*$ ，选择挑战者身份 $\mathrm{ID}_D(1 < D < q_{\mathrm{CUS}})$ ，计算 $P = g^s$ ，设置 $\mathrm{pk}_s = u_2$ ，并将 $\mathrm{param} = (G_1, G_2, e, g, P, H, H_1)$ 和主密钥 $\mathrm{msk} = s$ 发送给 $\mathcal{A}_2$ 。

1）哈希询问

C 维护元组为 $(\mathrm{ID}_i, Q_{\mathrm{ID}_i}, h_i)$ 的列表 L_H 。当 $\mathcal{A}_2$ 发起有关 ID_i 的查询时， C 通过以下步骤响应 $\mathcal{A}_2$ 的请求。

（1）如果 L_H 中已有 ID_i 的对应项 $(\mathrm{ID}_i, Q_{\mathrm{ID}_i}, h_i)$ ， C 返回 Q_{ID_i} 给 $\mathcal{A}_2$ ；当 $\mathrm{ID}_i = \mathrm{ID}_D$ 时， C 设置 $Q_{\mathrm{ID}_D} = g^\beta$ ，将 $(\mathrm{ID}_D, Q_{\mathrm{ID}_D}, \perp)$ 存储在列表 L_H 中，并将 Q_{ID_D} 返回给 $\mathcal{A}_2$ 。

（2）否则， C 随机选择 $h_i \in Z_p^*$ ，计算 $Q_{\mathrm{ID}_D} = (g \cdot g^\beta)^{h_i}$ ，将 $(\mathrm{ID}_i, Q_{\mathrm{ID}_i}, h_i)$ 存储在列表 L_H 中，并将 Q_{ID_i} 返回给 $\mathcal{A}_2$ 。

2）哈希询问 1

C 维护元组为 (w_i, h_{1_i}) 的列表 L_{H_1} 。当 $\mathcal{A}_2$ 发起有关 $w_i \in \{0,1\}^*$ 的查询时， C 通过以下步骤响应 $\mathcal{A}_2$ 的请求。

（1）如果 L_{H_1} 中已有 w_i 的对应项 (w_i, h_{1_i}) ， C 返回 h_{1_i} 。

（2）否则， C 为每一个未被查询的 w_i 随机选择 $h_{1_i} \in Z_p^*$ ，将 h_{1_i} 存储在列表 L_{H_1} 中，并将 h_{1_i} 返回给 $\mathcal{A}_2$ 。

3）哈希询问 2

C 维护元组为 (t, V) 的列表 L_{H_2} 。当 $\mathcal{A}_2$ 发起有关关键词索引 t 的查询时， C 通过以下步骤响应 $\mathcal{A}_2$ 的请求。

（1）若 L_{H_2} 中已有 t 的对应项 (t, V) ，返回 V 。

（2）否则， C 为每一个未被查询的 t 随机选择 $V \in \{0,1\}^{\log_2 p}$ ，令 $H_2(t) = V$ ，将 V 存储在列表 L_{H_2} 中，并将 V 返回给 $\mathcal{A}_2$ 。

4）创建用户询问

C 维护元组为 $(\mathrm{ID}_i, \mathrm{PK}_{\mathrm{ID}_i}, \mathrm{PSK}_{\mathrm{ID}_i}, x_{\mathrm{ID}_i})$ 的列表 L_{user} 。在收到身份 ID_i 后， C 通过以下步骤响应 $\mathcal{A}_2$ 的请求。

（1）如果 L_{user} 中已有身份 ID_i 的对应项 $(\mathrm{ID}_i, \mathrm{PK}_{\mathrm{ID}_i}, \mathrm{PSK}_{\mathrm{ID}_i}, x_{\mathrm{ID}_i})$ ， C 返回 $\mathrm{PK}_{\mathrm{ID}_i}$ ；当 $\mathrm{ID}_i = \mathrm{ID}_D$ 时， C 设置 $\mathrm{PK}_{\mathrm{ID}_D} = g^\alpha$ 和 $\mathrm{PSK}_{\mathrm{ID}_D} = g^{\beta s}$ ，将 $(\mathrm{ID}_D, \mathrm{PK}_{\mathrm{ID}_D}, \mathrm{PSK}_{\mathrm{ID}_D}, \perp)$ 存储在列表 L_{user} 中，并将 $\mathrm{PK}_{\mathrm{ID}_D}$ 返回给 $\mathcal{A}_2$ 。

（2）否则， C 随机选择 $x_{\mathrm{ID}_i} \in Z_p^*$ ，进行哈希询问获得 h_i ，设置 $\mathrm{PK}_{\mathrm{ID}_i} = g^{x_{\mathrm{ID}_i}}$ 和 $\mathrm{PSK}_{\mathrm{ID}_i} = (g^s)^{h_i}$ ，将 $(\mathrm{ID}_i, \mathrm{PK}_{\mathrm{ID}_i}, \mathrm{PSK}_{\mathrm{ID}_i}, x_{\mathrm{ID}_i})$ 存储在列表 L_{user} 中，并将 $\mathrm{PK}_{\mathrm{ID}_i}$ 返回给 $\mathcal{A}_2$ 。

5）部分私钥询问

C 收到关于身份 ID_i 的部分私钥询问后，若 $ID_i = ID_D$，则游戏终止（使用 EV_1 表示此事件）。否则，在列表 L_{user} 中搜索 ID_i，找到元组 $(ID_i, PK_{ID_i}, PSK_{ID_i}, x_{ID_i})$，并将 PSK_{ID_D} 返回给 $\mathcal{A}_2$。

6）陷门询问 1

在选择任意关键词 w'、数据拥有者身份 ID_i 和用户身份 ID_j 后，$\mathcal{A}_2$ 向 C 发起陷门查询。C 通过以下步骤生成相应的陷门，并将其发送给 $\mathcal{A}_2$。

（1）如果 $c_i = 0$，游戏终止，C 返回失败信息（使用 EV_2 表示此事件）。

（2）否则，当 $ID_j = ID_D$ 时，C 终止游戏并返回失败信息（使用 EV_3 表示此事件）。当 $ID_j \neq ID_D$ 时，C 从列表 L_H 中搜索 (ID_i, Q_{ID_i}, h_i) 和 (ID_j, Q_{ID_j}, h_j)，从列表 L_{user} 中搜索 $(ID_i, PK_{ID_i}, PSK_{ID_i}, x_{ID_i})$ 和 $(ID_j, PK_{ID_j}, PSK_{ID_j}, x_{ID_j})$。选择 $r' \in Z_p^*$，计算陷门 $T_1 = g^{tr'}$，$T_2 = (h_{l_i} \cdot (g^\alpha)^{h_i})^{1/x_{ID_i}} \cdot g^{r'}$ 和 $T_3 = H(id_s)^{1/x_{ID_i}}$，并设置 $T_w = (T_1, T_2, T_3)$，C 返回 $T_{w'}$。

7）挑战

$\mathcal{A}_2$ 选择数据拥有者的身份 ID_O、用户的身份 ID_U、两个查询关键词 W_0 和 W_1，发送给 C。特别地，在陷门询问 1 阶段，W_0 和 W_1 未被查询。C 通过以下步骤响应 $\mathcal{A}_2$ 的挑战。

（1）如果 $c_0 = 1$ 且 $c_1 = 1$，C 终止游戏并返回失败信息（使用 EV_4 表示此事件）。若 $ID_U \neq ID_D$，C 终止游戏并返回失败信息（使用 EV_5 表示此事件）。

（2）否则，当 $c_0 = 0$ 且 $c_1 = 0$ 时，随机选取 $b \in \{0,1\}$，令 $c_b = 0$，选择 $r_b \in Z_p^*$，且 $r_b = \alpha / k$。从 L_{H_2} 中选取元组 (t_b, V_b)，其中 $t_b = e(H_1(w_b)^{kr_b}, pk_s) = e(H_1(u_3 g^{a_b})^\alpha, u_2) = e(g,g)^{\alpha\beta(\gamma+a_b)}$。将 V_b 发送给 $\mathcal{A}_2$。

8）陷门询问 2

$\mathcal{A}_2$ 发送关键词 w_j 的陷门询问。询问过程与陷门询问 1 相同，但是要求 $w_j \neq W_0$ 和 $w_j \neq W_1$。

9）猜测

$\mathcal{A}_2$ 输出对 b 的猜测 $b' \in \{0,1\}$。若 $b' = b$，则 $\mathcal{A}_2$ 赢得游戏。

下面分析游戏在模拟过程中未终止的可能性。从以上游戏过程可以看出，游戏终止条件与引理 8.1 相同，即游戏终止的概率为 $1/(2q_{CUS}) \cdot (1 - 1/q_{CUS})^{q_T} \cdot eq_T$，$C$ 能成功解决 BDH 问题的概率 $\xi' = \xi / 2q_{CUS} \cdot (1 - 1/q_{CUS})^{q_T} \cdot eq_T$。根据 BDH 问题的难解性可知 ξ' 可忽略不计，因此 $\mathcal{A}_2$ 可以攻破该方案的概率 ξ 可忽略不计。

由引理 8.1 和引理 8.2 可以证明定理 8.1。

定理 8.1　在 BDH 假设下，本节方案可以抵抗随机预言模型的关键词猜测攻击。

8.2.4　性能分析

表 8.1 反映了本节方案与文献[16]方案和文献[17]方案的计算开销比较。h_1 和 h_2 分别表示一次 H_1 和 H_2 运算，E_1 和 P 分别表示 G_1 和 G_2 上的一次指数运算和一次双线性对运算。从表中数据可以看出，在关键词加密阶段，本节方案计算开销与文献[16]方案相同但优于文献[17]方案。在密钥生成阶段、陷门生成阶段和搜索阶段，本节方案计算开销优于文献[17]方案，但略高于文献[16]方案。本节方案的计算开销虽略高于文献[16]方案，但解决了文献[17]方案仅支持单个用户搜索问题和文献[16]方案面临的证书管理问题，并通过访问授权列表实现了用户的添加与撤销等功能。

表 8.1　几种可搜索加密方案的计算开销比较

方案	密钥生成	关键词加密	陷门生成	搜索
文献[16]方案	$2E_1$	$2E_1 + h_1 + h_2 + P$	$3E_1 + h_1$	$2E_1 + h_2 + P$
文献[17]方案	$9E_1$	$8E_1 + h_1$	$7E_1 + h_1$	$2E_1 + 4P$
本节方案	$4E_1$	$2E_1 + h_1 + h_2 + P$	$4E_1 + h_1$	$E_1 + h_2 + 4P$

采用密码库 PBC-0.4.7-VC 对本节方案与文献[16]和文献[17]方案进行仿真实验，单关键词的计算开销比较结果如图 8.2 所示。

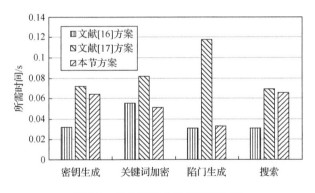

图 8.2　单关键词的计算开销比较

图 8.2 反映了单关键词搜索环境下本节方案与文献[16]和文献[17]方案在密钥生成、关键词加密、陷门生成及搜索阶段的计算开销比较结果。

图 8.3～图 8.5 反映了多关键词搜索环境下（关键词个数从 10 到 100），本节方案与文献[16]和文献[17]方案分别在关键词加密、陷门生成及搜索阶段的计算开销比较结果。

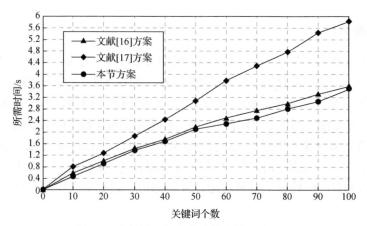

图 8.3 多关键词加密算法的计算开销比较

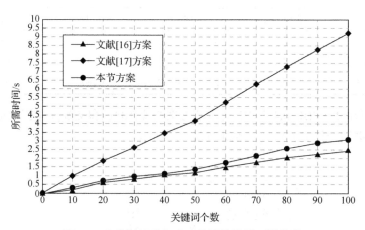

图 8.4 多关键词陷门生成算法的计算开销比较

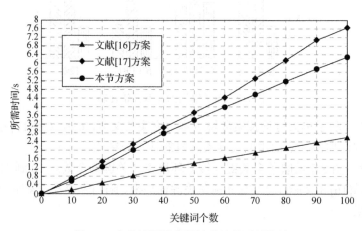

图 8.5 多关键词搜索算法的计算开销比较

8.3　基于代理重加密的无证书可搜索加密方案

可搜索加密技术能保障数据的机密性和隐私性，在云存储等领域具有广泛的应用前景[18-21]。代理重加密是一种新型的公钥加密体制，具有安全的密文转换功能。代理重加密中的代理者能够利用代理重加密密钥把授权者公钥加密的密文转换为被授权者公钥加密的密文。无证书可搜索加密技术与代理重加密技术的结合，给数据的安全共享带来了巨大便利[22-25]。

本书作者提出了一个基于代理重加密的无证书可搜索加密方案[18]。该方案结合无证书可搜索加密技术与代理重加密技术的优点，利用代理重加密技术，对部分关键词密文进行重加密处理，实现多数据用户搜索与用户访问权限管理。该方案能够抵御内部攻击者发起的内部关键词猜测攻击（internal keyword guessing attack，IKGA），与同类方案相比，该方案的功能性更强，安全性更高。

8.3.1　系统模型

基于代理重加密的无证书可搜索加密方案的系统模型如图 8.6 所示，主要包括以下四个实体：密钥生成中心（KGC）、数据拥有者（DO）、数据用户（DU）和云服务器（CS）。

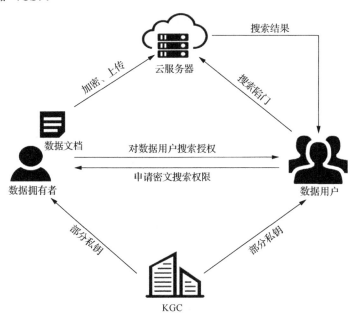

图 8.6　基于代理重加密的无证书可搜索加密方案的系统模型

（1）KGC：负责生成系统参数及 DO 和 DU 的部分私钥。

（2）DO：负责加密和上传密文关键词索引至 CS，并对 DU 进行搜索授权。

（3）DU：负责根据目标关键词生成和上传搜索陷门至 CS，并向 DO 申请密文搜索权限。

（4）CS：负责存储 DO 上传的密文关键词索引；接收到 DU 发送的搜索陷门后，CS 先验证其搜索权限，确认权限后重加密存储的密文，随后 CS 计算陷门与重加密后的密文是否匹配，若匹配则返回对应密文。

8.3.2　方案描述

本小节介绍基于代理重加密的无证书可搜索加密方案的具体构造，该方案主要由系统初始化、部分密钥生成、密钥生成、关键词加密、用户授权、授权验证、重加密、陷门生成、搜索、解密及用户撤销 11 个算法构成。

1）系统初始化算法

输入安全参数 k，KGC 选择两个 q 阶的循环群 G_1 和 G_2，三个抗碰撞哈希函数 $H_1:\{0,1\}^* \rightarrow Z_q^*$，$H_2:\{0,1\}^* \rightarrow G_1$ 和 $h_3:G_2 \rightarrow Z_q^*$，以及双线性映射 $e:G_1 \times G_1 \rightarrow G_2$。$G_1$ 是加法群，G_2 是乘法群，P 是 G_1 的生成元。KGC 任意选择 $s \in Z_q^*$，$s' \in Z_q^*$ 和 $\mu \in Z_q^*$，s 为主密钥并秘密保留，计算公钥 $PK = sP$，$\lambda = s'P$，重加密密钥 $rk = s/s'(\bmod\ q)$。最后，KGC 输出 $param = (e, P, G_1, G_2, PK, \lambda, \mu, rk, H_1, H_2, h_3)$。

2）部分密钥生成算法

（1）输入 DO 身份 $ID_{DO} \in \{0,1\}^*$，KGC 随机选取 $r_{DO} \in Z_q^*$，计算 $a_{DO} = H_1(ID_{DO})$，DO 的部分公钥 $R_{DO} = r_{DO}P$，部分私钥 $D_{DO} = r_{DO} + s \cdot a_{DO}$，最后将 R_{DO}、D_{DO} 返回给 DO。

（2）输入 DU 身份 $ID_{DU_i} \in \{0,1\}^*$（$1 \leqslant i \leqslant t$，$t$ 为用户人数），KGC 随机选取 $r_{DU_i} \in Z_q^*$，计算 $a_{DU_i} = H_1(ID_{DU_i})$，DU 的部分公钥 $R_{DU_i} = r_{DU_i}P$，部分私钥 $D_{DU_i} = r_{DU_i} + s \cdot a_{DU_i}$，最后将 R_{DU_i}、D_{DU_i} 返回给 DU。

3）密钥生成算法

（1）输入 $ID_{DO} \in \{0,1\}^*$ 和 $ID_{DU_i} \in \{0,1\}^*$，DO、DU 分别选取 $x_{DO} \in Z_q^*$，$x_{DU_i} \in Z_q^*$ 作为自己的秘密值。

（2）DO 与 DU 分别设置自己的完整私钥 $SK_{DO} = (x_{DO}, D_{DO})$，$SK_{DU_i} = (x_{DU_i}, D_{DU_i})$。

（3）DO 与 DU 分别计算自己的完整公钥 $PK_{DO} = (X_{DO} = x_{DO}P, R_{DO})$，$PK_{DU_i} = (X_{DU_i} = x_{DU_i}P, R_{DU_i})$。

4）关键词加密算法

给定 SK_{DO}、数据 m 和对应关键词 w，DO 随机选取 $r \in Z_q^*$，$K \in Z_q^*$ 为对称密钥。DO 加密 $m \in \{0,1\}^l$ 和关键词 w，将 $C = (c_1, c_2, c_3)$ 上传至 CS，其中 $c_1 = (x_{DO} + D_{DO})H_2(w) + rPK$，$c_2 = r\lambda$，$c_3 = Enc(K, m)$。

5）用户授权算法

输入 PK_{DU_i} 和对称密钥 K，DO 收到 DU 的搜索权限申请后执行如下操作为 DU 授权。

（1）针对每个用户 DU_i，随机选取 $V_i \in Z_q^*$，计算 $AK_i = \mu + h_3(V_i \cdot P)$ 并上传 AK_i 至 CS 维持的用户访问权限表中。

（2）计算授权密钥 $V_i' = Enc_{PK_{DU_i}}(V_i)$，$K' = K \cdot h_3(e(PK, V_i \cdot P))$，并将 V_i' 和 K' 发送给 DU。

6）授权验证算法

输入 SK_{DU_i}，CS 执行以下操作验证 DU_i 是否拥有授权。

（1）DU_i 计算 $V_i = Dec_{SK_{DU_i}}(V_i')$，$\mu + h_3(V_i \cdot P)$ 并上传 $\mu + h_3(V_i \cdot P)$ 至 CS。

（2）CS 接收到 $\mu + h_3(V_i \cdot P)$ 后，验证等式 $\mu + h_3(V_i \cdot P) = AK_i$ 是否成立。若成立则授权验证通过，否则 CS 返回 $\perp$。

7）重加密算法

DU_i 的授权验证通过后，CS 重加密 $C = (c_1, c_2, c_3)$，计算 $c_2' = c_2 \cdot rk$，输出重加密密文 $C' = (c_1, c_2', c_3)$。

8）陷门生成算法

输入 prms、SK_{DU_i}、PK_{DO} 和查询关键词 w_t，DU_i 计算陷门 $T_{w_t} = e((x_{DU_i} + D_{DU_i})H_2(w_t), X_{DO} + R_{DO} + a_{DO}PK)$，并将 T_{w_t} 上传至 CS。

9）搜索算法

CS 验证等式 $T_{w_t}e(c_2', X_{DU_i} + R_{DU_i} + a_{DU_i}PK) = e(c_1, X_{DU_i} + R_{DU_i} + a_{DU_i}PK)$ 是否成立，若成立 CS 返回搜索密文 $C' = (c_1, c_2', c_3)$。

10）解密算法

输入 V_i 和 K'，DU_i 计算 $K = K' / h_3(e(PK, P)^{V_i})$，并利用对称密钥 K 解密 c_3 得到数据 m。

11）用户撤销算法

输入待撤销用户身份 ID_{DU_i}，CS 删除用户访问权限表中的 AK_i。

正确性分析：

当收到关键词索引密文与搜索陷门后，CS 进行如下计算。

$$e(c_1, X_{\mathrm{DU}_i} + R_{\mathrm{DU}_i} + a_{\mathrm{DU}_i}\mathrm{PK})$$
$$= e((x_{\mathrm{DO}} + D_{\mathrm{DO}})H_2(w) + r\mathrm{PK}, X_{\mathrm{DU}_i} + R_{\mathrm{DU}_i} + a_{\mathrm{DU}_i}\mathrm{PK})$$
$$= e((x_{\mathrm{DO}} + D_{\mathrm{DO}})H_2(w), X_{\mathrm{DU}_i} + R_{\mathrm{DU}_i} + a_{\mathrm{DU}_i}\mathrm{PK})e(r\mathrm{PK}, X_{\mathrm{DU}_i} + R_{\mathrm{DU}_i} + a_{\mathrm{DU}_i}\mathrm{PK})$$

$$T_{w_t}e(c_2', X_{\mathrm{DU}_i} + R_{\mathrm{DU}_i} + a_{\mathrm{DU}_i}\mathrm{PK})$$
$$= e((x_{\mathrm{DU}_i} + D_{\mathrm{DU}_i})H_2(w_t), X_{\mathrm{DO}} + R_{\mathrm{DO}} + a_{\mathrm{DO}}\mathrm{PK})e(c_2', X_{\mathrm{DU}_i} + R_{\mathrm{DU}_i} + a_{\mathrm{DU}_i}\mathrm{PK})$$
$$= e((x_{\mathrm{DU}_i} + D_{\mathrm{DU}_i})H_2(w_t), (x_{\mathrm{DO}} + r_{\mathrm{DO}} + s \cdot a_{\mathrm{DO}})P)e(r\mathrm{PK}, X_{\mathrm{DU}_i} + R_{\mathrm{DU}_i} + a_{\mathrm{DU}_i}\mathrm{PK})$$
$$= e((x_{\mathrm{DO}} + D_{\mathrm{DO}})H_2(w_t), X_{\mathrm{DU}_i} + R_{\mathrm{DU}_i} + a_{\mathrm{DU}_i}\mathrm{PK})e(r\mathrm{PK}, X_{\mathrm{DU}_i} + R_{\mathrm{DU}_i} + a_{\mathrm{DU}_i}\mathrm{PK})$$

当 $w = w_t$ 时，等式 $T_{w_t}e(c_2', X_{\mathrm{DU}_i} + R_{\mathrm{DU}_i} + a_{\mathrm{DU}_i}\mathrm{PK}) = e(c_1, X_{\mathrm{DU}_i} + R_{\mathrm{DU}_i} + a_{\mathrm{DU}_i}\mathrm{PK})$ 成立，关键词索引密文与搜索陷门匹配成功，方案满足正确性。

8.3.3　安全性分析

在无证书公钥密码体制的安全定义中，存在两种类型的敌手，即类型一敌手 $\mathcal{A}_1$ 和类型二敌手 $\mathcal{A}_2$。$\mathcal{A}_1$ 有权替换用户公钥，但对主密钥没有拥有权。$\mathcal{A}_2$ 有权获取主密钥，但无权替换用户公钥。

引理 8.3　在随机预言模型下，如果 $\mathcal{A}_1$ 能以不可忽略的概率 ε 打破方案安全性，则挑战者 $\mathcal{C}$ 能以不可忽略的概率 $\varepsilon' \geqslant \left(\dfrac{2\varepsilon}{eq_{\mathrm{T}}qH_1}\right)\left(1 - \dfrac{1}{q_{H_1}}\right)^{q_{\mathrm{s}}}$ 解决 CBDH 问题。

q_{H_1}、q_{T}、q_{s} 分别表示 H_1 询问、陷门询问和用户秘密值询问的最大次数，e 为自然对数的基。

证明：$\mathcal{C}$ 运行系统初始化算法，并设 $\mathrm{PK} = aP$。$\mathcal{C}$ 选择 $\mathrm{ID}_d(1 \leqslant d \leqslant q_{H_1})$ 作为挑战身份，返回系统参数 $\mathrm{param} = (e, P, G_1, G_2, \mathrm{PK}, \lambda, \mu, \mathrm{rk}, H_1, H_2, h_3)$ 给 $\mathcal{A}_1$。

1）H_1 询问

$\mathcal{C}$ 维持元组为 $(\mathrm{ID}_i, R_{\mathrm{ID}_i}, a_i)$ 的表 L_{H_1}。$\mathcal{A}_1$ 发起 $(\mathrm{ID}_i, R_{\mathrm{ID}_i})$ 询问时，若 L_{H_1} 中存在 $(\mathrm{ID}_i, R_{\mathrm{ID}_i}, a_i)$，$\mathcal{C}$ 返回 a_i；否则，$\mathcal{C}$ 随机选取 $a_i \in Z_q^*$，返回 a_i 给 $\mathcal{A}_1$ 并在 L_{H_1} 中更新 $(\mathrm{ID}_i, R_{\mathrm{ID}_i}, a_i)$。

2）H_2 询问

$\mathcal{C}$ 维持元组为 (w_i, u_i, c_i, H_{2i}) 的表 L_{H_2}。$\mathcal{A}_1$ 发起 w_i 询问时，若 L_{H_2} 中存在 (w_i, u_i, c_i, H_{2i})，$\mathcal{C}$ 返回 H_{2i}；否则，$\mathcal{C}$ 随机选取 $u_i \in Z_q^*$，掷硬币 $c_i \in \{0,1\}$，其中 $\Pr[c_i = 0] = \delta$。$\mathcal{C}$ 返回 $H_{2i} = (1 - c_i)bP + u_iP$ 给 $\mathcal{A}_1$，更新 L_{H_2}。

3）部分私钥询问

$\mathcal{C}$ 维持元组为 $(\text{ID}_i, R_{\text{ID}_i}, D_{\text{ID}_i})$ 的表 L_{E_1}。$\mathcal{A}_1$ 发起 ID_i 部分私钥询问时，$\mathcal{C}$ 随机选取 $a_i, D_{\text{ID}_i} \in Z_q^*$，计算 $R_{\text{ID}_i} = D_{\text{ID}_i} P - a_i \text{PK}$，返回 R_{ID_i} 和 D_{ID_i} 给 $\mathcal{A}_1$，更新 L_{H_1} 和 L_{E_1}。

4）秘密值询问

$\mathcal{C}$ 维持元组为 $(\text{ID}_i, x_{\text{ID}_i}, \text{PK}_{\text{ID}_i})$ 的表 L_{E_2}。$\mathcal{A}_1$ 查询 ID_i，若 $\text{ID}_i = \text{ID}_d$，$\mathcal{C}$ 设定 $\text{PK}_{\text{ID}_i} = cP$ 并更新 L_{E_2}（E_2 表示此事件发生）。否则，$\mathcal{C}$ 随机选取 $x_{\text{ID}_i} \in Z_q^*$，设定 $P_{\text{ID}_i} = x_{\text{ID}_i} P$。返回 x_{ID_i}，更新 L_{E_2}。

5）公钥询问

$\mathcal{A}_1$ 询问身份为 ID_i 的用户公钥时，$\mathcal{C}$ 检索 L_{E_1} 和 L_{E_2}，并返回 PK_{ID_i} 和 R_{ID_i}。

6）公钥替换询问

$\mathcal{C}$ 替换元组 $(\text{ID}_i, \text{PK}_{\text{ID}_i}, R_{\text{ID}_i})$ 为 $(\text{ID}_i', \text{PK}_{\text{ID}_i}', R_{\text{ID}_i}')$，然后设定 $R_{\text{ID}_i} = R_{\text{ID}_i}'$，$\text{PK}_{\text{ID}_i} = \text{PK}_{\text{ID}_i}'$，$D_i = \perp$ 和 $x_{\text{ID}_i} = \perp$。

7）陷门询问

$\mathcal{A}_1$ 询问关键词 w_i 的陷门时，$\mathcal{C}$ 检索 L_{H_2} 得到 $\langle w_i, u_i, c_i, H_{2i} \rangle$。如果 $c_i = 0$，$\mathcal{C}$ 终止算法（E_2 表示此事件发生）。否则，$\mathcal{C}$ 进行公钥询问获取 PK_{ID_i} 和 R_{ID_i}，从 L_{H_1} 中获取 a_i，计算并返回 $T_w = e(u_i(R_{\text{ID}_i} + a_i\text{PK} + \text{PK}_{\text{ID}_i}), P_{\text{DO}} + R_{\text{DO}} + a_{\text{DO}}\text{PK})$ 给 $\mathcal{A}_1$。

8）挑战

$\mathcal{A}_1$ 设定挑战关键词为 (w_0, w_1)，挑战身份为 ID^*。若 $\text{ID}^* \neq \text{ID}_d$，算法终止（$E_3$ 表示此事件发生）；否则，$\mathcal{C}$ 检索 L_{H_2} 获得 $\langle w_0, u_0, c_0, H_{20} \rangle$ 和 $\langle w_1, u_1, c_1, H_{21} \rangle$。若 $c_0 = c_1 = 1$，算法终止（E_4 表示此事件发生）；否则，$\mathcal{C}$ 随机选取 $b \in \{0,1\}$，$r \in Z_q^*$，$Q \in G_1$，令 $c_b = 0$，$C_1 = Q$，$C_2 = rg$，返回 (C_1, C_2) 给 $\mathcal{A}_1$。

9）多次陷门询问

$\mathcal{A}_1$ 能够对除挑战关键词 (w_0, w_1) 外的其他关键词 w_i 继续发起陷门询问（E_5 表示事件 $\mathcal{A}_1$ 在多次陷门询问中不对挑战关键词进行询问）。

10）猜测

$\mathcal{A}_1$ 输出 $b' \in \{0,1\}$。若 $b' = b$，则 $\mathcal{A}_1$ 赢得游戏。

若挑战者 $\mathcal{C}$ 在上述的安全游戏进行过程中没有终止，则 $\mathcal{C}$ 能以概率 ε' 解决 CBDH 问题。由 $\Pr[\neg E_1 \wedge \neg E_2 \wedge \neg E_3 \wedge \neg E_4] = \left(1 - \dfrac{1}{q_{H_1}}\right)^{q_s} \dfrac{1}{q_{H_1}}[1 - (1-\delta)^2]$，可计算得 $\varepsilon' \geqslant \dfrac{1}{2} \cdot 2\varepsilon \cdot \left(1 - \dfrac{1}{q_{H_1}}\right)^{q_s} \cdot \dfrac{2}{e q_T} = \dfrac{2\varepsilon}{e q_T q_{H_1}}\left(1 - \dfrac{1}{q_{H_1}}\right)^{q_s}$。因此，由 CBDH 问题的公认难解性可知，$\mathcal{A}_1$ 攻破方案的概率 ε 是可忽略的。

引理 8.4　在随机预言模型下，如果 $\mathcal{A}_2$ 能以不可忽略的概率 ε 打破方案安全性，则挑战者 $\mathcal{C}$ 能以不可忽略的概率 $\varepsilon' \geqslant \dfrac{2\varepsilon}{eq_TqH_1}\left(1-\dfrac{1}{q_{H_1}}\right)^{q_s}$ 解决 CBDH 问题。q_{H_1}、q_T、q_s 分别表示 H_1 询问、陷门询问和用户秘密值询问的最大次数，e 为自然对数的基。

证明：$\mathcal{C}$ 运行系统初始化算法，并设定 $\mathrm{PK}_{\mathrm{DO}}=aP$ 和 $\mathrm{PK}_{\mathrm{DU}}=bP$。$\mathcal{C}$ 选择 $\mathrm{ID}_d(1\leqslant d\leqslant q_{H_1})$ 作为挑战身份，返回 $\mathrm{prms}=(e,P,G_1,G_2,\mathrm{PK}=sP,\lambda,\mu,\mathrm{rk},H_1,H_2,h_3)$ 给 $\mathcal{A}_2$。

1）H_1 询问

与引理 8.3 中的 H_1 询问相同。

2）H_2 询问

与引理 8.3 中的 H_2 询问相同。

3）部分私钥询问

$\mathcal{C}$ 维护元组为 $(\mathrm{ID}_i,R_{\mathrm{ID}_i},D_{\mathrm{ID}_i})$ 的表 L_{E_1}。$\mathcal{A}_2$ 发起身份为 ID_i 的用户部分私钥询问时，$\mathcal{C}$ 随机选取 $r_{\mathrm{ID}_i}\in Z_q^*$，计算 $R_{\mathrm{ID}_i}=r_{\mathrm{ID}_i}P$，并从 L_{E_1} 中获取 $(\mathrm{ID}_i,R_{\mathrm{ID}_i},D_{\mathrm{ID}_i})$，最后返回 R_{ID_i} 和 D_{ID_i} 给 $\mathcal{A}_2$。

4）陷门询问

$\mathcal{A}_2$ 发起关键词 w_i 的陷门询问时，$\mathcal{C}$ 从 L_{H_2} 中获取 (w_i,u_i,c_i,H_{2i})。如果 $c_i\neq 0$，$\mathcal{C}$ 检索 L_{E_1} 获取 $(\mathrm{ID}_i,R_{\mathrm{ID}_i},D_{\mathrm{ID}_i})$，计算 $T_w=e(d_{\mathrm{ID}_i}P+aP,bP+R_{\mathrm{DO}}+a_{\mathrm{DO}}\mathrm{PK})^{u_i}$，将 T_w 返回给 $\mathcal{A}_2$。否则，$\mathcal{C}$ 终止询问。

5）挑战

与引理 8.3 中的挑战相同。

6）多次陷门询问

与引理 8.3 中的多次陷门询问相同。

7）猜测

$\mathcal{A}_2$ 输出 $b'\in\{0,1\}$。若 $b'=b$，则 $\mathcal{A}_2$ 赢得游戏。

若挑战者 $\mathcal{C}$ 在上述的安全游戏进行过程中没有终止，则 $\mathcal{C}$ 能以概率 ε' 解决 CBDH 问题。由 $\Pr[\neg E_1\wedge\neg E_2\wedge\neg E_3\wedge\neg E_4]=(1-\delta)^{q_T}\left\{1-\dfrac{1}{q_{H_1}}[1-(1-\delta)^2]\right\}$ 可得 $\varepsilon'\geqslant\dfrac{1}{2}\cdot 2\varepsilon\cdot\dfrac{1}{q_{H_1}}\dfrac{2}{eq_T}=\dfrac{2\varepsilon}{eq_Tq_{H_1}}$。这与 CBDH 问题的公认难解性矛盾。因此，攻击者

不能以不可忽略的概率 ε 攻破方案。

由引理 8.3 与引理 8.4 可证明定理 8.2。

定理 8.2　设 $\mathcal{C}$ 为挑战者，当敌手 $\mathcal{A} \in (\mathcal{A}_1, \mathcal{A}_2)$ 攻破方案的概率是可忽略的值时，方案可以抵抗内部关键词猜测攻击。

8.3.4　性能分析

表 8.2 将本节方案与文献[11]方案和文献[21]方案进行性能比对，由表知本节方案具有更好的功能性。

表 8.2　方案性能比对

方案	基于无证书密码体制	抗 IKGA	多用户检索
文献[11]方案	√	×	×
文献[21]方案	√	×	×
本节方案	√	√	√

注："√"和"×"分别表示"满足"和"不满足"该性能。

使用 JPBC 密码库进行仿真。由图 8.7 可知，密钥生成阶段，本节方案的计算时间开销比文献[11]方案降低了 69.53%；密文生成阶段，本节方案的计算时间开销比文献[21]方案降低了 69.39%；在陷门生成阶段和密文匹配阶段，本节方案的计算性能优势不明显，但本节方案支持多用户检索，而且能够抵御 IKGA。

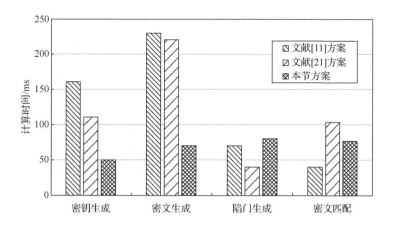

图 8.7　各阶段时间开销对比

8.4　基于区块链的无证书否认认证可搜索加密方案

在医疗数据共享的环境中，患者可能希望除诊疗医生外的其他用户无法获知诊疗数据内容，并且不能判断诊疗数据来源。否认认证的可搜索加密技术能够对数据发送方的身份隐私提供有效保护。当合法的数据用户解密云服务器返回的密文后，该用户能根据解密的信息生成另一个合法密文。这两个密文具有相同的概率分布，任意第三方都无法区分密文的发送来源。

本书作者提出了一个基于区块链的无证书否认认证可搜索加密方案[18]。该方案利用区块链验证医疗数据来源，并引入指定服务器抵抗内部的关键词猜测攻击。与同类方案相比，该方案提供了有效的用户身份隐私保护服务。

8.4.1　系统模型

基于区块链的无证书否认认证可搜索加密方案的系统模型如图 8.8 所示，主要包括下面几个参与实体。

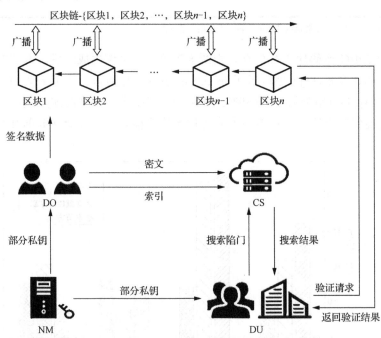

图 8.8　基于区块链的无证书否认认证可搜索加密方案的系统模型

（1）网络管理器（network manager，NM）：负责生成系统主密钥及数据拥有者和数据用户的部分私钥。

（2）数据拥有者（data owner，DO）：DO 负责对医疗数据及提取的医疗数据关键词加密，并将加密后的数据传送给云服务器。除此之外，DO 还负责对密文标识符签名，并将签名写入区块链中。

（3）数据用户（data user，DU）：DU 生成并上传搜索陷门至云服务器，并负责发送搜索结果的真实性验证请求给区块链。

（4）云服务器（cloud server，CS）：CS 负责在收到陷门信息与索引密文后，使用自身私钥进行陷门与索引密文的匹配。若匹配成功，CS 将搜索结果返回 DU。否则，CS 返回给 DU 终止符"⊥"。

（5）区块链：负责存储 DO 发送的密文标识符签名。在接收到 DU 发送的搜索结果真实性验证请求后，区块链负责验证搜索结果的正确性。

8.4.2　方案描述

基于区块链的无证书否认认证可搜索加密方案主要由如下算法组成。

1）系统初始化算法

NM 选择两个 q 阶的循环群 G_1 和 G_2、双线性映射 $e: G_1 \times G_1 \to G_2$ 及四个哈希函数 $H: G_2 \times G_1 \times \{0,1\}^* \to G_1$，$H_1: \{0,1\}^* \to G_1$，$H_2: \{0,1\}^* \times G_2 \times G_1 \to Z_q^*$ 和 $H_3: G_1 \to Z_q^*$，其中 G_1 是加法群，G_2 是乘法群，P 是 G_1 的生成元。NM 任意选择 $s \in Z_q^*$ 为主密钥并秘密保存，计算 $P_{\text{pub}} = sP$，输出 $\text{prms} = (G_1, G_2, e, q, P, P_{\text{pub}}, H, H_1, H_2, H_3)$。

2）部分私钥生成算法

输入 DO 的身份 $\text{ID}_{\text{DO}} \in \{0,1\}^*$、DU 的身份 $\text{ID}_{\text{DU}} \in \{0,1\}^*$ 和 CS 的身份 $\text{ID}_{\text{CS}} \in \{0,1\}^*$，NM 计算 DO 的部分公钥 $Q_{\text{DO}} = H_1(\text{ID}_{\text{DO}})$ 和部分私钥 $D_{\text{DO}} = sQ_{\text{DO}}$，将 Q_{DO} 和 D_{DO} 发送给 DO。类似地，NM 计算 DU 的部分公钥 $Q_{\text{DU}} = H_1(\text{ID}_{\text{DU}})$ 和部分私钥 $D_{\text{DU}} = sQ_{\text{DU}}$，CS 的部分公钥 $Q_{\text{CS}} = H_1(\text{ID}_{\text{CS}})$ 和部分私钥 $D_{\text{CS}} = sQ_{\text{CS}}$，将（$Q_{\text{DU}}$，$D_{\text{DU}}$）发送给 DU，将（$Q_{\text{CS}}$，$D_{\text{CS}}$）发送给 CS。

3）公钥生成算法

DO、DU 和 CS 分别执行如下步骤，生成自己的公钥。

（1）DO 选择 $x_{\text{DO}} \in Z_q^*$ 为秘密值，计算 $K_{\text{DO}} = x_{\text{DO}}P$，设置自己的公钥 $\text{PK}_{\text{DO}} = (Q_{\text{DO}}, K_{\text{DO}})$。

（2）DU 选择 $x_{\text{DU}} \in Z_q^*$ 为秘密值，计算 $K_{\text{DU}} = x_{\text{DU}}P$，设置自己的公钥 $\text{PK}_{\text{DU}} = (Q_{\text{DU}}, K_{\text{DU}})$。

（3）CS 选择 $x_{\text{CS}} \in Z_q^*$ 为秘密值，计算 $K_{\text{CS}} = x_{\text{CS}}P$，设置自己的公钥 $\text{PK}_{\text{CS}} = (Q_{\text{CS}}, K_{\text{CS}})$。

4）私钥生成算法

输入 DO、DU 和 CS 的秘密值和部分私钥，DO 生成自己的私钥 $SK_{DO} = (x_{DO}, D_{DO})$，DU 生成自己的私钥 $SK_{DU} = (x_{DU}, D_{DU})$，CS 生成自己的私钥 $SK_{CS} = (x_{CS}, D_{CS})$。

5）数据加密算法

输入 DO 的私钥 SK_{DO}、DU 的公钥 PK_{DU}、CS 的公钥 PK_{CS}、待加密数据 m 和关键词 $w \in \{0,1\}^*$，DU 随机选择 $r \in Z_q^*$ 和 PK（传统公钥加密的密钥），使用 PK 加密消息 m 生成数据密文 $\delta = \text{Enc}(m, \text{PK})$，并计算 $U = x_{DO} K_{DU}$，$V = e(D_{DO}, Q_{DU})$，$I_1 = e(H(V,U,w), K_{CS})^r$，$I_2 = rP$，设置关键词索引密文 $I = (I_1, I_2)$。最后，DU 上传 (I, δ) 至 CS。

6）签名算法

输入 SK_{DO} 和 PK_{DU}，DO 为 (I, δ) 选择密文标识符 $\text{id} \in \{0,1\}^*$，计算 $t = H_2(\text{id}, V, U)$，$Y = rtP + tD_{DO}$。最后，DO 设置密文标识符签名 $S = e(Y, Q_{DU})$，并将 S 上传至区块链。

7）陷门生成算法

输入 DU 的私钥 SK_{DU}、DO 的公钥 PK_{DU} 和 CS 的公钥 PK_{CS}，DU 执行如下步骤生成搜索陷门。

（1）计算 $V = e(Q_{DO}, D_{DU})$，$U = x_{DU} K_{DO}$。

（2）随机选择 $r' \in Z_q^*$，计算 $T_1 = r'P$，$T_2 = H(V,U,w) \cdot H_3(r'K_{CS})$。设置陷门 $T_w = (T_1, T_2)$，并上传 T_w 至 CS。

8）匹配算法

输入 CS 的私钥 SK_{CS}、关键词索引密文 I 和搜索陷门 T_w，CS 计算

$$T = \frac{T_2}{H_3(SK_{CS}T_1)} = \frac{T_2}{H_3(x_{CS}r'P)} = H(k, U, w)。$$ 验证等式 $I_1 = e(x_{CS}T, I_2)$ 是否成立，若等式成立，则 I 与 T_w 匹配成功，CS 返回搜索密文和密文标识符 id 给 DU。否则，CS 返回匹配失败信息。

9）验证算法

输入 SK_{DU}、索引 I、密文标识符 id 和密文标识符签名 S，DU 和区块链执行如下步骤验证 CS 返回搜索结果的正确性。

（1）DU 计算 $V = e(Q_{DO}, D_{DU})$，$U = x_{DU} K_{DO}$，$t = H_2(\text{id}, V, U)$，$R = e(I_2, Q_{DU})^t$ 和 $S' = R \cdot V^t$，并上传 S' 至区块链。

（2）区块链验证等式 $S' = S$ 是否成立。若该等式成立，则证明 CS 返回的搜索结果正确。

正确性分析：

在关键词索引密文 I 和搜索陷门 T_w 的匹配过程中，CS 进行如下计算。

$$I_1 = e(H(V,U,w),K_{CS})^r$$

$$e(x_{CS}T, I_2) = e(x_{CS} \cdot H(V,U,w'), rP) = e(H(V,U,w'), x_{CS} \cdot rP) = e(H(V,U,w'),K_{CS})^r$$

当且仅当 $w = w'$，等式 $I_1 = e(x_{CS}T, I_2)$ 成立，CS 能够成功返回搜索密文给 DU。

8.4.3 安全性分析

1. 密文不可区分性

基于区块链的无证书否认认证可搜索加密方案，通过建立挑战者 $\mathcal{C}$ 和无证书环境下两类攻击者 $\mathcal{A} \in \{\mathcal{A}_1, \mathcal{A}_2\}$ 之间的安全游戏，证明方案的安全性。

引理 8.5 设攻击者 $\mathcal{A}_1$ 最多进行 q 次 H 查询和 H_1 查询，若存在攻击者 $\mathcal{A}_1$ 能以不可忽略的概率 ε 赢得下述的安全游戏，攻破方案安全性，则存在挑战者 $\mathcal{C}$ 能以不可忽略的概率优势 $\mathrm{Adv}_c^{\mathrm{DBDH}}(\lambda)$ 解决 DBDH 问题。

证明： 通过如下 $\mathcal{A}_1$ 与 $\mathcal{C}$ 的安全游戏，$\mathcal{C}$ 能够解决 DBDH 问题。

1）系统建立

$\mathcal{C}$ 随机选择 $t \in Z_q^*$ 并令 $\mathrm{prms} = \{G_1, G_2, e, q, P, P_{\mathrm{pub}} = cP\}$。$\mathcal{C}$ 维护元组为 $(\mathrm{ID}_i, H_1(\mathrm{ID}_i), b_i)$ 的表 L_1 和元组为 $(\mathrm{ID}_i, D_i, K_i, x_i)$ 的表 L_2。

2）询问阶段 1

$\mathcal{A}_1$ 可以自适应性地向 $\mathcal{C}$ 发起下列询问。

（1）H 询问：$\mathcal{A}_1$ 查询 $V \in G_2$，$U \in G_1$ 和关键词 w，$\mathcal{C}$ 随机从群 G_1 中选取 $H(V,U,w)$ 作为查询回复。

（2）H_1 询问：$\mathcal{A}_1$ 发起 ID_i 的 H_1 查询，如果 ID_i 的 H_1 查询结果已存储于 L_1 中，$\mathcal{C}$ 返回储存结果。否则，$\mathcal{C}$ 选择 ID_y 和 ID_η 为挑战身份，其中 $1 \leqslant y, \eta \leqslant q_{H_1}$。$\mathcal{C}$ 按如下步骤回复 $\mathcal{A}_1$。

① 当 $\mathrm{ID}_i = \mathrm{ID}_y$ 时，$\mathcal{C}$ 回复询问结果 $H(\mathrm{ID}_y) = aP$ 给 $\mathcal{A}_1$，更新 L_1。当 $\mathrm{ID}_i = \mathrm{ID}_\eta$ 时，$\mathcal{C}$ 回复 $H(\mathrm{ID}_\eta) = bP$ 给 $\mathcal{A}_1$，更新 L_1。

② 否则，$\mathcal{C}$ 随机挑取 $b_i \in Z_q^*$，回复 $H(\mathrm{ID}_i) = b_iP$ 给 $\mathcal{A}_1$，更新 L_1。

（3）部分私钥询问：$\mathcal{A}_1$ 发起 (ID_i, D_i) 的部分私钥询问后，若 $\mathrm{ID}_i = \mathrm{ID}_y, \mathrm{ID}_\eta$，算法终止。否则，$\mathcal{C}$ 检索 L_2 并返回对应部分私钥 $D_i = b_icP$。

（4）公钥询问：$\mathcal{A}_1$ 发起 ID_i 公钥查询。如果 $(\mathrm{ID}_i, D_i, K_i, x_i)$ 查询结果已经存储于 L_2 中，则 $\mathcal{C}$ 返回 K_i。否则，$\mathcal{C}$ 随机挑取 $x_i \in Z_q^*$，计算并返回 $K_i = x_iP$，更新 L_2。

（5）私钥询问：$\mathcal{A}_1$ 发起 ID_i 私钥查询。如果 ID_i 的公钥未被替换，且 $\mathrm{ID}_i \neq \mathrm{ID}_y, \mathrm{ID}_\eta$，$\mathcal{C}$ 查询 L_2，回复 $\mathcal{A}_1$ 查询结果 $\mathrm{SK}_i = (x_i, D_i)$。否则，$\mathcal{C}$ 终止算法。

（6）公钥替换询问：$\mathcal{A}_1$ 替换 PK_i 为 PK_i'，然后将 L_2 中对应元组更新为 $(ID_i, D_i, PK_i', K_i', \perp)$。

（7）索引询问：$\mathcal{A}_1$ 发起对元组 $(ID_{DO}, ID_{DU}, ID_{CS}, w)$ 的索引查询。$\mathcal{C}$ 首先进行公钥询问获取元组 $(ID_{DO}, ID_{DU}, ID_{CS})$。其次检索 L_2 获取 ID_{DO} 私钥。$\mathcal{C}$ 随机挑取 $r \in Z_q^*$，若 $(ID_{DO}, ID_{DU}) = (ID_\eta, ID_y)$ 或 $(ID_{DO}, ID_{DU}) = (ID_y, ID_\eta)$，$\mathcal{C}$ 计算 $I_1 = e(H(Z, U, w), K_{CS})^r$，$I_2 = rP$。否则，$\mathcal{C}$ 检索 L_2 获取 D_{DO}，计算 $V = e(cP, Q_r)^{h_i}$。最后 $\mathcal{C}$ 返回 $I_1 = e(H(V, U, w), K_{CS})^r$，$I_2 = rP$ 给 $\mathcal{A}_1$。

（8）陷门询问：$\mathcal{A}_1$ 发起对元组 $(ID_{DO}, ID_{DU}, ID_{CS}, w)$ 的陷门查询。$\mathcal{C}$ 首先通过询问获取 $(ID_{DO}, ID_{DU}, ID_{CS})$ 公钥，再检索 L_2 获取 D_{DO}。然后，$\mathcal{C}$ 随机选择 $r' \in Z_q^*$，若 $ID_{DO} = ID_y$，计算 $T_1 = r'P$，$T_2 = H_3(r'K_{CS}) \cdot H(Z, U, w)$。否则 $\mathcal{C}$ 检索 L_2 获取 D_{DO}，计算 $V' = e(cP, Q_r)^{h}$ 并返回 $T_1 = r'P$，$T_2 = H_3(r'K_{CS}) \cdot H(V', U, w)$。

3）挑战

$\mathcal{A}_1$ 选择挑战关键词 (w_0^*, w_1^*) 和挑战身份 (ID_{DO}^*, ID_{DU}^*)。$\mathcal{C}$ 随机挑取 $r^* \in Z_q^*$ 和比特 $\beta \in \{0, 1\}$，并返回索引 $I_{1,\beta} = e(H(Z, U, w_\beta), K_{CS})^{r^*}$，$I_{2,\beta} = r^*P$ 给 $\mathcal{A}_1$。

4）询问阶段 2

$\mathcal{A}_1$ 可以继续上述查询，但要求 $w \neq w_0^*$ 且 $w \neq w_1^*$。

5）猜测

$\mathcal{A}_1$ 输出 $\beta' \in \{0, 1\}$。若 $\beta' = \beta$，则 $\mathcal{A}_1$ 挑战成功。

设 E_1 表示事件 $\mathcal{A}_1$ 挑战的身份为 (ID_γ, ID_η)，那么 E_1 不发生的概率为 $\dfrac{1}{q_{H_1}(q_{H_1} - 1)}$。假设算法没有终止且 $\mathcal{C}$ 成功解决 DBDH 问题，则 $\mathcal{A}_1$ 能以概率 $Adv_{\mathcal{A}_1}^C(\lambda) + 1/2$ 攻破方案安全性赢得游戏 I。由 DBDH 问题的公认难解性可知，$\mathcal{C}$ 成功解决 DBDH 问题的概率 $Adv_C^{DBDH}(\lambda) \geqslant \dfrac{1}{2q_{H_1}(q_{H_1} - 1)} \cdot Adv_{\mathcal{A}_1}^C(\lambda)$ 为可忽略的值，因此 $\mathcal{A}_1$ 攻破方案安全性的概率为可忽略的值。

引理 8.6 设攻击者 $\mathcal{A}_2$ 最多进行 q 次 H 查询和 H_1 查询，若存在攻击者 $\mathcal{A}_2$ 能以不可忽略的概率 ε 赢得下述的安全游戏，攻破方案安全性，则存在挑战者 $\mathcal{C}$ 能以不可忽略的概率 $Adv_C^{DBDH}(\lambda)$ 解决 DBDH 问题。

证明：通过如下 $\mathcal{A}_2$ 与 $\mathcal{C}$ 的安全游戏，$\mathcal{C}$ 能够解决 DBDH 问题。

1）系统建立

$\mathcal{C}$ 随机选择 $t \in Z_q^*$ 并令 $prms = \{G_1, G_2, e, q, P, P_{pub} = sP\}$。$\mathcal{C}$ 维护元组为 $(ID_i, H_1(ID_i), b_i)$ 的表 L_1 和元组为 (ID_i, D_i, K_i, x_i) 的表 L_2。

2）询问阶段 1

$\mathcal{A}_2$ 可以自适应性地向 $\mathcal{C}$ 发起下列询问。

（1）H_1 询问：$\mathcal{A}_2$ 发起 ID_i 查询，如果 ID_i 查询结果已经存储于 L_1 中，则返回储存结果。否则，$\mathcal{C}$ 随机挑取 $b_i \in Z_q^*$，计算并回复 $H_1(\mathrm{ID}_i) = b_i P$，更新 L_1。

（2）公钥询问：$\mathcal{A}_2$ 发起 ID_i 公钥查询。如果 ID_i 查询结果已经存储于 L_2 中，$\mathcal{C}$ 返回 K_i。否则，$\mathcal{C}$ 随机挑取 $x_i \in Z_q^*$，并设置 $(\mathrm{ID}_y, \mathrm{ID}_\eta)$ 为挑战身份，其中 $1 \leqslant y, \eta \leqslant q_{H_1}$。$\mathcal{C}$ 按如下步骤回复 $\mathcal{A}_2$。

① 当 $\mathrm{ID}_i = \mathrm{ID}_y$，$\mathcal{C}$ 对 $\mathcal{A}_2$ 回复询问结果 $K_y = x_i aP$，添加 $(\mathrm{ID}_y, K_y = x_i aP, x_i)$ 对 L_2 进行更新。当 $\mathrm{ID}_i = \mathrm{ID}_\eta$，$\mathcal{C}$ 给 $\mathcal{A}_2$ 回复询问结果 $K_\eta = x_i bP$，添加 $(\mathrm{ID}_\eta, K_\eta = x_i bP, x_i)$ 对 L_2 进行更新。

② 否则，$\mathcal{C}$ 给 $\mathcal{A}_2$ 回复 $K_i = x_i P$，添加 $(\mathrm{ID}_i, K_i = x_i P, x_i)$ 对 L_2 进行更新。

（3）私钥询问：$\mathcal{A}_2$ 发起 (ID_i, D_i) 的私钥查询。若 $\mathrm{ID}_i \neq (\mathrm{ID}_y, \mathrm{ID}_\eta)$，算法终止。否则，$\mathcal{C}$ 检索 L_2 并返回私钥 $\mathrm{SK}_i = (x_i, D_i)$。

（4）H 询问：$\mathcal{A}_2$ 进行 $H(V, U, w)$ 查询，$\mathcal{C}$ 使用 $(V, *, w)$ 检索 L_2 中是否存在 $H(V, U, w)$，其中 $e(x_i^2 P, U) = e(x_i aP, x_i bP)$。若存在，$\mathcal{C}$ 将元组中 $*$ 更新为 U。

（5）索引询问：$\mathcal{A}_2$ 发起 $(\mathrm{ID}_{\mathrm{DO}}, \mathrm{ID}_{\mathrm{DU}}, \mathrm{ID}_{\mathrm{CS}}, w)$ 的索引查询。$\mathcal{C}$ 首先进行公钥询问获取 $(\mathrm{ID}_{\mathrm{DO}}, \mathrm{ID}_{\mathrm{DU}}, \mathrm{ID}_{\mathrm{CS}})$ 公钥，然后通过检索 L_2 获取 $\mathrm{ID}_{\mathrm{DO}}$ 私钥。$\mathcal{C}$ 随机挑取 $r \in Z_q^*$。

① 如果 $\mathrm{ID}_{\mathrm{DO}} \neq (\mathrm{ID}_y, \mathrm{ID}_\eta)$，$\mathcal{C}$ 执行数据加密算法回复询问结果给 $\mathcal{A}_2$。

② 如果 $\mathrm{ID}_{\mathrm{DO}} = (\mathrm{ID}_y, \mathrm{ID}_\eta)$，$\mathrm{ID}_{\mathrm{DU}} = (\mathrm{ID}_y, \mathrm{ID}_\eta)$，$\mathcal{C}$ 计算 $I_1 = e(H(V, x_i^2 abP, w), K_{\mathrm{CS}})^r$ 和 $I_2 = rp$。

（6）陷门询问：$\mathcal{A}_2$ 发起 $(\mathrm{ID}_{\mathrm{DO}}, \mathrm{ID}_{\mathrm{DU}}, \mathrm{ID}_{\mathrm{CS}}, w)$ 的陷门查询。$\mathcal{C}$ 首先进行公钥询问获取 $(\mathrm{ID}_{\mathrm{DO}}, \mathrm{ID}_{\mathrm{DU}}, \mathrm{ID}_{\mathrm{CS}})$ 公钥，然后通过检索 L_2 获取 $\mathrm{ID}_{\mathrm{DU}}$ 私钥。$\mathcal{C}$ 随机挑取 $r' \in Z_q^*$。若 $\mathrm{ID}_{\mathrm{DU}} = (\mathrm{ID}_y, \mathrm{ID}_\eta)$，$\mathcal{C}$ 检索 L_2 获取满足 $e(x_i^2 P, U) = e(x_i aP, x_i bP)$ 的 $H(U, V, w)$，然后计算 $T_1 = r'P$，$T_2 = H_3(r' K_{\mathrm{CS}})H(V, x_i^2 abP, w)$。否则，$\mathcal{C}$ 检索 L_2 获取 $(D_{\mathrm{DU}}, x_{\mathrm{DO}})$，并执行陷门生成算法给 $\mathcal{A}_2$ 回复询问结果。

3）挑战

$\mathcal{A}_2$ 选择挑战关键词 (w_0^*, w_1^*) 和挑战身份 $(\mathrm{ID}_{\mathrm{DO}}^*, \mathrm{ID}_{\mathrm{DU}}^*)$。若 $\mathrm{ID}_{\mathrm{DO}} \neq (\mathrm{ID}_y, \mathrm{ID}_\eta)$，算法终止。否则，$\mathcal{C}$ 随机挑取 $r^* \in Z_q^*$ 和比特 $\beta \in \{0,1\}$，并计算 $K_{\mathrm{DU}}^* = x_i bP$。C 随机选择 $V \in G_2$ 计算 $H(U, V, w_\beta)$ 的值，返回给 $\mathcal{A}_2$ 索引 $I_{1,\beta} = e(H(V, U, w_\beta), K_{\mathrm{CS}})^r$，$I_{2,\beta} = rP$。

4）询问阶段 2

$\mathcal{A}_2$ 可以继续上述查询，但要求 $w \neq w_0^*$ 且 $w \neq w_1^*$。

5）猜测

$\mathcal{A}_2$ 输出 $\beta' \in \{0,1\}$。若 $\beta' = \beta$，则 $\mathcal{A}_2$ 挑战成功。

如果 $\mathcal{A}_2$ 选择的挑战身份为 $(\mathrm{ID}_y, \mathrm{ID}_\eta)$，$\mathrm{ID}_{\mathrm{DU}} = (\mathrm{ID}_y, \mathrm{ID}_\eta)$（$\mathrm{E}_2$ 表示此事件），那么 E_2 不发生的概率为 $\dfrac{1}{q_{H_1}}$。假设算法没有终止且 $U^* = X_i^2 abP$，$\mathcal{C}$ 验证等式 $e(x_i^2 P, U^*) = e(x_i aP, x_i bP)$ 是否成立。若成立，$\mathcal{C}$ 返回 $U^* = abP$。$\mathcal{A}_2$ 能以概率 $\mathrm{Adv}_{\mathcal{A}_{\mathrm{II}}}^c(\lambda) + 1/2$ 攻破方案安全性赢得游戏 II。由 DBDH 问题的公认难解性可知，$\mathcal{C}$ 成功解决 DBDH 问题的概率 $\mathrm{Adv}_{\mathcal{C}}^{\mathrm{DBDH}}(\lambda) \geqslant \dfrac{1}{q_{H_1}} \cdot \mathrm{Adv}_{\mathcal{A}_{\mathrm{II}}}^c(\lambda)$ 为可忽略的值，因此 $\mathcal{A}_2$ 赢得安全游戏的概率为可忽略的值。

定理 8.3 可通过引理 8.5 与引理 8.6 证明。

定理 8.3　设 $\mathcal{A} \in \{\mathcal{A}_1, \mathcal{A}_2\}$ 赢得上述安全游戏的概率是可忽略的值，则基于区块链的无证书否认认证可搜索加密方案满足密文不可区分性。

2. 陷门不可区分性

引理 8.7　假定攻击者 $\mathcal{A}_1$ 最多进行 q 次 $\{H, H_1\}$ 查询，若存在攻击者 $\mathcal{A}_1$ 能以不可忽略的概率 ε 打破方案安全性赢得下述游戏，则存在挑战者 $\mathcal{C}$ 能以不可忽略的概率 $\mathrm{Adv}_{\mathcal{C}}^{\mathrm{DBDH}}(\lambda)$ 解决 DBDH 问题。

证明：引理 8.7 的主要证明过程与引理 8.5 的证明过程类似，挑战部分除外。

挑战：$\mathcal{A}_1$ 选择挑战关键词 (w_0^*, w_1^*) 和挑战身份 $(\mathrm{ID}_{\mathrm{DO}}^*, \mathrm{ID}_{\mathrm{DU}}^*)$。$\mathcal{C}$ 随机选择 $r \in Z_q^*$ 和 $\beta \in \{0,1\}$，并返回挑战陷门 $T_1 = r^* P$，$T_2 = H_3(r^* K_{\mathrm{CS}}) \cdot H(Z, U, w_\beta)$ 给 $\mathcal{A}_1$。

引理 8.8　假定攻击者 $\mathcal{A}_2$ 最多进行 q 次 $\{H, H_1\}$ 查询，若存在攻击者 $\mathcal{A}_2$ 能以不可忽略的概率 ε 打破方案安全性赢得下述游戏，则存在挑战者 $\mathcal{C}$ 能以不可忽略的概率 $\mathrm{Adv}_{\mathcal{C}}^{\mathrm{DBDH}}(\lambda)$ 解决 DBDH 问题。

证明：引理 8.8 的主要证明过程与引理 8.6 的证明过程类似，挑战部分除外。

挑战：$\mathcal{A}_2$ 选择挑战关键词 (w_0^*, w_1^*) 和挑战身份 $(\mathrm{ID}_{\mathrm{DO}}^*, \mathrm{ID}_{\mathrm{DU}}^*)$。$\mathcal{C}$ 随机选择 $r \in Z_q^*$ 和 $\beta \in \{0,1\}$，并返回挑战陷门 $T_1 = r^* P$，$T_2 = H_3(r^* K_{\mathrm{CS}}) \cdot H(Z, U, w_\beta)$ 给 $\mathcal{A}_2$。

定理 8.4 可通过引理 8.7 与引理 8.8 证明。

定理 8.4　若攻击者 $\mathcal{A} \in \{\mathcal{A}_1, \mathcal{A}_2\}$ 赢得安全游戏的概率是可忽略的值，则基于区块链的无证书否认认证可搜索加密方案满足陷门不可区分性。

8.4.4 性能分析

表 8.3 对各方案的计算复杂度进行了对比,其中 e 表示 1 次 G_1 元素的幂运算, H 表示 1 次哈希函数运算,Pa 表示 1 次双线性对运算,M 表示 1 次乘法运算,ad 表示 1 次点加法运算,Sm 表示 1 次标量乘法运算。

表 8.3 计算复杂度对比

方案	加密算法	陷门生成算法	匹配算法
文献[7]方案	$3e + H + M$	$e + H + Pa$	$2Pa + M$
文献[13]方案	$4H + 3ad + 5Sm$	$4H + Pa + 2ad + 3Sm$	$2H + 2Pa + M + 2ad + 2Sm$
文献[8]方案	$3e + H + 2Pa$	$2e + H + Pa + M$	$2e + 2Pa + M$
文献[25]方案	$3H + 3ad + 7Sm$	$3H + Pa + 4ad + 7Sm$	$H + 2Pa + M + 2ad + 3Sm$
本节方案	$e + H + 2Pa + 2Sm$	$2H + Pa + 3Sm$	$H + Pa + 2Sm$

表 8.4 对各方案的安全性进行了对比,其中 IKGA/SC 表示方案在安全信道下能抵抗 IKGA,IKGA/WSC 表示方案无需安全信道抵抗 IKGA,IP 表示方案支持身份隐私保护验证,Blockchain 表示方案应用了区块链技术。从表 8.4 中可以看出,文献[7]方案需要在安全信道下传送数据,以抵抗 IKGA。文献[13]、文献[8]和文献[25]方案无法提供用户身份隐私保护验证服务,也无法适用于区块链场景。本节方案与文献[7]、文献[8]、文献[13]和文献[25]方案相比,功能性更好。

表 8.4 方案安全性对比

方案	IKGA/SC	IKGA/WSC	IP	Blockchain
文献[7]方案	✓	×	×	×
文献[13]方案	✓	✓	×	×
文献[8]方案	✓	✓	×	×
文献[25]方案	✓	✓	×	×
本节方案	✓	✓	✓	✓

使用 PBC 库实现加密、陷门生成和密文匹配算法的仿真实验,计算开销比较结果如图 8.9 所示,与同类方案相比,本节方案的计算性能更好且具有更强的安全性。

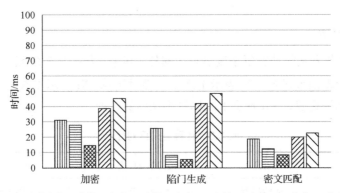

图 8.9　算法计算开销比较结果

8.5　基于区块链的云端医疗数据搜索共享方案

Sahai 等 [26]于 2005 年提出了基于属性加密（attribute-based encryption，ABE）体制，该加密体制能够实现细粒度的访问控制。2013 年，Kaushik 等[27]结合属性加密技术与可搜索加密技术的优点，提出了基于属性的可搜索加密方案。基于属性的可搜索加密方案支持密文数据的细粒度访问与搜索，能够更加灵活和高效地保护数据安全。区块链技术可以实现数据的真实性与完整性验证。本书作者结合区块链技术、属性加密技术与可搜索加密技术，提出了一种基于区块链的云端医疗数据搜索共享方案。该方案使用基于属性的可搜索加密技术，实现了密文长度的恒定，提高了云端医疗数据搜索效率；采用策略隐藏方法，保证了云端医疗数据的机密性和用户身份的隐私性；利用公开审计机制，验证了云端数据的完整性。

8.5.1　系统模型

本节方案的系统模型如图 8.10 所示，基于区块链的云端医疗数据搜索共享方案包括下面几个主要参与实体。

（1）属性权威中心（attribute authority center，AAC）：负责生成系统参数和各实体对应密钥。

（2）患者：负责确定访问控制策略，授权医院加密医疗数据。

（3）医院：负责生成医疗数据密文和关键词索引密文，将关键词索引密文上传至区块链，并将医疗数据密文上传到云服务器。

（4）云服务器提供商（cloud service provider，CSP）：负责存储由医院上传的医疗数据密文，还负责向用户发送搜索医疗数据存储地址的请求。

（5）区块链：负责存储加密的医疗数据索引。

（6）访问用户（accessing user，AU）：负责生成搜索陷门，并向区块链发送医疗数据访问请求。

（7）第三方审计者（third party auditor，TPA）：负责验证云存储中医疗数据的完整性，并将审计结果返回给患者。

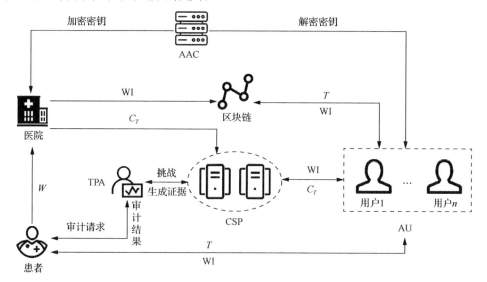

图 8.10　本节方案的系统模型

WI：关键词索引密文；T：陷门；C_T：密文；W：访问策略

8.5.2　方案描述

1）系统建立算法

输入安全参数 k，G_1 和 G_T 是阶为素数 p 的乘法循环群，g 为 G_1 的生成元，$e: G_1 \times G_1 \to G_T$ 是一个双线性映射。定义系统属性集合 $U = \{\text{att}_1, \text{att}_2, \cdots, \text{att}_n\}$，以及属性 att_i 的集合 $S_i = \{v_{i,1}, v_{i,2}, \cdots, v_{i,j}\}$。AAC 执行如下步骤生成系统参数 PP 和主密钥 msk。

（1）选择哈希函数 $H_0: Z_p^* \times \{0,1\}^{\log_2 n} \times \{0,1\}^{\log_2 m} \to Z_p^*$，$H_1: \{0,1\}^* \to G_1$，$H_3: Z_p \to G_1$ 和一个带密钥的哈希函数 $H_k: \{0,1\}^* \to Z_p$。

（2）随机选择 $a, b, c \in Z_P$，计算 $\phi = e(g,g)^a$，$\gamma = g^b$ 和 $\text{pk} = g^c$。

（3）对任意属性 att_i（$\text{att} \in U$），随机选择 $x_{i,j} \in Z_P$，计算 $a_{i,j} = H_0(a \| x_{i,j})$，$A_{i,j} = g^{-a_{i,j}}$ 和 $Y_{i,j} = e(g,g)^{a_{i,j}}$，其中 $i,j \in (1,2,\cdots,n)$。

（4）公开系统参数 $\text{PP} = (G_1, G_T, e, p, g, \phi, \gamma, \text{pk}, H_0, H_1, H_3, H_k, \{A_{i,j}, Y_{i,j}\}_{1 \le i \le n, 1 \le j \le n_i})$，

秘密保存主密钥 $\text{msk} = (a, b, a_{i,j})$ 。

2）密钥生成算法

AAC 收到患者发送的属性列表 $L = \{L_1, L_2, \cdots, L_u\}$ 后，执行如下步骤生成 L 对应的私钥。

（1）随机选择 $\text{sk}, \alpha, \beta \in Z_p$ ，计算 $\tau_i = (g \cdot H_3(\text{sk}))^{-a_{i,j}}$ ， $X = \phi^\alpha$ 和 $K = g^{(a+\beta)/b}$ 。

（2）对于属性 att_i ，AAC 随机选择 $\lambda_i \in Z_p$ ，通过计算 $\text{sk}_{i,1} = g^{\beta - \lambda_i \cdot a_{i,j}}$ ，得到私钥 $\text{SK}_L = \left(\text{sk}, K, \{\tau_i, \text{sk}_{i,1}\}_{1 \leqslant i \leqslant n} \right)$ 。

（3）随机选取 $\text{ssk}_F \in Z_p$ ，将 ssk_F 作为任意数据文件块 $F(1 \leqslant F \leqslant m)$ 的签名私钥，并将其发送给患者。

（4）计算公钥 $\text{pk} = g^{\text{ssk}_F}$ 。

3）加密算法

医院根据患者制定访问策略 W ，执行如下步骤加密医疗数据 M 。

（1）计算 $A_\omega = \prod_{v_{i,j} \in W} A_{i,j}$ 和 $Y_\omega = \prod_{v_{i,j} \in W} Y_{i,j}$ 。

（2）随机选取 $r \in Z_p$ ，计算 $C_1 = g^r$ ， $C_2 = A_\omega{}^r$ 及 $C_3 = M \cdot Y_\omega{}^r$ 。

（3）将密文数据 CT 划分为 m 块， $\text{CT} = (\text{CT}_1, \text{CT}_2, \cdots, \text{CT}_m)$ 。为每个密文数据块 CT_j 计算标签 $\delta_j = (H_2(j) g^{\text{CT}_j})^{\text{ssk}_F}$ 。

（4）发送医疗数据 M 的密文 $C_T = (C_1, C_2, C_3)$ 和相应的标签 δ_j 给 CSP。

4）关键词索引加密算法

医院提取医疗数据 M 的关键词集合 $\text{kw} = \{\text{kw}_1, \text{kw}_2, \cdots, \text{kw}_n\}$ 。计算 $\hat{C} = \phi^r$ ， $I = \gamma^{r/H_k(\text{kw}_i)}$ 和 $U = X^{-r}$ 。最后，医院生成关键词索引密文 $\text{WI} = \left(\hat{C}, I, U \right)$ ，并将其发送至 CSP。

5）陷门生成算法

患者随机选取 $s \in Z_p$ ，计算 $\hat{T} = \alpha + s$ ， $T_0 = K^{H_k(\text{kw}_i)s}$ ， $T_{i,1} = \text{sk}_{i,1}{}^s$ 和 $T_{i,2} = \text{sk}_{i,2}{}^s$ ，其中 $i \in \{1, 2, \cdots, n\}$ 。然后，患者将身份标识符 ID_i 和陷门 $T = \left(\hat{T}, T_0, T_{i,1}, T_{i,1} \right)$ 发送至 CSP。

6）搜索算法

CSP 收到 ID_i 和陷门 T 后，验证 AU 是否在用户列表 L_u 中。如果不在列表 L_u 中，结束搜索；否则，搜索医疗数据密文的步骤如下。

（1）计算 $T_1 = \prod_{i=1}^{n} T_{i,1}$，$T_2 = \prod_{i=2}^{n} T_{i,2}$，$E_1 = e(C_1, T_1)$ 和 $E_2 = e(C_2, T_2)$。

（2）验证等式 $e(I, T_0) \cdot E = \hat{C}^{\hat{t}} \cdot U$ 是否成立，其中 $E = E_2 / E_1$。如果成立，CSP 将对应的医疗数据搜索结果发送给 AU；否则，CSP 返回 $\perp$。

7）解密算法

AU 得到搜索结果密文 $C_T = (C_1, C_2, C_3)$ 后，解密医疗数据 $M = \dfrac{C_3}{e(\tau_\omega, C_1) e(H_3(\text{sk}), C_2)}$。

8）审计算法

TPA 收到患者发送的对 CT_F 的审计请求后，随机选择 d 个数，生成索引集合 $I = \{\text{CT}_1, \text{CT}_2, \cdots, \text{CT}_d\}$。对任意 $j \in I$，随机选择 $\rho_j \in Z_p$，生成挑战信息 $\text{chal} = \left(j, \rho_j\right)_{j \in I}$，并将 chal 及 δ_j 发送给 CSP。对云端医疗数据的审计过程如下。

（1）证据生成（ProofGen）：TPA 向 CSP 发送患者的审计请求，CSP 计算聚合证据 $\delta = \prod_{j \in I} \delta_j^{\rho_j}$ 和聚合密文 $\theta = \prod_{(j, \rho_j) \in I} C_j \rho_j$，并将证明信息 $P = (\delta, \theta)$ 返回给 TPA。

（2）证据验证（VerifyProof）：TPA 收到 P 后，验证 $e(\delta, g) = e(\prod_{(j, \rho_j) \in I} H_2(j)^{\rho_j} \cdot g^\theta, \text{pk})$ 是否成立。如果成立，表明云端医疗数据密文 CT_j 完整；否则，表示 CT_j 损坏，TPA 将验证结果反馈给患者。

正确性分析：

1）解密的正确性

C_T 是有效的原始密文，经过授权的用户可以通过计算如下等式恢复明文 M，$M = \dfrac{C_3}{e(\tau_\omega, C_1) e(H_3(\text{sk}), C_2)}$。

收到 CSP 发送的密文 C_1 和 AAC 发布的参数 $\tau_\omega = \prod_{i=1}^{n} g^{a_{i,j}} \cdot H_3(\alpha)^{a_{i,j}}$ $(1 \leqslant i \leqslant n,$ $1 \leqslant j \leqslant n_i)$ 后，用户计算 $e(\tau_\omega, C_1) = e(\prod_{i=1}^{n} g^{a_{i,j}} \cdot H_3(\alpha)^{a_{i,j}}, g^r) = e(\prod_{i=1}^{n} g, g)^{r \cdot a_{i,j}}$ $e(\prod_{i=1}^{n} H_3(\alpha)^{a_{i,j}}, g^r)$。由密文信息 $C_2 = A_w^r$ 可得等式 $e(H_3(\alpha), C_2) = e(H_3(\alpha),$ $\prod_{i=1}^{n} g^{-a_{i,j}r})$。

用户可以进行如下计算验证数据解密的正确性。

$$\frac{C_3}{e(\tau_\omega, C_1)e(H_3(\alpha), C_2)}$$

$$= \frac{M \cdot \prod_{i=1}^{n} e(g,g)^{ra_{i,j}}}{e(\prod_{i=1}^{n} g,g)^{r \cdot a_{i,j}} e(\prod_{i=1}^{n} H_3(\alpha)^{a_{i,j}}, g^r) \cdot e(H_3(\alpha), \prod_{i=1}^{n} g^{-a_{i,j}r})}$$

$$= \frac{M \cdot \prod_{i=1}^{n} e(g,g)^{ra_{i,j}}}{e(\prod_{i=1}^{n} g,g)^{r \cdot a_{i,j}}} = M$$

2）搜索结果的正确性

用户收到 CSP 返回的搜索数据后，根据搜索令牌 $T_{i,1} = \mathrm{sk}_{i,1}{}^s$ 和 $T_{i,2} = \mathrm{sk}_{i,2}{}^s$，得到 $T_1 = \prod_{i=1}^{n} T_{i,1} = \prod_{i=1}^{n} g^{\beta - \lambda_i a_{i,j} \cdot s}$ 和 $T_2 = \prod_{i=1}^{n} T_{i,2} = \prod_{i=1}^{n} g^{\lambda_i}$。计算 $E_1 = e(C_1, T_1) = e(\prod_{i=1}^{n} g^r,$ $g^{\beta - \lambda_i a_{i,j} \cdot s}) = e(g,g)^{r\beta s} e(g,g)^{\sum_{i=1}^{n} -\lambda_i a_{i,j} s}$ 和 $E_2 = e(C_2, T_2) = e(\prod_{i=1}^{n} g^{\lambda_i}, g^{-a_{i,j}}) = e(g, g)^{\sum_{i=1}^{n} -\lambda_i \cdot a_{i,j} \cdot s}$。

搜索结果的正确性验证如下：

$$e(I, T_0) \cdot E = e(\gamma^{r/H_2(\mathrm{kw}_i)}, K^{H_2(\mathrm{kw}_i)s}) \cdot e(g,g)^{-r\beta s}$$
$$= e(g^{br/H_2(\mathrm{kw}_i)}, g^{((a+\beta)/b) \cdot H_2(\mathrm{kw}_i)s}) \cdot e(g,g)^{-r\beta s}$$
$$= e(g,g)^{rs(a+\beta)} \cdot e(g,g)^{-r\beta s}$$
$$= e(g,g)^{ar(\alpha+s)-ar\alpha} = \phi^{r(\alpha+s)} \cdot X^{-r} = \hat{C}^{\hat{T}} \cdot U$$

3）审计结果的正确性

TPA 收到 CSP 发送的聚合证据 $\delta = \prod_{j \in I} \delta_j{}^{\rho_j}$ 和聚合密文 $\theta = \prod_{(j,\rho_j) \in I} C_j \rho_j$ 后，进行如下计算验证审计结果的正确性。

$$e(\delta, g) = e(\prod_{(j,v_j) \in I} \delta_j{}^{\rho_j}, g) = e(\prod_{(j,v_j) \in I} (H_2(j)^{\rho_j} g^{\sum_{(j,v_j) \in I} \mathrm{CT}_j \cdot \rho_j}), g^{\mathrm{ssk}_F})$$
$$= e(\prod_{(j,v_j) \in I} H_2(j)^{\rho_j} g^\theta, \mathrm{pk})$$

8.5.3 安全性分析

本小节基于定理 8.5 证明方案的机密性，基于定理 8.6 证明方案密文索引的不可区分性。

引理 8.9　在多项式时间 t 内，如果存在攻击者 $\mathcal{A}_1$ 能以不可忽略的概率 $\dfrac{1}{2}+\varepsilon$ 攻破本节方案的机密性，则存在挑战者 $\mathcal{C}$ 能以 $\dfrac{\varepsilon}{2}$ 的概率解决 q-BDHE 问题。

证明： 给定挑战元组 $\left(g,y_{g,\alpha,q},T\right)$，其中 $y_{g,\alpha,q}=(g_1,g_2,\cdots,g_q,g_{q+1},\cdots,g_{2q},g^s)$，$T\in G_T$，$\mathcal{C}$ 和 $\mathcal{A}_1$ 之间的安全游戏如下所示。

1）系统建立

$\mathcal{A}_1$ 向 $\mathcal{C}$ 发送访问策略 $W^*=(W_1,W_2,\cdots,W_n)=\varLambda_{i\in I_{W^*}}W_i$，其中 $I_{W^*}=\{1,2,3,\cdots,n\}$ 为 W^* 中属性的索引。$\mathcal{C}$ 随机选取 $i^*\in I_{W^*}$，$a,a'\in Z_P$ 和 $x_{i,j}\in Z_p$，按照以下三种情况计算 $A_{i^*,j}$ 和 $Y_{i^*,j}$，并将系统公共参数 $\mathrm{PP}=(G_1,G_T,e,p,g,\phi,\gamma,\mathrm{pk},H_0,H_1,H_2,H_3,(A_{i,j},Y_{i,j})_{1\leqslant i\leqslant n,1\leqslant j\leqslant n_i})$ 发送给 $\mathcal{A}_1$。

（1）如果 $i=i^*$，当 $v_{i,j}=W_i$ 时，$\mathcal{C}$ 计算 $(A_{i^*,j},Y_{i^*,j})=(g^{H_0(a\|x_{i,j})}\prod\limits_{i\in I_{W^*}-i^*}g_{q+1-i}$，$e(g,g)^{H_0(a\|x_{i,j})}e(gg)^{a^{q+1}})$；当 $v_{i,j}\neq W_i$，$\mathcal{C}$ 计算 $(A_{i^*,j},Y_{i^*,j})=(g^{-H_0(a'\|x_{i,j})}$，$e(g,g)^{H_0(-a'\|x_{i,j})})$。

（2）如果 $i=I_{W^*}-\{i^*\}$，当 $v_{i,j}=W_i$ 时，$\mathcal{C}$ 计算 $(A_{i^*,j},Y_{i^*,j})=(g^{H_0(a\|x_{i,j})}g_{q+1-i}^{-1}$，$e(g,g)^{H_0(a\|x_{i,j})})$；当 $v_{i,j}\neq W_i$，计算 $(A_{i^*,j},Y_{i^*,j})=(g^{-H_0(a'\|x_{i,j})},e(g,g)^{H_0(a'\|x_{i,j})})$。

（3）如果 $i\notin I_{W^*}$，$\mathcal{C}$ 计算 $(A_{i^*,j},Y_{i^*,j})=(g^{-H_0(a\|x_{i,j})},e(g,g)^{H_0(a\|x_{i,j})})$。

2）询问阶段 1

$\mathcal{A}_1$ 可以向 $\mathcal{C}$ 进行如下哈希询问。

（1）H_0 预言机询问 $O_{H_0}(a_{i,j})$：$\mathcal{A}_1$ 将属性发送给 $\mathcal{C}$，请求 H_0 询问。$\mathcal{C}$ 首先在列表 $L_0=[\mathrm{att}_i,a,a_{i,j}]$ 中查询 att_i 是否存在，如果存在，将对应的哈希值返回给 $\mathcal{A}_1$；否则，$\mathcal{C}$ 随机选择 $x_{i',j}\in Z_p$，令 $a_{i',j}=H_0(a\|x_{i',j})$，其中 $a\in Z_p$。其次将 $(\mathrm{att}_i,a,a_{i',j})$ 添加到列表 L_0 中，发送 $a_{i',j}$ 给 $\mathcal{A}_1$。

（2）H_3 预言机询问 $O_{H_3}(\mathrm{sk})$：$\mathcal{A}_1$ 向 $\mathcal{C}$ 发送属性 att_i，请求询问私钥。$\mathcal{C}$ 首先在列表 L_3 中查询 sk 是否存在。如果存在，$\mathcal{C}$ 将对应的值返回给 $\mathcal{A}_1$；否则，$\mathcal{C}$ 执行如下步骤。

① 如果 $i=i^*$ 且 $L_i\notin W_i$，随机选择 $\mu\in Z_p$，将 (sk,g_lg^μ) 添加至列表 L_3 并返回 g_lg^μ，其中 l 表示 L_3 的索引值。

② 如果 $i=i^*$ 且 $L_i\notin W_i$，随机选择 $\mu\in Z_p$，在列表 L_3 中添加 (sk,g_lg^μ) 并返回 g_lg^μ，其中 $l\in\{1,2,\cdots,n\}$。

（3）密钥询问：$\mathcal{A}_1$ 输入 ID_i 及属性集合 $L=\{L_1,L_2,\cdots,L_u\}$，向 $\mathcal{C}$ 询问密钥。假设存在属性 $\mathrm{att}_{i'}\in L$，且满足 $v_{i',j}\neq W_{i'}$。当 $i\neq l$ 时，$\mathcal{C}$ 随机选取 $\mu\in Z_p$，计算属性私钥 τ_i 的过程如下。

① 如果 $i=i^*$，假设 $L_{i^*}=v_{i^*,j}$，计算 $\tau_i=\tau_{i^*}=g_i^{H_0(a\|x_{i^*,j})}\cdot g^{H_0(a\|x_{i^*,j})}$ $(\prod\limits_{i\in I_W-i^*}g_{q+1-i+i'}^{-1})\cdot(A_{i^*,j})^{-\mu}$。

② 如果 $i=I_W-\{i^*\}$，假设 $L_i=v_{i,j}$，计算 $\tau_i=g_i^{H_0(a\|x_{i,j})}\cdot g^{H_0(a\|x_{i,j})}g_{q+1-i+i'}(A_{i,t_i})^{-\mu}$。

③ 如果 $i\notin I_W$，假设 $L_i=v_{i,j}$，计算 $\tau_i=g_i^{H_0(a\|x_{i,j})}\cdot(g_ig^z)^{H_0(a\|x_{i,j})}$。

3）挑战阶段

$\mathcal{A}_1$ 向 $\mathcal{C}$ 发送明文消息 M_0 和 M_1（M_0 和 M_1 等长），计算 $a_{W^*}=\sum\limits_{i=1}^{n}\sum\limits_{j=1}^{j=n_i}a_{i,j}$，通过抛硬币游戏选择 $\xi\in\{0,1\}$，计算得到密文 $\mathrm{CT}'=\left(C_1',C_2',C_3'\right)$，其中 $C_1'=g^r=h$，

$C_2'=(\prod\limits_{v_{i,j}\in W}g^{-a_{i,j}})^r=(g^{-a_{i^*,j}}\prod\limits_{i\in I_W-\{i^*\}}g_{q+1-i}\prod\limits_{i\in I_W-\{i^*\}}g^{a_{i,j}}g_{q+1-i}^{-1})^r=h^{-a_{W^*}}$，如果 $T=e(g_{q+1},h)$，

$\mathrm{CT}'=\left(C_1',C_2',C_3'\right)$ 是合法密文；否则，CT' 是随机密文。

4）询问阶段 2

重复询问阶段 1，但 $\mathcal{A}_1$ 不能继续询问 M_0 和 M_1 对应的密文。

5）猜测阶段

$\mathcal{A}_1$ 输出对 M_ξ 的猜测结果 $\xi'\in\{0,1\}$。如果 $\xi=\xi'$，输出 1，猜测结果为 $T=e(g_{q+1},g^r)$。$\mathcal{A}_1$ 猜中 $n_a|G_1|+|Z_P|$ 的概率 $\varepsilon_{\mathfrak{A}}=\Pr[\xi'=\xi|T=e(g_{q+1},g^r)]=\dfrac{1}{2}+\varepsilon$。如果 $\xi'\neq\xi$，输出 0，表示 T 为一个随机值，$\mathcal{A}_1$ 猜中 ξ' 的概率 $\varepsilon_{\mathfrak{A}}=\Pr[\xi'=\xi|T\in G_T]=\dfrac{1}{2}$。因此，$\mathcal{C}$ 解决 q-BDHE 问题的概率为

$$\varepsilon_{\mathfrak{A}}=\frac{1}{2}\Pr[\xi'=\xi|T=e(g_{q+1},g^r)]+\frac{1}{2}\Pr[\xi'=\xi|T\in G_T]-\frac{1}{2}=\frac{\varepsilon}{2}$$

因此，如果 $\mathcal{A}_1$ 能以不可忽略的概率 $\dfrac{1}{2}+\varepsilon$ 攻破本节方案的机密性，那么 $\mathcal{C}$ 能以不可忽略的概率 $\dfrac{\varepsilon}{2}$ 解决 q-BDHE 问题。这与 q-BDHE 问题的难解性矛盾，因此 $\mathcal{A}_1$ 攻破本节方案机密性的概率是可忽略的值。

定理 8.5 可通过引理 8.9 证明。

定理 8.5 若攻击者 $\mathcal{A}_1$ 赢得上述安全游戏的概率是可忽略的值，则本节方案满足机密性。

引理 8.10 在多项式时间 t 内，如果存在攻击者 $\mathcal{A}_2$ 能以 $\frac{1}{2}+\varepsilon$ 的概率攻破本节方案，那么存在挑战者 $\mathcal{C}$ 能以不可忽略的概率 $\frac{\varepsilon}{2}$ 解决 CDH 问题。

证明： 给定元组 $\left(g,g^a,g^b\right)$，$\mathcal{C}$ 与 $\mathcal{A}_2$ 的安全游戏过程如下。

1）系统建立

$\mathcal{A}_2$ 向 $\mathcal{C}$ 发送挑战访问策略 $W^*=\{W_1,W_2,\cdots,W_n\}=\Lambda_{i\in I_{W^*}}W_i$，$\mathcal{C}$ 将产生的公共参数 $\mathrm{PP}=(G_1,G_T,e,p,g,\phi,\gamma,\mathrm{pk},H_0,H_1,H_2,H_3,(A_{i,j},Y_{i,j})_{1\leqslant i\leqslant n,1\leqslant j\leqslant n_i})$ 发送给 $\mathcal{A}_2$。

2）询问阶段 1

$\mathcal{A}_2$ 将属性集合 $L=\{L_1,L_2,\cdots,L_u\}$ 发送给 $\mathcal{C}$，$\mathcal{A}_2$ 可以进行如下哈希询问和陷门询问。

（1）H_0 预言机询问：$\mathcal{A}_2$ 输入属性 att_i，向 $\mathcal{C}$ 发起 H_0 询问。首先，$\mathcal{C}$ 在列表 $L_{H_0}=[\mathrm{att}_i,a,a_{i,j}]$ 中查询 att_i 是否存在，如果存在，将值发送给 $\mathcal{A}_2$；否则，$\mathcal{C}$ 随机选择 $x_{i',j}\in Z_p$，令 $a_{i',j}=H_0(a\|x_{i',j})$，其中 $a\in Z_p$，将 $(\mathrm{att}_i,a,a_{i',j})$ 添加至列表 L_{H_0} 中并发至 $\mathcal{A}_2$。

（2）H_3 预言机询问：$\mathcal{A}_2$ 向 $\mathcal{C}$ 发送属性 att_i，请求 H_3 询问。首先，$\mathcal{C}$ 在列表 $L_{H_3}=[\mathrm{att}_i,a_{i,j},\mathrm{sk},\tau_i]$ 中查询 sk 是否存在。如果存在，$\mathcal{C}$ 将值返回给 $\mathcal{A}_2$；否则，随机选取 $\mathrm{sk}'\in Z_p$ 和 $x_{i',j}\in Z_p$，计算 $\tau_i=(g\cdot H_3(\mathrm{sk}'))^{-a_{i,j}}$。然后，$\mathcal{C}$ 将值添加到列表 L_{H_3} 并发至 $\mathcal{A}_2$。

（3）陷门询问：$\mathcal{A}_2$ 向 $\mathcal{C}$ 发送属性列表 L 和关键词集合 $\mathrm{kw}=\{\mathrm{kw}_1,\mathrm{kw}_2,\cdots,\mathrm{kw}_n\}$，如果 L 满足访问控制结构 W^*，$\mathcal{C}$ 不响应；否则，$\mathcal{C}$ 随机选择 $s\in Z_p$，计算 $\hat{T}=\mathrm{sk}+s$，$T_0=K^{H_k(W_i)s}$，$T_{i,1}=\mathrm{sk}_{i,1}{}^s$ 和 $T_{i,2}=\mathrm{sk}_{i,2}{}^s$。然后，将陷门 $\mathrm{Trap}=(\hat{T},T_0,T_{i,1},T_{i,2})$ 发送至 $\mathcal{A}_2$，并更新关键词列表 $L_W=L_W\bigcup\mathrm{kw}$。

3）挑战阶段

$\mathcal{A}_2$ 向 $\mathcal{C}$ 发送挑战的关键词集合 kw_1 和 kw_2，挑战者选择 $\xi\in\{0,1\}$，记作关键词 kw_ξ。随机选取 $r'\in Z_p$，计算 $\hat{C}=\phi^{r'}$，$I=\gamma^{r'/H_k(\mathrm{kw}_\xi)}$ 和 $U=X^{-r'}$，并将关键词索引 $\mathrm{WI}=\left(\hat{C},I,U\right)$ 发送给 $\mathcal{A}_2$。

4）询问阶段 2

重复询问阶段 1，但 $\mathcal{A}_2$ 不能询问关键词集合 kw_1 和 kw_2 或者 kw_1 和 kw_2 的子集。

5）猜测阶段

$\mathcal{A}_2$ 输出对 kw_ξ 的猜测结果 $\mathrm{kw}_{\xi'}$，其中 $\xi' \in \{0,1\}$。

（1）如果 $\xi' = \xi$，$\mathcal{C}$ 输出 1，表示 $T = g^{ab}$，则攻击者猜测成功。$\mathcal{A}_2$ 猜中 ξ' 的概率为

$$\varepsilon_{\mathfrak{F}} = \Pr[\xi' = \xi | T = e(g_{q+1}, g^r)] = \varepsilon + \frac{1}{2}。$$

（2）如果 $\xi' \neq \xi$，$\mathcal{C}$ 输出 0，表明 T 为随机值，则猜测失败。$\mathcal{A}_2$ 猜错 ξ' 的概率为

$$\varepsilon_{\mathfrak{F}} = \Pr[\xi' = \xi | T \in G_T] = 1/2$$

通过计算可得 $\varepsilon_C = \frac{1}{2}\Pr[\xi' = \xi | T = g^{ab}] + \frac{1}{2}\Pr[\xi' = \xi | T \in G_1] - \frac{1}{2} = \frac{\varepsilon}{2}$。

如果 $\mathcal{A}_2$ 能以不可忽略的概率 $\frac{1}{2} + \varepsilon$ 的优势攻破本节方案索引密文的不可区分性，则 $\mathcal{C}$ 能够以不可忽略的概率 $\frac{\varepsilon}{2}$ 解决 CDH 问题，这与 CDH 问题的难解性矛盾。因此，$\mathcal{A}_2$ 攻破本节方案索引密文的不可区分性的概率优势可忽略。

定理 8.6 可通过引理 8.10 证明。

定理 8.6　若攻击者 $\mathcal{A}_2$ 赢得上述安全游戏的概率是可忽略的值，则本节方案索引密文具有不可区分性。

8.5.4　性能分析

下面将本节方案与已有文献[28]～[30]方案进行功能对比，结果如表 8.5 所示。本节方案不仅具有文献[28]～[30]方案的功能，同时还保护了用户身份的隐私性和医疗数据的可用性，具有更好的功能性。

表 8.5　功能对比

方案	策略隐藏	密文长度恒定	关键词搜索	数据审计
文献[28]方案	否	是	否	否
文献[29]方案	是	否	是	否
文献[30]方案	否	否	是	否
本节方案[31]	是	是	是	是

为了便于描述，令 n_ω 表示访问控制策略中的属性数量，n_d 表示解密所需的属性数量，n_s 表示搜索所需的属性数量，T_E 和 T_P 分别表示一次指数运算和一次对数运算。从表 8.6 可以看出，与文献[28]和文献[29]方案相比，本节方案的计算开销较小。同时，本节方案的加密开销、解密开销和关键词搜索开销均与属性个数无关。

表 8.6　计算开销对比

方案	加密开销	解密开销	关键词搜索开销
文献[28]方案	$3T_E$	$(n_d + 2)T_P + n_d T_E$	—
文献[29]方案	$(n_\omega + 6)T_E$	—	$(2n_s + 1)T_P + T_E$
文献[30]方案	$(3n_\omega + 4)T_E$	$T_P + n_d T_E$	$(2n_s + 1)T_P + n_s T_E$
本节方案[31]	$3T_E$	$2T_P$	$3T_P + T_E$

使用 JPBC_2.0.0 密码库，对本节方案、文献[29]方案和文献[30]方案的通信开销与计算开销进行仿真比较，比较结果分别如图 8.11～8.14 所示。由图 8.11 可知，文献[29]和文献[30]方案生成的密文大小分别为 1536bit 和 2432bit，本节方案生成的密文大小仅为 384bit，具有明显的通信开销优势。

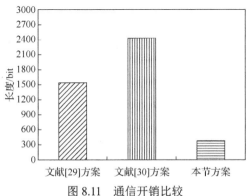

图 8.11　通信开销比较

如图 8.12 所示，文献[29]和文献[30]方案的搜索时间与属性数量呈正相关关系，而本节方案的搜索时间并未随属性数量的增加而线性增长。因此，本节方案的搜索效率更高。

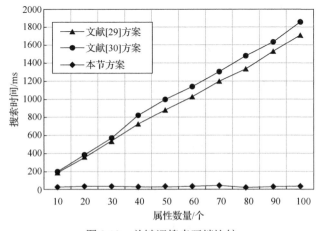

图 8.12　关键词搜索开销比较

如图 8.13 所示，文献[30]方案的加密开销高于本节方案，文献[29]方案的加密开销随属性数量的增加而增加，本节方案的加密开销与属性数量无关，基本保持恒定。因此，本节方案的加密开销更少。

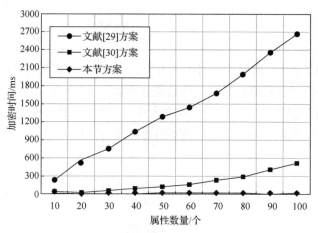

图 8.13　加密开销比较

由图 8.14 可知，随着属性数量的增加，文献[29]方案的解密开销呈线性增长趋势，本节方案的解密开销基本保持恒定。因此，与文献[29]方案相比，本节方案解密效率更高。

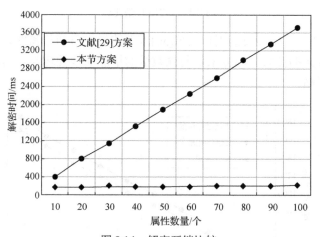

图 8.14　解密开销比较

参 考 文 献

[1] 李颖, 马春光. 可搜索加密研究进展综述[J]. 网络与信息安全学报, 2018, 4(7): 13-21.

[2] 李经纬, 贾春福, 刘哲理, 等. 可搜索加密技术研究综述[J]. 软件学报, 2015, 26(1): 109-128.

[3] SONG D, WAGNER D, PERRIG A. Practical techniques for searches on encrypted data[C]. Proceedings 2000 IEEE Symposium on Security and Privacy, Berkeley, USA, 2000: 44-55.

[4] BONEH, CRESCENZO G, OSTROVSKY R, et al. Public key encryption with keyword search[C]. International Conference on the Theory and Applications of Cryptographic Techniques, Interlaken, Switzerland, 2004: 506-522.

[5] 徐海琳, 陆阳. 高效无双线性对的带关键词搜索的基于证书加密方案[J]. 计算机应用, 2018, 38(2): 379-385.

[6] UWIZEVE E, WANG J, CHENG Z, et al. Certificateless public key encryption with conjunctive keyword search and its application to cloud-based reliable smart grid system[J]. Annals of Telecommunications, 2019, 74(7): 435-449.

[7] HUANG Q, LI H. An efficient public-key searchable encryption scheme secure against inside keyword guessing attacks[J]. Information Sciences, 2017, 403: 1-14.

[8] LI H, HUANG Q, SHEN J, et al. Designated-server identity-based authenticated encryption with keyword search for encrypted emails[J]. Information Sciences, 2019, 481(5): 330-343.

[9] 杨小东, 陈桂兰, 李婷, 等. 基于无证书密码体制的多用户密文检索方案[J]. 计算机工程, 2020, 46(9): 129-135.

[10] 郎晓丽, 曹素珍, 刘祥震, 等. 具有高效授权的无证书公钥认证可搜索加密方案[J]. 计算机工程与科学, 2020, 42(3): 418-426.

[11] PENG Y G, CUI J T, PENG C G, et al. Certificateless public key encryption with keyword search[J]. China Communications, 2014, 11(11): 100-113.

[12] YANG L U, LI J G. Constructing pairing-free certificateless public key encryption with keyword search[J]. Frontiers of Information Technology and Electronic Engineering, 2019, 20(8): 1049-1060.

[13] HE D, MA M, ZEADALLY S, et al. Certificateless public key authenticated encryption with keyword search for industrial internet of things[J]. IEEE Transactions on Industrial Informatics, 2018, 14(8): 3618-3627.

[14] 陈文娟. 无证书可搜索加密方案的研究[D]. 兰州: 西北师范大学, 2020.

[15] MA M, HE D, FAN S, et al. Certificateless searchable public key encryption scheme secure against keyword guessing attacks for smart healthcare[J]. Journal of Information Security and Applications, 2020, 50(1): 102429-102438.

[16] 左欣欣. 云环境下多用户可搜索加密方案研究[D]. 成都: 电子科技大学, 2018.

[17] 伍祈应, 马建峰, 李辉, 等. 无证书连接关键字密文检索[J]. 西安电子科技大学学报, 2017, 44(3): 55-60.

[18] 文龙. 无证书可搜索加密方案研究与应用[D]. 兰州: 西北师范大学, 2021.

[19] 李双. 无证书的可搜索加密方案[J]. 计算机工程与应用, 2020, 56(20): 93-97.

[20] 闫玺玺, 赵强, 汤永利, 等. 支持灵活访问控制的多关键字搜索加密方案[J]. 西安电子科技大学学报, 2022, 49(1): 55-66.

[21] MA M, HE D, KHAN M K. Certificateless searchable public key encryption scheme for mobile healthcare system[J]. Computers and Electrical Engineering, 2017, 65(6): 413-424.

[22] YANG X D, CHEN G L, WANG M D, et al. Multi-keyword certificateless searchable public key authenticated encryption scheme based on blockchain[J]. IEEE Access, 2020, 8(1): 158765-158777.

[23] LU Y, LI J. Constructing certificateless encryption with keyword search against outside and inside keyword guessing attacks[J]. China Communications, 2019, 216(7): 156-173.

[24] WU T, CHEN C, WANG K, et al. Security analysis and enhancement of a certificateless searchable public key encryption scheme for IIoT environments[J]. IEEE Access, 2019, 1(7): 49232-49239.

[25] WU L, ZHANG Y, MA M, et al. Certificateless searchable public key authenticated encryption with designated tester for cloud-assisted medical internet of things[J]. Annals of Telecommunications, 2019, 74(7): 423-434.

[26] SAHAI A, WATERS B R. Fuzzy identity-based encryption[C]. Proceedings of the 24 International Conference on Theory and Applications of Cryptographic Techniques, Aarhus, Denmark, 2005: 457-473.

[27] KAUSHIK K, VARADHARAJAN V, NALLUSAMY R. Multi-user attribute based searchable encryption[C]. Proceedings of 2013 IEEE 14th International Conference on Mobile Data Management, Milan, Italy, 2013: 200-205.

[28] 赵志远, 朱智强, 王建华. 属性可撤销且密文长度恒定的属性加密方案[J]. 电子学报, 2018, 46(10): 89-97.

[29] QIU S, LIU J, SHI Y, et al. Hidden policy ciphertext-policy attribute-based encryption with keyword search against keyword guessing attack[J]. Science China Information Sciences, 2017, 60(5): 1-12.

[30] 刘振华, 周佩琳, 段淑红. 支持关键词搜索的属性代理重加密方案[J]. 电子与信息学报, 2018, 40(3): 683-689.

[31] YANG X D, LI T, LIU R, et al. Blockchain-based secure and searchable EHR sharing scheme[C]. 2019 4th International Conference on Mechanical, Control and Computer Engineering, Hohhot, China, 2019: 822-825.

第9章　代理重加密体制

1998 年，Blaze 等[1]提出了代理重加密（proxy re-encryption，PRE）体制。在 PRE 方案中，一个半可信的代理者将数据发送方公钥加密的密文转换为数据接收方公钥加密的密文，但代理者无法获得密文所对应的任何明文信息。类似于代理重签名体制，PRE 依据转换的方向分为两大类：双向代理重加密和单向代理重加密，前者既能实现将数据发送方的密文转换为数据接收方的密文，也能实现将数据接收方的密文转换为数据发送方的密文；后者只能将数据发送方的密文转换为数据接收方的密文，反之不行。根据重加密的次数，PRE 也被分为两大类：单用（也称单跳）和多用（也称多跳），前者只能进行一次重加密操作，后者可以进行多次重加密操作。

代理重加密在不泄露数据隐私的基础上实现了解密权限的转移，在区块链、云存储、机器学习、加密邮件系统、电子医疗、数字版权、分布式文件系统等领域有广泛的应用前景。在一个最基本的区块链数据共享系统中，数据发送方和数据接收方之间的重加密密钥存储在区块链，通过智能合约将数据发送方的密文转换为数据接收方的密文。除了发送方和接收方外，其他人无法获得加密数据的具体内容。对于重加密后的密文，数据接收方利用自己的私钥解密获得发送方所传输的原始数据，实现密文数据的安全共享。

Ivan 等[2]提出了基于代理签名和加密的 PRE 通用构造方法。Ateniese 等[3]提出了 PRE 方案的形式化定义和安全模型，并设计了选择明文安全的单向 PRE 方案。随后，Canetti 等 [4]构造了一个 CCA 安全的 PRE 方案。为了提升解密的计算性能，文献[5]和[6]设计了没有双线性对运算的 PRE 方案。文献[7]构造了一个能修改密文的 PRE 方案，但文献[8]发现其无法满足 CCA 安全。为了避免公钥证书的使用，Green 等[9]提出了基于身份的代理重加密（identity-based proxy re-encryption，IBPRE）概念。后来，一系列具有特殊性质的 PRE 方案相继被提出，如基于属性的代理重加密方案[10,11]、条件代理重加密方案[12,13]、无证书代理重加密方案[14-16]、抗量子计算攻击的代理重加密方案[17-19]、广播代理重加密方案[20-22]、具有搜索功能的代理重加密方案[23-25]等。

本章首先介绍代理重加密方案，包括同态代理重加密方案、基于身份的代理重加密方案和无证书代理重加密方案；然后介绍基于区块链和代理重加密的数据共享方案。

9.1　代理重加密方案

9.1.1　同态代理重加密方案

基于文献[26]的加密方案和 Shao 等[27]设计的 PRE 方案，Chen 等[28]提出了一个具有同态特性的代理重加密方案，具体描述如下。

1）密钥生成算法

令 p, p', q, q' 为素数，满足 $p = 2p'+1$ 和 $q = 2q'+1$，设置 $N = pq$。在 $Z_{N^2}^*$ 中随机选择一个元素 α，计算 $g = \alpha^2 \bmod N^2$，设置 $g^{p'q'} = 1 + kN \bmod N^2$，其中 $k \in \{1, \cdots, N-1\}$。选择一个安全的哈希函数 $H_1 : \{0,1\}^* \to Z_{N^2}^*$。

每个用户随机选择 $x \in [1, pqp'q']$ 作为私钥，计算公钥 $\mathrm{pk} = h = g^x \bmod N^2$。

2）加密算法

为了加密消息 $m_i \in Z_N$，公钥 $\mathrm{pk}_i = h_i = g^{x_i}$ 的数据发送方 Alice 执行如下操作。

（1）随机选择 $r_i \in Z_{N^2}$，计算 $c_{i1} = g^{r_i} \bmod N^2$ 和 $H_i = H_1((\mathrm{pk}_j)^{x_i} g \| \mathrm{RID}_i)$，其中 pk_j 是数据接收方 Bob 的公钥，x_i 和 RID_i 分别是 Alice 的私钥和身份标识符。

（2）计算 $c_{i2} = h_i(1 + m_i N) \bmod N^2$。

（3）发送密文 $c_i = (c_{i1}, c_{i2})$ 和 $g^{x_i r_i - H_i} \bmod N^2$ 给代理者。

（4）发送 c_{i1} 给数据接收方 Bob。

3）重加密密钥生成算法

Alice 和 Bob 之间的重加密密钥生成过程如下。

（1）收到 Alice 发送的 c_{i1} 后，Bob 用自己的私钥 x_j 计算并发送 $(c_{i1})^{x_j} = g^{r_i x_j}$ 给代理者。

（2）代理者随机选择 $r \in Z_{N^2}$，计算重加密密钥 $\mathrm{rek}_{i \to j} = \dfrac{(g^{r_i x_j})^r}{g^{x_i r_i - H_i}} = \dfrac{g^{r_i x_j r + H_i}}{g^{x_i r_i}}$ $\bmod N^2$。

4）重加密算法

给定一个密文 $c_i = (c_{i1}, c_{i2})$ 和一个重加密密钥 $\mathrm{rek}_{i \to j}$，代理者执行如下操作。

（1）计算 $c_{j1} = (c_{i1})^r = (g^{r_i})^r = g^{r_i r}$。

（2）计算 $c_{j2} = c_{i2} \cdot \mathrm{rek}_{i \to j} = g^{x_i r_i}(1 + m_i N) \dfrac{g^{r_i x_j r + H_i}}{g^{x_i r_i}} = g^{r_i x_j r + H_i}(1 + m_i N) \bmod N^2$。

（3）设置重加密密文 $c_j = (c_{j1}, c_{j2})$。

5）解密算法

给定一个密文 $c = (c_1, c_2)$，Bob 用自己的私钥执行如下解密操作。

（1）计算 $H_j = H_1((\mathrm{pk}_i)^{x_j} g \| \mathrm{RID}_i) = H_1((g^{x_i})^{x_j} g \| \mathrm{RID}_i) = H_1((\mathrm{pk}_j)^{x_i} g \| \mathrm{RID}_i)$。

（2）计算明文 $m = \dfrac{\dfrac{c_2}{c_1^{x_j} g^{H_i}} - 1}{N} \bmod N^2$。

正确性分析：对于重加密密文 $c_j = (c_{j1}, c_{j2})$，则有

$$\frac{\dfrac{c_{j2}}{(c_{j1})^{x_j} g^{H_i}} - 1}{N} = \frac{\dfrac{g^{r_i x_j r + H_i}(1 + m_i N)}{(g^{r_i r})^{x_j} g^{H_i}} - 1}{N} = \frac{1 + m_i N - 1}{N} = m_i \bmod N^2$$

该方案具有如下的同态性质：

（1）加法同态：$[m_1]_{\mathrm{pk}_{i \to j}} \cdot [m_2]_{\mathrm{pk}_{k \to j}} = [m_1 + m_2]_{\mathrm{pk}_j}$；

（2）乘法同态：$[m]_{\mathrm{pk}_{i \to j}}^t = [t \cdot m]_{\mathrm{pk}_j}$。

9.1.2　基于身份的代理重加密方案

基于身份的代理重加密体制结合了基于身份的密码体制和代理重加密体制的优点，用户的公钥来源于用户的唯一身份信息，避免了基于 PKI 的代理重加密体制中存在的证书管理开销等问题[29]。

为了实现云端中重复数据的删除和密文数据的安全分发，Kan 等[30]设计了一个新型 IBPRE 方案，具体描述如下。

1）系统建立算法

给定一个安全参数 λ，PKG 选择一个素数 p、两个阶为 p 的循环群 G_1 和 G_2、一个 G_1 的生成元 P 和一个双线性映射 $e: G_1 \times G_1 \to G_2$。PKG 选择五个哈希函数 H_1，H_2，$H_3: \{0,1\}^* \to G_1$，H_4 和 $H_5: \{0,1\}^* \to Z_p^*$。PKG 随机选择 $s \in Z_p^*$ 作为主密钥 msk，计算 $P_{\mathrm{pub}} = sP$，设置 $g = e(P, P)$。最后，PKG 公开系统参数 params = {p, $G_1, G_2, P, e, g, P_{\mathrm{pub}}, H_1, H_2, H_3, H_4, H_5$}。

2）用户密钥提取算法

对于一个用户的身份 $\mathrm{ID} \in \{0,1\}^*$，PKG 计算 $Q = H_1(\mathrm{ID})$ 和 $\mathrm{sk} = sQ$，将私钥 sk 通过安全信道发送给用户。

3）重加密密钥生成算法

数据发送方 Alice 利用自己的身份 ID_i 和私钥 $\mathrm{sk}_i = sQ_i$，计算与数据接收方 Bob 之间的重加密密钥 $\mathrm{rek}_{i \to j} = H_3(e(\mathrm{sk}_i, Q_j), \mathrm{ID}_i, \mathrm{ID}_j) - \mathrm{sk}_i$，其中 ID_j 是 Bob 的身份，$Q_j = H_1(\mathrm{ID}_j)$。最后，Alice 发送 $\mathrm{rek}_{i \to j}$ 给代理者。

4）加密算法

对于一个消息 m_i，Alice 执行如下的加密操作。

（1）随机选择 $r \in Z_p^*$，计算 $c_{i1} = rP$。

（2）计算 $c_{i2} = m_i \cdot e(P_{pub}, Q_i)^r$ 和 $c_{i3} = r \cdot H_2(rP, e(P_{pub}, Q_i)^r, \text{ID}_i)$。

（3）设置 m_i 的密文 $c_i = (c_{i1}, c_{i2}, c_{i3})$。

5）重加密算法

给定一个密文 $c_i = (c_{i1}, c_{i2}, c_{i3})$，代理者利用 $\text{rek}_{i \to j}$ 生成重加密密文 $c_j = (c_{j1}, c_{j2})$，其中 $c_{j1} = c_{i1}$，$c_{j2} = c_{i2} \cdot e(c_{i1}, \text{rek}_{i \to j})$。

6）解密算法

解密算法分以下两种情形。

（1）对于密文 $c_i = (c_{i1}, c_{i2}, c_{i3})$，Bob 计算 $c_{i3}' = H_2(c_{i1}, c_{i2}, \text{ID}_i)$。如果等式 $e(c_{i3}, P) = e(c_{i3}', c_{i1})$ 不成立，输出 $\bot$；否则，Bob 计算 $m = c_{i2} / e(c_{i1}, \text{sk}_i)$。

（2）对于重加密密文 $c_j = (c_{j1}, c_{j2})$，Bob 计算 $m = c_{j2} / e(c_{j1}, H_3(e(\text{sk}_j, Q_i), \text{ID}_i, \text{ID}_j))$。

正确性分析：

（1）对于密文 $c_i = (c_{i1}, c_{i2}, c_{i3})$，$c_{i3}' = H_2(c_{i1}, c_{i2}, \text{ID}_i)$，于是有

$$e(c_{i3}, P) = e(r \cdot H_2(rP, e(P_{pub}, Q_i)^r, \text{ID}_i), P) = e(rP, H_2(rP, e(P_{pub}, Q_i)^r, \text{ID}_i)) = e(c_{i3}', c_{i1})$$

$$\frac{c_{i2}}{e(c_{i1}, \text{sk}_i)} = \frac{m_i \cdot e(P_{pub}, Q_i)^r}{e(rP, sQ_i)} = \frac{m_i \cdot e(P_{pub}, Q_i)^r}{e(sP, Q_i)^r} = \frac{m_i \cdot e(P_{pub}, Q_i)^r}{e(P_{pub}, Q_i)^r} = m_i$$

（2）对于重加密密文 $c_j = (c_{j1}, c_{j2})$，则有

$$\frac{c_{j2}}{e(c_{j1}, H_3(e(\text{sk}_j, Q_i), \text{ID}_i, \text{ID}_j))} = \frac{c_{i2} \cdot e(c_{i1}, \text{rek}_{i \to j})}{e(rP, H_3(e(sQ_j, Q_i), \text{ID}_i, \text{ID}_j))}$$

$$= \frac{m_i \cdot e(P_{pub}, Q_i)^r \cdot e(rP, H_3(e(\text{sk}_i, Q_j), \text{ID}_i, \text{ID}_j) - \text{sk}_i)}{e(rP, H_3(e(sQ_j, Q_i), \text{ID}_i, \text{ID}_j))}$$

$$= \frac{m_i \cdot e(sP, Q_i)^r \cdot e(rP, H_3(e(sQ_i, Q_j), \text{ID}_i, \text{ID}_j) - sQ_i)}{e(rP, H_3(e(sQ_j, Q_i), \text{ID}_i, \text{ID}_j))}$$

$$= \frac{m_i \cdot e(sP, Q_i)^r \cdot e(rP, H_3(e(sQ_i, Q_j), \text{ID}_i, \text{ID}_j)) \cdot e(rP, -sQ_i)}{e(rP, H_3(e(sQ_j, Q_i), \text{ID}_i, \text{ID}_j))}$$

$$= m_i \cdot e(sP, Q_i)^r \cdot e(sP, Q_i)^{-r} = m_i$$

该方案的安全性依赖于 DBDH 问题，详细的安全性证明不再赘述，请参阅文献[30]。

9.1.3　无证书代理重加密方案

为了解决传统 PRE 方案面临的证书管理问题[31]和 IDPRE 方案存在的密钥托管问题，无证书代理重加密（certificateless proxy re-encryption，CLPRE）方案被提出[32]。Wu 等[33]设计了一种公钥可以被任意第三方验证的 CLPRE 方案，保证任何人都不能伪造用户的公钥。之后，Xu 等[34]在这个方案的基础上提出了一个新的 CLPRE 方案。基于 CDH 假设，Yang 等[35]提出了一个无双线性对运算的 CLPRE 方案，但文献[36]发现这个方案是不安全的。

在云存储中，如何检测密文以找到相同的文件是一个具有挑战性的问题。针对这个问题，Zheng 等[16]提出了一种基于 CLPRE 的云重复数据消除方案。为了描述方便，令 Group(λ) 表示产生群参数的函数，输入安全参数 λ，输出参数集合 $\{p, G_1, G_2, P, e\}$，其中 G_1 和 G_2 是两个阶为素数 p 的循环群，P 是 G_1 的生成元，$e: G_1 \times G_1 \to G_2$ 是双线性映射。他们的 CLPRE 方案描述如下。

1）系统建立算法

PKG 调用 Group(λ) 函数生成参数 $\{p, G_1, G_2, P, e\}$；选择 $s \in Z_p^*$ 作为主密钥，计算 $P_{\text{pub}} = sP$；选择 4 个哈希函数 H_1，H_2，$H_3: G_2 \to \{0,1\}^n$ 和 $H_4: \{0,1\}^* \to Z_p^*$，其中 n 为加密消息的长度；计算 $g = e(P, P)$，公开系统参数 $\{p, G_1, G_2, P, e, g, P_{\text{pub}}, H_1, H_2, H_3, H_4\}$。

2）部分私钥生成算法

给定一个用户的身份 ID $\in \{0,1\}^*$，PKG 计算部分私钥 $d_{\text{ID}} = \dfrac{1}{H_1(\text{ID}) + s} P$，并通过安全信道将 d_{ID} 发送给用户。

3）用户私钥生成算法

一个身份为 ID 的用户随机选择 $x_{\text{ID}} \in Z_p^*$ 作为秘密值，计算公钥 $\text{pk}_{\text{ID}} = x_{\text{ID}}(H_1(\text{ID})P + P_{\text{pub}})$ 和私钥 $\text{sk}_{\text{ID}} = \dfrac{1}{(x_{\text{ID}} + H_2(\text{pk}_{\text{ID}}))} d_{\text{ID}}$。

4）重加密密钥生成算法

给定数据接收方 Bob 的身份/公钥对 $(\text{ID}_j, \text{pk}_j)$，数据发送方 Alice 随机选择 $r \in Z_p^*$，然后使用自己的身份/私钥对 $(\text{ID}_i, \text{sk}_i)$ 计算重加密密钥：
$$\begin{aligned} \text{rek}_{i \to j} = H_3(&e(\text{pk}_i + H_2(\text{pk}_j)(H_1(\text{ID}_j)P + P_{\text{pub}}) \\ &- \text{sk}_i, r(\text{pk}_i + H_2(\text{pk}_i)(H_1(\text{ID}_i)P + P_{\text{pub}})) \oplus g^{r+1}) \\ &\oplus H_3(g^r) \end{aligned}$$
最后将 $\text{rek}_{i \to j}$ 发送给代理者。

5）加密算法

对于消息 $m \in \{0,1\}^n$，Alice 计算 $c_{i1} = m \oplus H_3(g^r)$ 和 $c_{i2} = r(\mathrm{pk}_i + H_2(\mathrm{pk}_i)$ $(H_1(\mathrm{ID}_i)P + P_{\mathrm{pub}}))$，然后发送密文 $c_i = (c_{i1}, c_{i2})$ 给代理者。

6）重加密算法

对于原始密文 $c_i = (c_{i1}, c_{i2})$，代理者使用重加密密钥 $\mathrm{rek}_{i \to j}$ 计算重加密密文：

$$c_j = (c_{j1}, c_{j2}) = (c_{i1} \oplus \mathrm{rek}_{i \to j}, c_{i2})$$

7）解密算法

解密算法分以下两种情形。

（1）对于原始密文 $c_i = (c_{i1}, c_{i2})$，计算 $m = c_{i1} \oplus H_3(e(c_{i2}, \mathrm{sk}_i))$。

（2）对于密文 $c_j = (c_{j1}, c_{j2})$，计算 $m = c_{j1} \oplus H_3(c_{j2} + \mathrm{sk}_j, e(\mathrm{pk}_i + H_2(\mathrm{pk}_j)$ $(H_1(\mathrm{ID}_j)P + P_{\mathrm{pub}})))$。

该方案是单向的 CLPRE 方案，其安全性依赖于 q-BDHI 假设，详细证明参阅文献[16]。

9.2　基于区块链和代理重加密的数据共享方案

新一代信息技术（如物联网、云计算、人工智能等）与社会经济的交汇融合产生了海量数据，数据资源已成为国家基础性战略资源。数据资源不仅具有无穷的经济效益和社会效益，而且对生产、流通、分配、消费活动及经济运行机制、社会生活方式和国家治理能力具有非常重要的影响。随着大数据和云计算技术的飞速发展，数据资源共享面临诸多数据安全挑战。在确保数据隐私性的前提下，如何安全共享数据已成为近年来的研究热点。

大部分基于云计算的数据共享方案实现了一定程度的数据隐私保护，但中心化的处理模式存在数据可信度低、数据易被篡改、监管难度大、数据流向难以追踪等缺点。此外，大部分共享方案的计算和通信性能较低，导致其实用性较差。区块链技术为数据安全共享问题的解决提供了一个全新的思路。利用区块链的防篡改等特性，通过智能合约记录数据的访问信息和日志信息，实现数据的可追溯性和安全性。

利用 Schnorr 算法和对称密码算法，文献[37]提出了基于区块链和代理重加密的数据共享方案。在数据上传阶段，数据拥有者通过将元数据（metadata）存储于区块链来控制数据的访问权限，确保其拥有数据的绝对掌控权。利用代理重加密技术，实现数据的机密性和安全共享。本节主要介绍该方案的系统模型和具体构造。

9.2.1　系统模型

本节方案的系统模型如图 9.1 所示，主要包含四个实体：数据拥有者、代理服务器、区块链和数据访问者。

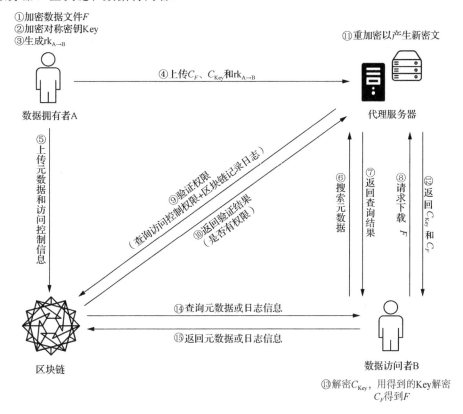

图 9.1　基于区块链和代理重加密的数据共享方案的系统模型

（1）数据拥有者：负责加密共享的数据，维护数据的访问控制信息，将数据密文和重加密密钥发送给云服务器，同时在区块链中上传元数据和访问控制信息。

（2）代理服务器：通常是一个云服务器，并充当一个半可信代理者角色，严格依照上传/下载数据的协议进行相关操作；主要负责存储数据拥有者发送的密文数据及相关信息，请求区块链验证数据访问者的下载权限，根据数据访问者的请求将相关密文数据重加密后发送给数据访问者。

（3）区块链：主要负责存储元数据、访问控制信息及日志信息，响应并处理云服务器提交的数据访问者下载权限验证请求。

（4）数据访问者：将搜索到的元数据发送给云服务器，并用自己的私钥解密云服务器返回的密文数据。

9.2.2 方案描述

1. 系统初始化

根据安全参数 λ，可信的中央认证机构（CA）选择一个阶为素数 p 的循环群 G 和一个 G 的生成元 P；随机选择 $d_{CA} \in Z_p^*$，计算 $\mathrm{pk}_{CA} = d_{CA}P$；选择两个哈希函数 $H_1, H_2: \{0,1\}^* \to Z_p^*$，秘密保存 d_{CA}，公开系统参数 $\mathrm{params} = \{p, G, P, \mathrm{pk}_{CA}, H_1, H_2\}$。

2. 用户私钥与证书申请

（1）身份为 ID_U 的用户随机选择 $d_U \in Z_p^*$，计算公钥 $\mathrm{pk}_U = d_U P$，发送 $(\mathrm{pk}_U, \mathrm{ID}_U)$ 给 CA。

（2）CA 用 d_{CA} 为 pk_U 颁发一个公钥证书 Cert_U（实际上是一个签名），并将其发送给用户。

3. 数据加密及上传

数据加密及上传主要包括数据文件加密、对称密钥加密、重加密密钥生成和数据上传四个阶段，全部由数据拥有者完成。

1）数据文件加密

对于数据文件 F，数据拥有者选择一个对称加密算法（如 AES 等）和一个对称密钥 Key 来生成 F 的密文 $C_F = E_{\mathrm{Key}}(F)$。

2）对称密钥加密

令 $\mathrm{ID}_A, d_A, \mathrm{pk}_A$ 分别表示数据拥有者的身份标识、私钥和公钥。对于加密数据文件的对称密钥 Key，数据拥有者选择随机数 $r \in Z_p^*$ 和当前时间戳 T_0，计算 $\mathrm{meta} = (\mathrm{ID}_A \| T_0)$，$R = rP$ 和 $C_A = \mathrm{Key} \oplus H_1(\mathrm{meta} \| r \cdot \mathrm{pk}_A)$。数据拥有者计算 $h_A = H_2(R \| \mathrm{Key} \| \mathrm{meta})$ 和 $z_A = r + h_A d_A$，输出对称密钥的密文 $C_{\mathrm{Key}} = (C_A, \mathrm{meta}, h_A, z_A)$。

3）重加密密钥生成

数据拥有者验证数据访问者的公钥证书 Cert_B 的有效性，并从合法的证书中提取数据访问者的公钥 pk_B，计算重加密密钥 $\mathrm{rk}_{A \to B} = H_1(\mathrm{meta} \| r \cdot \mathrm{pk}_A) \oplus H_1(\mathrm{meta} \| r \cdot \mathrm{pk}_B)$。

4）数据上传

数据拥有者在区块链中上传文件 F 的元数据和访问控制信息，在代理服务器中上传 $(C_F, C_{\mathrm{Key}}, \mathrm{rk}_{A \to B})$。

4. 数据下载与解密

1）数据下载

代理服务器收到数据访问者的搜索请求后，通过智能合约和存储在区块链上的数据访问控制信息验证数据访问者是否具有下载数据的权限，在区块链上存储本次请求的日志信息。如果数据访问者拥有下载数据的权限，代理服务器利用 $rk_{A\rightarrow B}$ 计算重加密后的对称密钥密文 $C_B = rk_{A\rightarrow B} \oplus C_A$ 和 $C'_{Key} = (C_B, meta, h_A, ID_B, z_A)$，并发送 (C_F, C'_{Key}) 给数据访问者。

2）数据解密

数据访问者收到 $C'_{Key} = (C_B, meta, h_A, ID_B, z_A)$ 后，从合法公钥证书 $Cert_A$ 中提取数据拥有者的公钥 pk_A，然后计算 $R = z_A P - h_A P_A$ 和对称密钥 $Key = C_B \oplus H_1(meta \| d_B R)$。如果发送的 $h_A = H_2(R \| Key \| meta)$，则数据访问者利用 Key 和对称解密算法从 C_F 中解密出数据文件 F。进一步，数据访问者验证存储在区块链上的日志信息和元数据。如果验证通过，数据访问者便获得共享的数据文件。

本节方案采用对称加密算法来加密数据文件，采用代理重加密算法来加密对称密码算法的私钥，因此该方案具有较高的计算性能，并支持数据文件一直以密文的形式进行流转，确保了数据的隐私性。区块链上存储数据文件的哈希值和日志信息，保证了数据的完整性和可追溯性。

参 考 文 献

[1] BLAZE M, BLEUMER G, STRAUSS M. Divertible protocols and atomic proxy cryptography [C]. International Conference on the Theory and Applications of Cryptographic Techniques, Espoo, Finland, 1998: 127-144.

[2] IVAN A A, DODIS Y. Proxy cryptography revisited[C]. Proceedings of 2003 Network and Distributed System Security Symposium, San Diego, USA, 2003: 219-250.

[3] ATENIESE G, FU K, GREEN M, et al. Improved proxy re-encryption schemes with applications to secure distributed storage[J]. ACM Transactions on Information and System Security, 2006, 9(1): 1-30.

[4] CANETTI R, HOHENBERGER S. Chosen-ciphertext secure proxy re-encryption[C]. Proceedings of the 14th ACM Conference on Computer and Communications Security, Alexandria, USA, 2007: 185-194.

[5] DENG R H, WENG J, LIU S, et al. Chosen-ciphertext secure proxy re-encryption without pairings[C]. International Conference on Cryptology and Network Security, Hong Kong, China, 2008: 1-17.

[6] PRASAD S, PURUSHOTHAMA B R. CCA secure and efficient proxy re-encryption scheme without bilinear pairing[J]. Journal of Information Security and Applications, 2021, 58(5): 1-8.

[7] LIBERT B, VERGNAUD D. Unidirectional chosen-ciphertext secure proxy re-encryption[C]. International Workshop on Public Key Cryptography, Barcelona, Spain, 2008: 360-379.

[8] FANG L, SUSILO W, REN Y, et al. Chosen public key and ciphertext secure proxy re-encryption schemes[J].

International Journal of Digital Content Technology and its Applications, 2010, 8(1): 151-160.

[9] GREEN M, ATENIESE G. Identity-based proxy re-encryption[C]. International Conference on Applied Cryptography and Network Security, Zhuhai, China, 2007: 288-306.

[10] DENG H, QIN Z, WU Q, et al. Flexible attribute-based proxy re-encryption for efficient data sharing[J]. Information Sciences, 2020, 511: 94-113.

[11] GE C, SUSILO W, FANG L, et al. A CCA-secure key-policy attribute-based proxy re-encryption in the adaptive corruption model for dropbox data sharing system[J]. Designs, Codes and Cryptography, 2018, 86(11): 2587-2603.

[12] PENG Z, CHOO K K R. A new kind of conditional proxy re-encryption for secure cloud storage[J]. IEEE Access, 2018, 6: 70017-70024.

[13] LIANG X, WENG J, YANG A, et al. Attribute-based conditional proxy re-encryption in the standard model under LWE[C]. European Symposium on Research in Computer Security, Darmstadt, Germany, 2021: 147-168.

[14] LIU Y, WANG H, WANG C. Efficient and secure certificateless proxy re-encryption[J]. KSII Transactions on Internet and Information Systems, 2017, 11(4): 2254-2275.

[15] ELTAYIEB N, SUN L, WANG K, et al. A certificateless proxy re-encryption scheme for cloud-based blockchain[C]. International Conference on Frontiers in Cyber Security, Xi'an, China, 2019: 293-307.

[16] ZHENG X, ZHOU Y, YE Y, et al. A cloud data deduplication scheme based on certificateless proxy re-encryption[J]. Journal of Systems Architecture, 2020, 102: 101666.

[17] HOU J, JIANG M, GUO Y, et al. Efficient identity-based multi-bit proxy re-encryption over lattice in the standard model[J]. Journal of Information Security and Applications, 2019, 47: 329-334.

[18] YUE N, WANG Y, WANG M. Identity-based proxy re-encryption over NTRU lattices for cloud computing[J]. Procedia Computer Science, 2021, 187: 264-269.

[19] DUTTA P, SUSILO W, DUONG D H, et al. Collusion-resistant identity-based proxy re-encryption: Lattice-based constructions in Standard model[J]. Theoretical Computer Science, 2021, 871: 16-29.

[20] JIANG L, GUO D. Dynamic encrypted data sharing scheme based on conditional proxy broadcast re-encryption for cloud storage[J]. IEEE Access, 2017, 5: 13336-13345.

[21] LIU Y, REN Y, GE C, et al. A CCA-secure multi-conditional proxy broadcast re-encryption scheme for cloud storage system[J]. Journal of Information Security and Applications, 2019, 47: 125-131.

[22] MAITI S, MISRA S. P2B: Privacy preserving identity-based broadcast proxy re-encryption[J]. IEEE Transactions on Vehicular Technology, 2020, 69(5): 5610-5617.

[23] HONG H, SUN Z. Towards secure data sharing in cloud computing using attribute based proxy re-encryption with keyword search[C]. 2017 IEEE 2nd International Conference on Cloud Computing and Big Data Analysis, Chengdu, China, 2017: 218-223.

[24] CHEN Y, HU Y, ZHU M, et al. Attribute-based keyword search with proxy re-encryption in the cloud[J]. IEICE Transactions on Communications, 2018, 101(8): 1798-1808.

[25] YU X, LU Y, TIAN J, et al. Keyword guessing attacks on some proxy re-encryption with keyword search schemes[C]. International Conference on Artificial Intelligence and Security, Dublin, Ireland, 2021: 253-264.

[26] BRESSON E, CATALANO D, POINTCHEVAL D. A simple public-key cryptosystem with a double trapdoor decryption mechanism and its applications[C]. International Conference on the Theory and Application of

Cryptology and Information Security, Taipei, China, 2003: 37-54.

[27] SHAO J, CAO Z. CCA-secure proxy re-encryption without pairings[C]. International Workshop on Public Key Cryptography, Irvine, USA, 2009: 357-376.

[28] CHEN Y, WANG B, ZHANG Z. PDLHR: Privacy-preserving deep learning model with homomorphic re-encryption in robot system[J]. IEEE Systems Journal, 2021, 16(2): 2032-2043.

[29] 邵俊. 代理重密码的研究[D]. 上海: 上海交通大学, 2007.

[30] KAN G, JIN C, ZHU H, et al. An identity-based proxy re-encryption for data deduplication in cloud[J]. Journal of Systems Architecture, 2021: 102332.

[31] 朱俊, 陈琳琳, 朱娴, 等. 面向云计算安全的无证书代理重加密方案[J]. 计算机工程, 2017, 34(8): 8-14.

[32] SUR C, JUNG C D, PARK Y, et al. Chosen-ciphertext secure certificateless proxy re-encryption[C]. IFIP International Conference on Communications and Multimedia Security, Linz, Austria, 2010: 214-232.

[33] WU X, XU L, ZHANG X. Poster: A certificateless proxy re-encryption scheme for cloud-based data sharing[C]. Proceedings of the 18th ACM Conference on Computer and Communications Security, Chicago, USA, 2011: 869-872.

[34] XU L, WU X, ZHANG X. CL-PRE: A certificateless proxy re-encryption scheme for secure data sharing with public cloud[C]. Proceedings of the 7th ACM Symposium on Information, Computer and Communications Security, Seoul, Korea, 2012: 87-88.

[35] YANG K, XU J, ZHANG Z. Certificateless proxy re-encryption without pairings[C]. International Conference on Information Security and Cryptology, Seoul, Korea, 2013: 67-88.

[36] SRINIVASAN A, RANGAN C P. Certificateless proxy re-encryption without pairing: Revisited[C]. Proceedings of the 3rd International Workshop on Security in Cloud Computing, Singapore, Singapore City, 2015: 41-52.

[37] 李莉, 曾庆贤, 文义红, 等. 基于区块链与代理重加密的数据共享方案[J]. 信息网络安全, 2020, 20(8): 16-24.

第 10 章　签 密 体 制

数字签密是 Zheng[1]在 1997 年提出的密码学原语。在签密方案中，签密者能够在一个逻辑步骤内同时实现公钥加密和数字签名两项功能。相较于传统的"先签名后加密"方法，签密实现了更低的计算和通信开销，简化了支持保密性和可认证性的密码协议设计，实现了更高的安全性，在车联网、智能电网、电子支付和无线自组织网络等领域得到了广泛应用。

根据不同的公钥认证方法，签密体制可以分为基于公钥基础设施的签密体制、基于身份的签密体制和无证书签密体制。此外，如果将具有特殊性质的签名体制、加密体制、其他密码学技术和签密体制相结合，就可以设计出具有特殊性质的签密体制，如异构签密体制、在/离线签密体制、多接收者签密体制和基于区块链的签密体制等。

签密体制提出后，受到了国内外很多学者的关注。Ali 等[2]提出了一个基于超椭圆曲线的签密认证方案，实现了实体间安全高效的认证。Abouelkheir 等[3]提出了一个不需要进行双线性对运算的基于身份的聚合签密方案，大大降低了实体的计算开销和通信开销。Hong 等[4]针对车载自组织网络中的数据安全性隐患，提出了一个无证书签密方案。Kasyoka 等[5]提出了一个无双线性对运算的无证书签密方案，并研究了其在无线传感器网络中的应用。为了保证物联网中各实体对数据进行安全高效的访问，Mandal 等[6]提出了一种基于无证书签密的用户访问控制方案，实现了用户密钥的实时更新，达到了更高的安全性。为了降低物联网中实体的计算开销，Sruthi 等[7]提出了一个轻量级的混合签密方案。近年来，一系列具有特殊性质的签密方案相继被提出，如多接收者多消息签密方案[8]、异构签密方案[9-11]、在/离线签密方案[12-14]和基于区块链的签密方案[15-17]等。

本章首先介绍签密方案，包括基于身份的签密方案和无证书签密方案；然后介绍一个基于异构和聚合签密的车联网消息认证方案、一个基于区块链和签密的可验证数据共享方案。

10.1　签 密 方 案

10.1.1　基于身份的签密方案

基于身份的签密体制结合了基于身份的密码体制和签密体制的优点，用户的公钥来源于用户唯一身份信息，避免了证书管理问题。为了实现物联网设备、网关和服务器之间安全高效的通信，Naresh 等[18]提出了一个基于身份的在/离线签密方案，方案具体描述如下。

1）系统建立算法

私钥生成中心（PKG）选择两个阶为素数 p 的循环群 G_1 和 G_2，P 是它们的生成元，定义双线性映射 $\hat{e}:G_1 \times G_1 \to G_2$，选择三个哈希函数 $H_1:\{0,1\}^* \to G_1$，$H_2:\{0,1\}^* \to Z_p^*$ 和 $H_3:G_2 \to \{0,1\}^n$，其中 n 是消息的输出长度。此外，PKG 随机选择 $s \in Z_p^*$ 作为系统主密钥，并计算系统公钥 $P_{pub} = sP$ 和 $g = \hat{e}(P,P)$。最后，PKG将 s 秘密保存，并公布系统参数 params $= \{G_1, G_2, \hat{e}, H_1, H_2, H_3, g, n, p, P, P_{pub}\}$。

2）密钥提取算法

给定用户身份 ID $\in \{0,1\}^*$、系统主密钥 s 和系统参数 params，PKG 计算用户公钥 $Q_{ID} = H_1(ID)$ 和私钥 $S_{ID} = sQ_{ID}$，并将 (Q_{ID}, S_{ID}) 安全地返回给用户。

3）签密算法

离线签密阶段：为了提高数据签密效率，将复杂运算在离线阶段完成，发送者 Alice 在该阶段执行如下操作。

（1）随机选择 $x \in Z_p^*$，计算 $U = xP$ 和 $W = xP_{pub}$。

（2）计算 $y = \hat{e}(W, Q_{ID_r})$ 和 $k = H_3(y)$。

（3）输出 $\delta = (U, W, y, k)$。

在线签密阶段：在离线签密阶段计算的基础上，发送者 Alice 只需要执行运算量较小的如下操作。

（1）计算 $h = H_2(U, m)$，$V = hS_{ID_u} + W$ 和 $C = m \oplus k$。

（2）将 $\sigma = (C, U, V)$ 发送给接收者 Bob。

4）解签密算法

收到密文 $\sigma = (C, U, V)$ 后，Bob 执行如下解签密操作。

（1）计算 $Q_{ID_u} = H_1(ID_u)$ 和 $y = \hat{e}(U, S_{ID_r})$。

（2）计算 $k = H_3(y)$，$m' = k \oplus C$ 和 $h = H_2(U, m')$。

（3）验证等式 $\hat{e}(V, P) = \hat{e}(hQ_{ID_u}, P_{pub})\hat{e}(U, P_{pub})$ 是否成立，若等式成立，则接收该密文；否则，输出错误符号"$\perp$"。

正确性分析：本节方案在解签密阶段等式 $\hat{e}(V, P) = \hat{e}(hQ_{ID_u}, P_{pub})\hat{e}(U, P_{pub})$ 的正确性验证如下。

$$\hat{e}(V, P) = \hat{e}(hS_{ID_u} + W, P) = \hat{e}(hS_{ID_u}, P)\hat{e}(W, P)$$
$$= \hat{e}(hsQ_{ID_u}, P)\hat{e}(xP_{pub}, P) = \hat{e}(hQ_{ID_u}, sP)\hat{e}(xsP, P)$$

$$= \hat{e}(hQ_{ID_u}, sP)\hat{e}(xP, sP)$$

$$= \hat{e}(hQ_{ID_u}, P_{pub})\hat{e}(U, P_{pub})$$

本节方案的安全性依赖于 ECDLP 假设，详细的安全性证明不再赘述，请参阅文献[18]。

10.1.2　无证书签密方案

为了避免基于公钥基础设施的签密方案所面临的证书管理问题和基于身份的签密方案存在的密钥托管问题，Al-Riyami 和 Paterson[19]提出了无证书密码体制的概念。针对无线体域网中数据的安全高效共享问题，Liu 等[20]提出了一个基于 Rivest-Shamir-Adelman（RSA）算法的高效无证书签密方案，方案具体描述如下。

1）系统建立算法

给定系统安全参数 λ，密钥生成中心（KGC）选择 RSA 的参数 (p,q,n,e,d)，其中 p 和 q 分别满足条件 $p = 2p'+1$ 和 $q = 2q'+1$（ p' 和 q' 为两个大素数）。KGC 计算模数 $n = pq$，并选择满足条件 $1 < e < \phi(n)$ 和 $\gcd(e,\phi(n)) = 1$ 的 e 值作为系统公钥，选择满足条件 $ed \bmod \phi(n) = 1$ 的 d 值作为系统主密钥。KGC 选择三个哈希函数 $H_0 : \{0,1\}^* \to Z_n^*$，$H_1 : Z_n^* \to \{0,1\}^l$ 和 $H_2 : Z_n^{*3} \times \{0,1\}^l \times \{0,1\}^* \to \mathbb{Z}_n^*$，其中 l 是消息的输出长度。最后，KGC 公布系统参数 $params = \{n,e,H_0,H_1,H_2\}$。

2）秘密值生成算法

给定用户身份 $ID_i \in \{0,1\}^*$ 和系统参数 params，用户随机选择 $x_{ID} \in Z_{2|n|/2-1}$ 作为秘密值。

3）公钥生成算法

给定用户身份 $ID_i \in \{0,1\}^*$、系统参数 params 和秘密值 x_{ID}，KGC 计算用户公钥 $PK_{ID} = H_0(ID_j)^{x_{ID}} \bmod n$ 并返回给用户。

4）部分私钥生成算法

给定用户身份 $ID_i \in \{0,1\}^*$、系统参数 params 和用户公钥 PK_{ID}，KGC 计算部分私钥 $d_{ID} = PK_{ID}^d \bmod n$ 并安全地返回给用户。

5）私钥生成算法

给定用户身份 $ID_i \in \{0,1\}^*$、秘密值 x_{ID} 和部分私钥 d_{ID}，用户计算完整私钥 $SK_{ID} = (x_{ID}, d_{ID})$。

6）签密算法

给定系统参数 params、发送者的完整私钥 $SK_i = (x_i, d_i)$ 和身份 ID_i、接收者的身份 ID_j 和公钥 PK_j 及明文消息 m，发送者执行如下签密操作。

（1）随机选择 $r_1, r_2 \in Z_{2|n|/2-1}$。

（2）计算 $R_1 = H_0(\mathrm{ID}_j)^{er_1} \bmod n$ 和 $R_1 = H_0(\mathrm{ID}_j)^{r_2} \bmod n$ 。

（3）计算 $r = \mathrm{PK}_j^{r_2} d_i^{1/x_i} \bmod n$ ， $s = m \oplus H_1(r)$ 和 $h = H_2(s, R_1, R_2, \mathrm{ID}_i, \mathrm{PK}_i)$ 。

（4）计算 $u_1 = H_0(\mathrm{ID}_j)^{r_1} d_i^{-h} \bmod n$ 和 $u_2 = r_2 / (h + x_i) \bmod n$ 。

（5）输出密文 $\delta = (u_1, u_2, h, s)$ 。

7）解签密算法

给定系统参数 params、发送者公钥 PK_i 和身份 ID_i、接收者的身份 ID_j 和私钥 $\mathrm{SK}_j = (x_j, d_j)$ 及密文 δ ，接收者执行如下解签密操作。

（1）计算 $\bar{R}_1 = u_1^e \mathrm{PK}_i^h \bmod n$ 和 $\bar{R}_2 = u_1^e \mathrm{PK}_i^{u_2} H_0(\mathrm{ID}_i)^{hu_2} \bmod n$ 。

（2）计算 $h' = H_2(s, \bar{R}_1, \bar{R}_2, \mathrm{ID}_i, \mathrm{PK}_i)$ 。

（3）验证等式 $h' = h$ 是否成立，若等式成立，继续下一步操作；否则，返回错误符号"⊥"。

（4）计算 $r' = \bar{R}_2^{x_j} d_j^{1/x_j} \bmod n$ 和 $m = s \oplus H_1(r')$ 。

正确性分析：对于每一个密文 $\delta = (u_1, u_2, h, s)$ ，有如下三个等式成立。

$$\bar{R}_1 = u_1^e \mathrm{PK}_i^h \bmod n = H_0(\mathrm{ID}_j)^{er_1} d_i^{-eh} \mathrm{PK}_i^h \bmod n$$
$$= H_0(\mathrm{ID}_j)^{er_1} H_0(\mathrm{ID}_j)^{-dehx_i} H_0(\mathrm{ID}_j)^{hx_i} \bmod n = H_0(\mathrm{ID}_j)^{er_1} \bmod n$$
$$= R_1$$

$$\bar{R}_2 = \mathrm{PK}_i^{u_2} H_0(\mathrm{ID}_j)^{hu_2} \bmod n = H_0(\mathrm{ID}_j)^{x_i r_2/(h+x_i)} H_0(\mathrm{ID}_j)^{hr_2/(h+x_i)} \bmod n$$
$$= H_0(\mathrm{ID}_j)^{r_2(h+x_i)/(h+x_i)} \bmod n = H_0(\mathrm{ID}_j)^{r_2} \bmod n$$
$$= R_2$$

$$r' = \bar{R}_2^{x_j} d_j^{1/x_j} \bmod n = R_2^{x_j} d_j^{1/x_j} \bmod n = H_0(\mathrm{ID}_j)^{x_j r_2} H_0(\mathrm{ID}_j)^{dx_j/x_j} \bmod n$$
$$= H_0(\mathrm{ID}_j)^{x_j r_2} H_0(\mathrm{ID}_j)^d \bmod n = \mathrm{PK}_j^{r_2} d_i^{1/x_i} \bmod n$$
$$= r$$

本节方案的安全性依赖于 RSA 假设和 DL 问题，详细的安全性证明不再赘述，请参阅文献[20]。

10.2　基于异构和聚合签密的车联网消息认证方案

数字签密技术被提出以后，国内外许多学者都对其进行了研究。然而，在实际应用中，发送方和接收方由于其计算资源、存储资源和安全性要求的不同，所处的密码体制可能不同。针对不同密码体制下的安全通信问题，Sun 等[21]首次提出了异构签密的概念，许多国内外学者也进行了研究[22-24]。本书作者针对车联网中消息的机密性和完整性等安全性需求和异构环境下高效通信等功能需求，基于异构和聚合签密算法提出了一个车联网消息认证方案[25]，实现了从无证书密码体制到基于身份的密码体制的安全通信，方案的具体描述如下。

10.2.1　系统模型

车联网消息认证方案的系统模型如图 10.1 所示，包含四个实体：交通管理中心（transportation management center，TMC）、可信机构（trusted authority，TA）、车载单元（onboard units，OBU）和路边单元（road side units，RSU）。

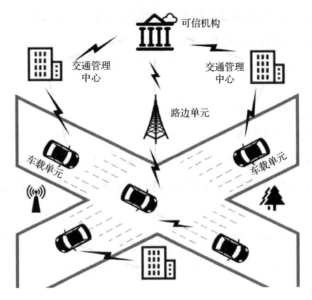

图 10.1　车联网消息认证方案的系统模型

（1）交通管理中心：产生系统参数，对系统进行初始化，为系统中的车辆分配真实身份信息。

（2）可信机构：协调整个系统的正常运行，分析路边单元发送的数据。

（3）车载单元：收集传感器的信息，并与其他车辆或者路边单元进行通信。每辆车上都配有车辆防篡改装备（tamper-proof device，TPD），TPD 负责车辆的假名生成。

（4）路边单元：通过有线方式与交通管理中心和可信机构进行通信，对接收到的车辆数据进行聚合验证。

10.2.2　方案描述

1）系统建立

根据系统安全参数 λ，TMC 分别选择以 q 为阶、以 P 为生成元的循环加法群

G_1 和循环乘法群 G_2，定义双线性映射 $e: G_1 \times G_1 \to G_2$，随机选取 $s \in Z_q^*$ 作为系统主密钥，计算系统公钥 $P_{\text{pub}} = sP$，选择六个安全的哈希函数 $H_0: \{0,1\}^* \to Z_q^*$，$H_1: \{0,1\}^* \to G_1$，$H_2: \{0,1\}^n \times \{0,1\}^n \to Z_q^*$，$H_3: G_2 \to \{0,1\}^n$，$H_4: \{0,1\}^n \times G_1 \times G_1 \times \{0,1\}^n \to Z_q^*$ 和 $H_5: \{0,1\}^* \to G_1$。TMC 秘密保存 s，公开系统参数 params = $\{q, G_1, G_2, e, P, P_{\text{pub}}, H_0, H_1, H_2, H_3, H_4, H_5\}$。

2）假名注册与密钥生成

TMC 为每辆车都分配一个真实身份 RID_i 和密码 Pw，并将其预载到车辆的 TPD 中，TPD 为车辆生成假名和部分私钥，具体过程如下。

（1）验证车辆发送的真实身份 RID_i 和密码 Pw 的合法性，若验证通过，则执行下一步操作，否则拒绝生成假名。

（2）随机选择 $y_i \in Z_q^*$，计算部分私钥 $Y_i = y_i P$ 和假名 $\text{ID}_i = \text{RID}_i \oplus H_0(y_i P_{\text{pub}}, Y_i, T)$，其中 T 为车辆假名的使用期限。

（3）TMC 计算车辆的部分私钥 $D_i = sQ_i$，其中 $Q_i = H_1(\text{ID}_i)$。

（4）车辆收到假名后，通过验证等式 $D_i P = H_1(\text{ID}_i) P_{\text{pub}}$ 是否成立来验证假名的合法性，若验证通过，使用该假名；否则，车辆重新申请假名。

（5）车辆选取秘密值 $x_i \in Z_q^*$，计算车辆公钥 $P_i = x_i P$。

3）RSU 注册

RSU 选择身份 ID_r，计算公钥 $P_r = H_1(\text{ID}_r)$ 和私钥 $D_r = sP_r$，并将 (ID_r, sP_r) 发送给 TMC。

4）签密

由于车载单元计算资源和存储资源的有限性，为了提高计算和通信效率，车辆将产生的数据上传至 RSU，经过 RSU 聚合后上传至云服务器，具体操作如下。

（1）随机选择 $\delta \in \{0,1\}^n$，计算 $r_i = H_2(\delta_i, M_i)$ 和 $Q_R = H_1(\text{ID}_r)$。

（2）计算 $R_i = r_i P$，$T_i = e(P_{\text{pub}}, Q_R)^{r_i}$ 和 $C_i = H_3(R_i, T_i, r_i P_r, \text{ID}_r, P_r) \oplus M_i$。

（3）计算 $h_i = H_4(C_i, R_i, P_i, \text{ID}_i)$ 和 $S_i = D_i + (x_i + h_i r_i) H_5(R_i, C_i)$。

（4）将密文 $\sigma_i = (C_i, R_i, S_i)$ 发送给 RSU。

5）聚合验证与解签密

RSU 对接收到的多个密文进行聚合验证，生成聚合签名 $S = \sum_{i=1}^{n} S_i$，具体操作如下。

（1）计算 $h_i = H_4(C_i, R_i, P_i, \text{ID}_i)$。

（2）验证等式 $e(S, P) = e(\sum_{i=1}^{n} Q_i, P_{\text{pub}}) e(\sum_{i=1}^{n} (P_i + h_i R_i), H_5(R_i, C_i))$ 是否成立，若等

式不成立，则终止运算；否则，RSU 计算 $T_i = e(R_i, D_r)$ ，解密得到消息 $M_i = H_3(R_i, T_i, r_i P_r, \mathrm{ID}_r, P_r) \oplus C_i$ 。

本节方案的安全性依赖于 GBDH 和 CDH 假设，详细的安全性证明不再赘述，请参阅文献[25]。

10.2.3 性能分析

在本小节中，将本节提出的基于异构和聚合签密的车联网消息认证方案与文献[26]和文献[27]方案进行效率对比，以分析本节所提方案的性能。为了便于表示，用 T_e 表示一次指数运算所需要的时间，T_m 表示一次乘法运算所需要的时间，T_p 表示一次双线性对运算所需要的时间。各方案在签密阶段和解签密阶段的时间开销如表 10.1 所示。此外，对三个方案在签密和解签密阶段的计算开销进行了数值模拟实验，取模拟实验 50 次运行结果的平均值，得到的时间开销对比图如图 10.2 所示。

表 10.1 时间开销

方案	签密	解签密
文献[26]方案	$T_e+3T_m+T_p$	$5T_p$
文献[27]方案	$2T_e+3T_m+T_p$	$2T_e+2T_m+5T_p$
本节方案	$T_e+3T_m+T_p$	$2T_m+4T_p$

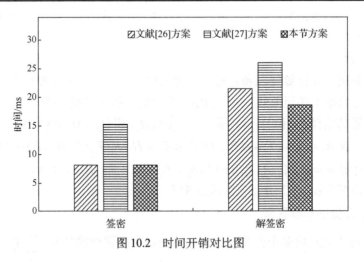

图 10.2 时间开销对比图

从表 10.1 和图 10.2 可知，在签密阶段，本节方案较文献[27]方案减少了一次指数运算，降低了计算开销，提高了签密运算速率。在解签密阶段，本节方案与文献[26]和文献[27]方案相比，需要更少的指数运算和双线性对运算，具有更低的计算开销。综上所述，本节基于异构和聚合签密的车联网消息认证方案在运算效率上优于文献[26]和文献[27]方案，更加符合资源受限的车联网环境。

10.3 基于区块链和签密的可验证医疗数据共享方案

医疗数据共享能够提高患者治疗的准确性，促进医疗研究机构的发展，然而在当前大数据时代背景下，电子医疗数据泄露、篡改等事件频频发生[28]。首先，患者可能会因为不同的症状去不同的医院就诊，导致医疗数据分散存储在不同的医疗机构，使患者失去对医疗数据的控制，并且不利于医疗数据共享。其次，医疗数据包含患者的敏感信息，若患者授权医疗机构将医疗数据外包给云服务器存储，当云服务器遭到恶意攻击时，容易引发数据篡改和隐私泄露等问题。最后，恶意的医疗机构和半可信的云服务器可能会合谋篡改医疗数据，使医疗数据的完整性受到威胁。针对这些问题，本书作者提出了一个基于区块链和签密的可验证医疗数据共享方案[29]，所提方案使用基于属性的签密算法，在实现云端医疗数据机密性和不可伪造性的同时，保护了签名者的隐私；结合可验证外包计算机制，减轻了医疗数据访问者的计算负担，验证了部分解签密文件的正确性；利用区块链技术，确保了外包机构存储的医疗数据具有不可篡改性；采用公开审计功能，第三方审计者可以定期验证外包医疗数据的完整性。

10.3.1 系统模型

基于区块链和签密的可验证医疗数据共享方案的系统模型如图 10.3 所示，包含七个实体：属性权威机构（attribute authority，AA）、医疗数据拥有者（medical data owner，MDO）、医疗数据提供者（medical data provider，MDP）、区块链（blockchain）、云服务器提供商（cloud service provider，CSP）、医疗数据访问者（medical data requester，MDR）和审计者（auditor）。

（1）属性权威机构：有 N 个不同的机构，包含各种不同的组织，如医院、医疗保险组织和医学研究所等，主要负责根据用户提交的属性为其分发对应密钥。

（2）医疗数据拥有者：患者是医疗数据拥有者，即医疗数据的来源。首先，患者提供与其症状相关的信息去医院注册，收到医院的初步诊断信息后，患者向指定医生详细描述症状，并通过发送授权书来委托医生在规定时间内进行诊断和治疗。其次，患者制定访问控制策略，只有满足访问控制策略的用户才能访问医疗数据，并将访问控制策略发送给医生，授权医生对产生的医疗数据进行签密和上传。最后，患者创建智能合约，并上传到区块链上。

（3）医疗数据提供者：在诊断治疗后，医生根据患者制定的访问控制策略对产生的医疗数据签密，并将签密文上传至云服务器。收到云服务器返回的存储地址后，医生将地址发送给患者。同时，医生创建一个交易，记录签密文存储地址、账户信息、签名、授权书和当前时间等信息，并将交易上传至区块链。

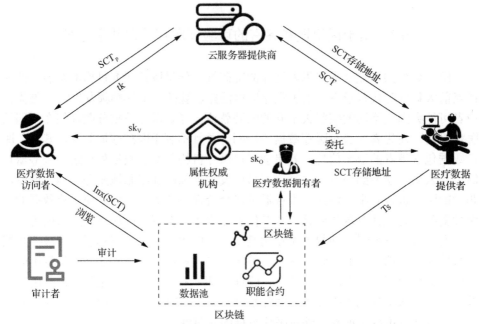

图 10.3　基于区块链和签密的可验证医疗数据共享方案的系统模型
SCT$_p$: 指定的医疗数据密文；SCT: 医疗数据密文；tk: 转换密钥；sk$_V$: 医疗数据访问者的密钥；
sk$_D$: 医生的密钥；sk$_O$: 医疗数据拥有者的密钥；Ts: 交易；Inx（SCT）：SCT 的索引

（4）区块链：区块链的类型是以太坊区块链，主要负责收集交易信息，记录所有用户的访问请求和访问活动，避免外包的医疗数据遭受非法修改，确保交易的安全性。此外，区块链存储患者创建的所有智能合约，确保了医疗数据在不同用户之间实现安全共享。

（5）云服务器提供商：主要负责存储由医生上传的医疗数据签密文，并验证签密文的有效性。若签密文无效，拒绝存储。同时，云服务器提供商可以认证医生的身份，可根据医疗数据访问者提供的转换密钥对外包的医疗数据进行部分解密，从而减轻用户的计算负担。

（6）医疗数据访问者：为了访问医疗数据，用户的解密属性应该满足患者制定的访问控制策略。首先，医疗数据访问者在智能合约上浏览医疗数据地址索引。其次，将解密属性、签密文地址索引和转换密钥发送至云服务器，请求访问医疗数据。如果验证通过，云服务器提供商将对应医疗数据密文进行部分解密，并将部分解密密文发送给医疗数据访问者。最后，医疗数据访问者利用私钥恢复出医疗数据明文。

（7）审计者：可以通过验证交易信息来确保外包医疗数据的完整性和正确性。

10.3.2　方案描述

1）系统建立

在该阶段，系统产生公共参数，且在用户注册信息后，授权机构产生公钥和主私钥。

（1）全局系统建立。

定义一个阶为素数 p 的双线性群组 (G_1, G_2, G_T)，其中 G_1 和 G_2 的生成元分别是 g 和 g_1；定义一个非对称双线性映射 $e: G_1 \times G_2 \to G_T$ 和两个抗合谋哈希函数 $H: \{0,1\}^* \to Z_p$ 和 $H_1: \{0,1\}^* \to G_1$。最后，公开系统参数 $\mathrm{GP} = (e, g, g_1, p, G_1, G_2, G_T, H, H_1)$。

（2）注册。

首先，不同的实体注册信息来加入系统。同时，每位医生在以太坊中创建一个账户，并将其发布给其他人。CSP 也在以太坊中创建一个外部拥有的账户，并将其发送给所有医生和审计者。

（3）授权建立。

注册后，每个属性授权机构 AA_j 通过执行如下过程生成主密钥和公钥，其中 $j \in [1, N]$，N 是授权机构的数量。

① AA_j 定义一个函数 $F: \tilde{U} \to (Z/pZ)^*$，其中 $\tilde{U} = \{a_{j,1}, \cdots, a_{j,k}\}$ 为属性集合。对于每个属性 $a_{j,k} \in \widetilde{U}$，对应的属性值 $F(a_{j,k}) = x$ 是不同的。

② 随机选择 $\alpha_j, \gamma_j \in Z_p^*$，计算 $\Delta_j = e(g^{\alpha_j}, g_1)$ 和 $\mu_j = g^{\alpha_j \gamma_j}$。

③ 秘密保存主密钥 $\mathrm{MSK} = \{\alpha_j, \gamma_j\}$，公开系统公钥 $\mathrm{PK} = \{\Delta_j, \{g_1^{\alpha_j \gamma_j^\varepsilon}\}_{\{\varepsilon = 0, \cdots, k\}}, \mu_j, F\}$。

2）密钥生成

授权机构根据用户提交的属性为其分发密钥，具体过程如下。

（1）授权机构 AA_j 定义 $\widetilde{A_\omega}$ 为一个实体的属性集合，且属性集合 $\widetilde{A_\omega} \in \tilde{U}$，$\omega$ 表示用户类型。当 $\omega = \mathrm{O}$ 时，A_O 表示数据拥有者；当 $\omega = \mathrm{V}$ 时，A_V 表示数据访问者；当 $\omega = \mathrm{D}$ 时，A_D 表示医生。

（2）随机选择 $\alpha_j, \gamma_j \in Z_p^*$，计算密钥：

$$\mathrm{sk}_{\omega,j} = (\{g^{\frac{r_{\omega,j}}{\gamma_j + F(a_{j,k})}}\}_{a_{j,k} \in \widetilde{AA_j} \cap \widetilde{A_\omega}}, \{g_1^{r_{\omega,j}\gamma_j^\varepsilon}\}_{\{\varepsilon=0,\cdots,k-2\}}, g_1^{\frac{r_{\omega,j}-1}{\gamma_j}}) = (\mathrm{sk}_{\omega 1,j}, \mathrm{sk}_{\omega 2,j}, \mathrm{sk}_{\omega 3,j})$$

3）预约

（1）患者随机选择 $\psi_j \in Z_p^*$，计算 $P_j = g^{\psi_j}$。

（2）收到患者的注册信息后，医院为其指派一组医生 $\{D_l\}_{(l \in I)}$，其中 I 为一组指定医生的索引。

（3）患者计算授权书 $(W_{j,e}{}', W_{j,e})$ 来委托 D_l 产生医疗数据，其中 $W_{j,e}{}' = \mathrm{tp}_l \parallel \mathrm{rea}_l$，$W_{j,e} = \psi_j \cdot H_1(W_{j,e}{}')$，$\mathrm{tp}_l$ 为有效时间，rea_l 为与医疗数据相关的信息。

4）医疗数据存储

医疗数据的产生分为两种情况，一种是由一名医生产生，另一种是由多名医生依次产生。

情况 1：患者的医疗数据仅由一名医生 D_1 产生。

阶段 1：医疗数据 m_1 的签密文 CT_1 和交易 $\mathrm{Ts}(D_1)$ 的产生。

（1） D_1 在诊断治疗后产生医疗数据 m_1。

（2）根据患者制定的访问控制策略 $(t,R_{e,j})$ 和签名策略 $(t,R_{s,j})$ 对 m_1 签密，其中 $R_{e,j}\subset\tilde{U}$， $s=|R_{e,j}|$， $1\leqslant t\leqslant|R_{e,j}|$； $R_{s,j}\subset\tilde{U}$， $s=|R_{s,j}|$， $1\leqslant t\leqslant|R_{s,j}|$，可以得到 $|A_D\bigcap R_{s,j}|=t$。签密文的构造如下。

① 使用文献[30]中的聚合函数 Aggreg 和密钥 $\mathrm{sk}_{D,j}$，计算：

$$X_1=\mathrm{Aggreg}(\{g^{\frac{r_{D,j}}{\gamma_j+F(a_{j,k})}},F(a_{j,k})\}_{a_{j,k}\in\widetilde{AA}_j\bigcap\widetilde{A_D}})=g^{\frac{r_{D,j}}{\prod\limits_{a_{j,k}\in AA_j\bigcap\widetilde{A_D}}(\gamma_j+F(a_{j,k}))}}$$

② 计算 $B_f=\{b_1,\cdots,b_f\}$ 和 $P_{(\widetilde{A_D},R_{s,j})}(\gamma_j)=\frac{1}{\gamma_j}(\prod\limits_{a_{j,k}\in R_s\cup B_{k+t-1-s}\setminus\widetilde{A_D}}(\gamma_j+F(a_{j,k})-\delta_1)$，其中 $\delta_1=\prod\limits_{a_{j,k}\in R_{s,j}\cup B_{k+t-1-s}\setminus A_D}F(a_{j,k})$， $f\leqslant k-1$。

③ 使用 $\mathrm{sk}_{D2,j}$ 计算 $\delta_2=g_1^{r_{D,j}P_{(\widetilde{A_D},R_{s,j})}(\gamma_j)}/\delta_1$。

④ 计算签名 $\mathrm{sig}_1=(\mathrm{sig}_{1,1},\mathrm{sig}_{1,2},\mathrm{sig}_{1,3})$，其中 $\mathrm{sig}_{1,1}=X_1\cdot g^{\frac{H(m_1)}{\prod\limits_{a_{j,k}\in AA_j\bigcap\widetilde{A_D}}(\gamma_j+F(a_{j,k}))}}$， $\mathrm{sig}_{1,2}=\mathrm{sk}_{D3,j}\cdot\delta_2\cdot g_1^{H(m_1)P_{(\widetilde{A_D},R_{s,j})}(\gamma_j)/\delta_1}$， $\mathrm{sig}_{1,3}=g_1^{\alpha_j\cdot H(m_1)}$。

⑤ 随机选择 $\eta_1\in Z_p^*$，计算签密文 $\mathrm{CT}_1=(\mathrm{CT}_{1,1},\mathrm{CT}_{1,2},\mathrm{CT}_{1,3})$，其中 $\mathrm{CT}_{1,1}=g^{-\eta_1\cdot\alpha_j\cdot\gamma_j}$， $\mathrm{CT}_{1,2}=g_1^{\eta_1\cdot\alpha_j\cdot\prod\limits_{a_{j,k}\in R_{e,j}}(\gamma_j+F(a_{j,k}))}$， $\mathrm{CT}_{1,3}=e(g,g_1)^{\alpha_j\cdot\eta_1}e(g,g_1)^{\alpha_j\cdot H(m_1)}\cdot m_1$。

⑥ 为签密文 CT_1 生成索引 $\mathrm{Inx}(\mathrm{CT}_1)$，基于当前时间 T_1， D_1 提取最新添加到区块链上的区块的哈希值 Bhash_{T_1}。 D_1 创建一个交易 $\mathrm{Ts}(D_1)$，并将服务费发送至 CSP 的账户，随后计算交易数据值 $\mathrm{Bhash}_{T_1}\|H_1(\mathrm{Inx}(\mathrm{CT}_1)\|W_{j,1}'\|W_{j,1})$。

⑦ D_1 将 $(\mathrm{Bhash}_{T_1},\mathrm{CT}_1,W_{j,1}',W_{j,1})$ 发送给 CSP。

阶段 2：验证及存储。

（1）CSP 验证收到的服务费，检查 tp_l 和 $\mathrm{Bhash}_{T_{|l|}}$ 的有效性，并验证如下两个等式是否成立：

$$e(W_{j,1}',g)=e(H(W_{j,1}),P_j)$$

$$\Delta_j = e(u_j^{-1}, \mathrm{sig}_{1,2}) \cdot e(g^{\alpha_j}, g_1)^{H(m_1)(1-Q_1-\frac{1}{Q_1})} \cdot e(\mathrm{sig}_{1,1}{}^\delta, g_1^{\alpha_j \prod\limits_{a_{j,k} \in R_{s,j} \cup B_{k+t-1-s} \backslash A_{\mathrm{D}}} (\gamma_j + F(a_{j,k}))})$$

其中，$Q_1 = \prod\limits_{a_{j,k} \in R_{s,j} \cup B_{k+t-1-s} \backslash A_{\mathrm{D}}} \dfrac{\gamma_j + F(a_{j,k})}{F(a_{j,k})}$。若验证通过，CSP 接收 $\mathrm{Bhash}_{T_1} \| H_1(\mathrm{Inx}(\mathrm{CT}_1) \| W_{j,1}{}' \| W_{j,1})$，并向 D_1 发送签密文存储地址 CL_1；否则，CSP 拒绝存储。

（2）收到 D_1 发送的 CL_1 后，患者计算 $H_1(\mathrm{CL}_1)$，生成 $\mathrm{Inx}(H_1(\mathrm{CL}))$，并将 $\mathrm{Inx}(H_1(\mathrm{CL}))$ 写入智能合约。

情况 2：患者的医疗数据由多名医生依次产生。假设 D_1 是产生医疗数据的第一位医生，$D_{|I|}$ 是产生医疗数据的最后一位医生。

阶段 1：医疗数据 m 的签密文 $\mathrm{CT}_{|I|}$ 和交易 $\mathrm{Ts}(D_{|I|})$ 的产生。

对于医生 D_1，生成医疗数据 m_1 的签密文 CT_1 和对应的交易 $\mathrm{Ts}(D_1)$。然后，将 $(\mathrm{Bhash}_{T_1}, \mathrm{CT}_1, W_{j,1}', W_{j,1})$ 发送给 D_2。

对于医生 D_l，其中 $l = 2, \cdots, |I-1|$，通过如下步骤产生签密文 CT_l 和交易 $\mathrm{Ts}(D_l)$。

（1）D_l 收到 $(\mathrm{Bhash}_{T_{l-1}}, \mathrm{CT}_{l-1}, W_{j,e-1}', W_{j,e-1})$ 后，通过验证等式 $e(W_{j,e-1}', g) = e(H(W_{j,e-1}), P_j)$ 是否成立来验证有效性。

（2）D_l 解密 CT_{l-1} 来获得明文消息 $\{m_1, \cdots, m_{l-1}\}$。

（3）D_l 产生当前医疗数据 m_l 后，执行如下签密操作。

① 计算签名 $\mathrm{sig}_l = (\mathrm{sig}_{l,1}, \mathrm{sig}_{l,2}, \mathrm{sig}_{l,3})$，其中 $\mathrm{sig}_{l,1} = X_1 \cdot g^{\frac{H(m_1 \| \cdots \| m_l)}{\prod\limits_{a_{j,k} \in AA_j \cap \widetilde{A_{\mathrm{D}}}} (\gamma_j + F(a_{j,k}))}}$，$\mathrm{sig}_{l,2} = \mathrm{sk}_{D3,j} \cdot \delta_2 \cdot g_1^{H(m_1 \| \cdots \| m_l) P_{(\widetilde{A_{\mathrm{D}}}, R_{s,j})} (\gamma_j)/\delta_1}$，$\mathrm{sig}_{l,3} = g_1^{\alpha_j \cdot H(m_1 \| \cdots \| m_l)}$。

② 随机选择 $\eta_l \in Z_p^*$，计算签密文 $\mathrm{CT}_l = (\mathrm{CT}_{l,1}, \mathrm{CT}_{l,2}, \mathrm{CT}_{l,3})$，其中 $\mathrm{CT}_{l,1} = g^{-\eta_l \cdot \alpha_j \cdot \gamma_j}$，$\mathrm{CT}_{l,2} = g_1^{\eta_l \cdot \alpha_j \cdot \prod\limits_{a_{j,k} \in R_e} (\gamma_j + F(a_{j,k}))}$，$\mathrm{CT}_{l,3} = e(g, g_1)^{\alpha_j \cdot \eta_l} e(g, g_1)^{\alpha_j \cdot H(m_1)} \cdot (m_1 \| \cdots \| m_l)$。

③ 为签密文 CT_l 生成索引 $\mathrm{Inx}(\mathrm{CT}_l)$，基于当前时间 T_l，D_l 提取最新添加到区块链上的区块的哈希值 Bhash_{T_l}。D_l 创建一个交易 $\mathrm{Ts}(D_l)$，并将服务费转到下一位医生的账户。存储数据值为 $\mathrm{Bhash}_{T_l} \| H_1(\mathrm{Inx}(\mathrm{CT}_l) \| W_{j,l}' \| W_{j,l})$。

④ 将 $(\mathrm{Bhash}_{T_l}, \mathrm{CT}_l, W_{j,l}', W_{j,l})$ 发送给 D_{l+1}。

对于医生 $D_{|I|}$，其中 $l = 2, \cdots, |I-1|$，通过执行如下步骤产生签密文 $\mathrm{CT}_{|I|}$ 和交易 $\mathrm{Ts}(D_{|I|})$。

（1）收到 $(\mathrm{Bhash}_{T_{|I|-1}}, \mathrm{CT}_{|I|-1}, W_{j,|I|-1}', W_{j,|I|-1})$ 后，通过验证等式 $e(W_{j,|I|-1}', g) =$

$e(H(W_{j,|I|-1}),P_j)$ 是否成立来验证有效性。

（2）解密 $\mathrm{CT}_{|I|-1}$ 来获得明文消息 $\{m_1,\cdots,m_{|I|-1}\}$。

（3）对当前产生的医疗数据 $m_{|I|}$ 签密，具体操作如下。

① 计算签名 $\mathrm{sig}_{|I|}=(\mathrm{sig}_{|I|,1},\mathrm{sig}_{|I|,2},\mathrm{sig}_{|I|,3})$，其中 $\mathrm{sig}_{|I|,1}=X_1\cdot g^{\frac{H(m_1\|\cdots\|m_{|I|})}{\prod\limits_{a_{j,k}\in AA_j\cap\widetilde{A}_D}(\gamma_j+F(a_{j,k}))}}$，

$\mathrm{sig}_{|I|,2}=\mathrm{sk}_{\mathrm{D}3,j}\cdot\delta_2\cdot g_1^{H(m_1\|\cdots\|m_{|I|})P_{(\widetilde{A}_D,R_{s,j})}(\gamma_j)/\delta_1}$，　$\mathrm{sig}_{|I|,3}=g_1^{\alpha_j\cdot H(m_1\|\cdots\|m_{|I|})}$。

② 随机选择 $\eta_{|I|}\in Z_p^*$，计算密文 $\mathrm{CT}_{|I|}=(C_{|I|,1},C_{|I|,2},C_{|I|,3})$，其中 $\mathrm{CT}_{|I|,1}=g^{-\eta_{|I|}\cdot\alpha_j\cdot\gamma_j}$，

$\mathrm{CT}_{|I|,2}=g_1^{\eta_{|I|}\cdot\alpha_j\cdot\prod\limits_{a_{j,k}\in R_{s,j}}(\gamma_j+F(a_{j,k}))}$，　$\mathrm{CT}_{|I|,3}=e(g,g_1)^{\alpha_j\cdot\eta_{|I|}}e(g,g_1)^{\alpha_j\cdot H(m_{|I|})}\cdot(m_1\|\cdots\|m_{|I|})$。

③ 为签密文 $\mathrm{CT}_{|I|}$ 生成索引 $\mathrm{Inx}(\mathrm{CT}_{|I|})$，基于当前时间 $T_{|I|}$，提取最新添加到区块链上的区块的哈希值 $\mathrm{Bhash}_{T_{|I|}}$；创建一个交易 $\mathrm{Ts}(D_{|I|})$，并将服务费转到 CSP 的账户。存储数据值为 $\mathrm{Bhash}_{T_{|I|}}\|H_1(\mathrm{Inx}(\mathrm{CT}_{|I|})\|W_{j,|I|}{}'\|W_{j,|I|})$。

④ 将 $(\mathrm{Bhash}_{T_{|I|}},\mathrm{CT}_{|I|},W_{j,|I|}{}',W_{j,|I|})$ 发送给 CSP。

阶段 2： 验证及存储。

（1）CSP 验证收到的服务费，检查 tp_l 和 $\mathrm{Bhash}_{T_{|I|}}$ 的有效性，并验证下面两个等式是否成立：

$$e(W_{j,|I|}{}',g)=e(H(W_{j,|I|}),P_j)$$

$$\Delta_j=e(u_j^{-1},\mathrm{sig}_{|I|,2})\cdot e(g^{\alpha_j},g_1)^{H(m_1\|\cdots\|m_{|I|})(1-Q_1-\frac{1}{Q_1})}\cdot e\left(\mathrm{sig}_{|I|,1}{}^\delta,g_1^{\alpha_j\prod\limits_{a_{j,k}\in R_{s,j}\cup B_{k+t-1-s}\setminus A_D}(\gamma_j+F(a_{j,k}))}\right)$$

其中，$Q_1=\prod\limits_{a_{j,k}\in R_{s,j}\cup B_{k+t-1-s}\setminus A_D}\dfrac{\gamma_j+F(a_{j,k})}{F(a_{j,k})}$，若验证通过，CSP 接收 $(\mathrm{Bhash}_{T_{|I|}},\mathrm{CT}_{|I|},W_{j,|I|}{}',W_{j,|I|})$，并返回签密文存储地址 CL 给 $D_{|I|}$；否则，CSP 拒绝存储。

（2）收到 $D_{|I|}$ 发送的 CL 后，患者计算 $H_1(\mathrm{CL})$，并将 $\mathrm{Inx}(H_1(\mathrm{CL}))$ 写入智能合约。

5）医疗数据访问

阶段 1： 转换密钥生成。

（1）MDR 随机选择 $z\in Z_p^*$ 作为检索密钥 $\mathrm{tsk}=z$，并计算：

$$\mathrm{tpk}=(\mathrm{sk}_{\omega1,j}^{\frac{1}{z}},\mathrm{sk}_{\omega2,j}^{\frac{1}{z}},\mathrm{sk}_{\omega3,j}^{\frac{1}{z}})=(\{g^{\frac{r_{\omega,j}}{z(\gamma_j+F(a_{j,k}))}}\}_{a_{j,k}\in\widetilde{AA}_j\cap\widetilde{A}_\omega},\{g_1^{\frac{r_{\omega,j}\gamma_j^\varepsilon}{z}}\}_{\{\varepsilon=0,\cdots,k-2\}},g_1^{\frac{r_{\omega,j}-1}{z\gamma_j}})$$

（2）产生转换密钥 $\mathrm{tk}=(\mathrm{tpk},\mathrm{tsk})$。

阶段 2：部分解密。

（1）MDR 在智能合约上浏览医疗数据地址索引。

（2）MDR 将解密属性、签密文地址索引和转换密钥 tk 发送至云服务器，请求访问医疗数据。

（3）如果 MDR 的解密属性满足患者制定的访问控制策略，CSP 利用 MDR 发送的转换密钥 tk 对医疗数据签密文进行部分解密，具体过程如下。

① 对于所有 $a_{j,k} \in \widetilde{AA}_j \cap \widetilde{A}_V$，CSP 使用聚合函数 Aggreg 聚合用户密钥，计算得到：

$$X_2 = \text{Aggreg}(\{g^{\frac{r_{V,j}}{z(\gamma_j + F(a_{j,k}))}}, F(a_{j,k})\}_{a_{j,k} \in \widetilde{AA}_j \cap \widetilde{A}_V}) = g^{\frac{r_{V,j}}{z \prod_{a_{j,k} \in \widetilde{AA}_j \cap \widetilde{A}_V}(\gamma_j + F(a_{j,k}))}}$$

② 计算 $\text{CT}^P = e(\text{CT}_1, \text{sk}_{V3,j}^{\frac{1}{z}}) \cdot e(g, \text{sig}_3^{\frac{1}{z}}) \cdot e(X_2, \text{CT}_2)$。

（4）CSP 将部分解密密文 CT^P 发送给 MDR。

阶段 3：完全解密。

MDR 收到 CT^P 后，通过计算 $\frac{\text{CT}_3}{(\text{CT}^P)^z}$ 恢复出医疗数据 m。为了验证 m 的正确性，即 CSP 生成部分密文的正确性，MDR 计算 $\theta = g_1^{\alpha_j \cdot H(m)}$。如果 $\theta = \text{sig}_3$，表示 CSP 计算的部分密文 CT^P 是正确的；否则，MDR 拒绝收到的 CT^P。

6）审计

审计者通过如下步骤验证医疗数据的正确性和及时性。

（1）从区块链上提取对应交易，并获取对应账户信息。

（2）验证创建的交易数量是否和医疗数据记录的数量一致。

（3）验证授权书 $W_{j,e}$ 的有效性。

（4）通过检验交易时间来验证医疗数据的及时性。

（5）计算 $(\text{Bhash}_T, \text{CT}, W_j', W_j)$，并检查其是否和交易信息相符。

10.3.3 安全性分析

定理 10.1 如果增强多指数序列计算 Diffie-Hellman（aMSE-CDH）问题成立，则基于区块链和签密的可验证医疗数据共享方案满足机密性[29]。

证明：利用文献[31]方案的证明方法，下面证明在选择密文攻击下本节方案的机密性可以归约到 aMSE-CDH 问题的困难性。

以下的游戏由 $\mathcal{A}$，$\mathcal{B}$ 和 $\mathcal{C}$ 交互完成，具体过程如下。

1）初始化

$\mathcal{A}$ 选择一个签密属性集合 S^*，并与 $\mathcal{B}$ 和 $\mathcal{C}$ 共享。

（1）全局系统建立：$\mathcal{B}$ 定义一个阶为素数 p 的双线性群组 (G_1, G_2, G_T)，g 和 g_1 分别是 G_1 和 G_2 的生成元，一个非对称双线性映射 $e: G_1 \times G_2 \to G_T$ 和两个抗合谋哈希函数 $H: \{0,1\}^* \to Z_p$ 和 $H_1: \{0,1\}^* \to G_1$，并公开系统参数 $gp = (e, g, g_1, p, G_1, G_2, G_T, H)$。

（2）授权建立：$\mathcal{B}$ 执行如下过程。

① 定义 $F(a_{j,\xi}) = x_\xi$，其中 $\xi = 1, \cdots, k$。

② 定义 $B_f = \{b_1, \cdots, b_f\}$，其中 $f \leqslant k-1$。若 $c = 1, \cdots, k+t-1-s$，$b_c = x_{k+c}$，$\mathcal{B}$ 随机选择 $b_c \in (Z/pZ)^*$，故 $\{x_1, \cdots, x_{2k+t-1-2}, b_{k+t-s}, \cdots, b_{c-1}\}$ 是两两不同的。

③ 定义 $g = g_0^{f(\gamma_j)}$ 和 $g_1 = g_1'$，计算 $\mu_j = g^{\alpha_j \gamma_j} = g_0^{\alpha_j \gamma_j \cdot f(\gamma)}$，$\{g_1^{\alpha_j \gamma_j^\varepsilon}\}_{\{\varepsilon = 0, \cdots, k\}}$ 和 $\Delta_j = e(g^{\alpha_j}, g_1) = e(g_0^{\alpha_j \cdot f(\gamma)}, g_1')$，$\mathcal{B}$ 将产生的公钥 $\mathrm{PK} = \{\Delta_j, \{g_1^{\alpha_j \gamma_j^\varepsilon}\}_{\{\varepsilon = 0, \cdots, k\}}, \mu_j, F\}$ 发送给攻击者 $\mathcal{A}$。

2）询问阶段 1

挑战者 $\mathcal{C}$ 建立一个空表。攻击者 $\mathcal{A}$ 可以多次请求私钥询问、转换密钥询问、签密询问和解密询问，具体询问过程如下。

（1）私钥询问：$\mathcal{A}$ 向 $\mathcal{C}$ 询问签密属性集合 A_A^*，其中 $|A_A^* \cap R_{e,j}^*| < t$，$|A_A^* \cap R_{s,j}^*| < t$。$\mathcal{C}$ 随机选择 $\gamma \in (Z/pZ)^*$，若 $|A_A^*| = 0$ 或 $Q(X) = \lambda \cdot \prod_{a \in A_A^*}(X + F(a_{j,k}))$，$\mathcal{C}$ 定义 $Q(X)$ 为 $Q(\gamma_j) = 1$，$\mathcal{C}$ 计算 $r = (\omega y \gamma_j + 1)Q(\gamma_j)$ 和 $\mathrm{sk}_A = (\{g^{\frac{r}{\gamma_j + F(a_{j,k})}}\}_{a_{j,k} \in \widetilde{AA}_j \cap \widetilde{A_A^*}}, \{g_1^{r\gamma_j^\varepsilon}\}_{\{\varepsilon = 0, \cdots, k-2\}}, g_1^{\frac{r-1}{\gamma_j}})$。最后，$\mathcal{C}$ 将 sk_A 发送给 $\mathcal{A}$。

（2）转换密钥询问：$\mathcal{A}$ 请求询问与属性 A_A^* 相联系的转换密钥 tk_A。$\mathcal{C}$ 查找列表中是否存在元组 $(A_A^*, \mathrm{sk}_A, \mathrm{tk}_A)$，如果存在，$\mathcal{C}$ 将 tk_A 返回给 $\mathcal{A}$；否则，$\mathcal{C}$ 计算 $\mathrm{tsk}_A = z$ 和 $\mathrm{tpk}_A = (\{g^{\frac{r}{z(\gamma_j + F(a_{j,k}))}}\}_{a_{j,k} \in \widetilde{AA}_j \cap \widetilde{A_A^*}}, \{g_1^{\frac{r\gamma_j^\varepsilon}{z}}\}_{\{\varepsilon = 0, \cdots, k-2\}}, g_1^{\frac{r-1}{z\gamma_j}})$。最后，$\mathcal{C}$ 将 tk_A 发送给 $\mathcal{A}$。

（3）签密询问：$\mathcal{A}$ 输入访问控制策略 $(t, R_{e,j}^*)$ 和签名策略 $(t, R_{s,j}^*)$，请求对 m 签密。$\mathcal{C}$ 执行密钥生成算法产生 sk_X。然后，$\mathcal{C}$ 执行如下操作。

① 计算 $X_1 = g^{\frac{r}{\prod_{a_{j,k} \in \widetilde{AA}_j \cap \widetilde{A_C}}(\gamma_j + F(a_{j,k}))}}$ 和 $P_{(\widetilde{A_C}, R_{s,j})}(\gamma_j) = \frac{1}{\gamma_j}(\prod_{a_{j,k} \in R_s \cup B_{k+t-1-s} \setminus \widetilde{A_C}}(\gamma_j + F(a_{j,k}) - \delta_1))$。

② 计算 $\mathrm{sig}_1 = X_1 \cdot g^{\frac{H(m)}{\prod_{a_{j,k}\in\widetilde{AA}_j\cap\widetilde{A}_X}(\gamma_j+F(a_{j,k}))}}$，$\mathrm{sig}_2 = \mathrm{sk}_X \cdot \delta_2 \cdot g_1^{H(m)P_{(\widetilde{A}_X,R_{s,j})}(\gamma_j)/\delta_1}$ 和 $\mathrm{sig}_3 = g_1^{\alpha_j \cdot H(m)}$，产生签名 $\mathrm{sig} = (\mathrm{sig}_1,\mathrm{sig}_2,\mathrm{sig}_3)$。

③ 随机选择 $\eta_1 \in Z_p^*$，计算 $\mathrm{CT}_1 = g^{-\eta_1\cdot\alpha_j\cdot\gamma_j}$，$\mathrm{CT}_2 = g_1^{\eta_1\cdot\alpha_j\cdot\prod_{a_{j,k}\in R_{e,j}}(\gamma_j+F(a_{j,k}))}$ 和 $\mathrm{CT}_3 = e(g,g_1)^{\alpha_j\cdot\eta_1}e(g,g_1)^{\alpha_j\cdot H(m)}\cdot m$。

④ 将产生的签密文 $\mathrm{CT} = (\mathrm{CT}_1,\mathrm{CT}_2,\mathrm{CT}_3)$ 返回给 $\mathcal{A}$。

（4）解密询问：$\mathcal{A}$ 向 $\mathcal{C}$ 发送对于 CT 的解签密访问请求。$\mathcal{C}$ 首先验证 $\mathcal{A}$ 提交的属性集合 A_A^*，如果验证不通过，$\mathcal{C}$ 终止询问。否则，$\mathcal{C}$ 执行密钥生成算法产生 sk_A，运行解签密算法获得明文 m。最后，$\mathcal{C}$ 将 m 发送给 $\mathcal{A}$。

3）挑战

攻击者 $\mathcal{A}$ 提交两个等长的消息 m_0 和 m_1，以及属性集合 A_A^* 给 $\mathcal{C}$。$\mathcal{C}$ 随机选择一个比特 $b\in\{0,1\}^*$，并且基于属性集合 A_A^* 对 m_b 签密。最后，将产生的挑战密文 CT^* 返回给 $\mathcal{A}$。

4）询问阶段 2

重复询问阶段 1，但是 $\mathcal{A}$ 不能询问已经挑战过的密文 CT^* 和属性集合 A_A^*。

5）猜测

$\mathcal{A}$ 输出猜测的比特 b'。如果 $b'=b$，则 $\mathcal{C}$ 回答 aMSE-CDH 问题给定实例的解决方案，这意味着 $Y = e(g_0,\ g_1')^{\kappa+H(m_b)}\cdot f(\gamma_j)$。否则，$\mathcal{C}$ 回答 0，这表示 Y 是一个随机元素。

由于 aMSE-CDH 问题的困难性，$\mathcal{A}$ 很难猜出密钥生成过程中随机选择的 γ 和 r。因此，攻击者 $\mathcal{A}$ 不能正确猜出消息 m。可以得到算法 $\mathcal{B}$ 的优势为 $\mathrm{Adv}_B^{\mathrm{aMSE}} \geq \mathrm{Adv}_A$，并且 $\mathcal{A}$ 的优势是可以忽略的。因此，本节方案基于 aMSE-CDH 问题，在选择密文攻击下是安全的，满足机密性的特征。

定理 10.2　如果 aMSE-CDH 问题成立，在选择消息攻击下，本节提出的方案满足不可伪造性[29]。

证明：算法 $\mathcal{B}$ 利用攻击者 $\mathcal{A}$ 来解决 aMSE-CDH 问题。$\mathcal{A}$ 尝试计算一个签密文消息，$\mathcal{B}$ 可以验证签密文的正确性。与定理 10.1 中讨论的机密性安全游戏相似，本节方案利用了文献[30]方案满足的不可伪造性，具体描述如下。

$\mathcal{A}$ 选择了一个签密属性集合 R_j^* 和 t^*。然后，更改门限值 t^* 来请求私钥询问，并且利用不同的签密属性集合来请求询问对 m 的签密文。$\mathcal{A}$ 通过多次执行私钥询问和签密询问得到秘密值。

（1）私钥询问：$\mathcal{A}$ 向 $\mathcal{B}$ 询问签密属性集合 A_A^* 和 t^*，其中 $|A_A^*\cap R_{e,j}^*|<t$，$|A_A^*\cap R_{s,j}^*|<t$。$\mathcal{B}$ 计算得到 $\mathrm{sk}_A = (\{g^{\frac{r}{\gamma_j+F(a_{j,k})}}\}_{a_{j,k}\in\widetilde{AA}_j\cap\widetilde{A}_A},\{g_1^{r\gamma_j^\varepsilon}\}_{\{\varepsilon=0,\cdots,k-2\}},g_1^{\frac{r-1}{\gamma_j}})$，并将

sk_A 发送给 $\mathcal{A}$。

（2）签密询问：$\mathcal{A}$ 提交消息 m、加密策略 $(t, R_{e,j}{}^*)$ 和签名策略 $(t, R_{s,j}{}^*)$，请求对 m 签密。首先，$\mathcal{B}$ 执行密钥生成算法得到 sk_B。其次，$\mathcal{B}$ 计算 $Q(\gamma_j)/\lambda = \prod\limits_{a \in A_A^*}(\gamma_j + F(a_{j,k}))$ 和

$$
\begin{cases}
\text{sig}_1 = g_0^{(\omega y \gamma_j + 1)f(\gamma_j)\lambda} \cdot g_0^{\frac{f(\gamma_j)}{Q(\gamma)}\lambda H(m)} \\[2mm]
\text{sig}_2 = g_1^{\omega y Q(\gamma)} \cdot g_1^{\frac{Q(\gamma)-1}{\gamma_j}} \cdot g_1^{\frac{(\omega y \gamma_j + 1)Q(\gamma) \cdot P_{\widetilde{(A_B,R_{s,j})}}(\gamma_j)}{\prod\limits_{a_{j,k} \in R^* \cup B_{k+t-1-s}\setminus A_B} F(a_{j,k})}} \cdot g_1^{\frac{H(m)\cdot P_{\widetilde{(A_B,R_{s,j})}}(\gamma_j)}{\prod\limits_{a_{j,k}\in R^*\cup B_{k+t-1-s}\setminus A_B} F(a_{j,k})}} \, 。\\[4mm]
\text{sig}_3 = g_1^{\alpha_j \cdot H(m)}
\end{cases}
$$

最后，$\mathcal{B}$ 计算 $\text{CT}_1 = g^{-\eta_1 \cdot \alpha_j \cdot \gamma_j}$，$\text{CT}_2 = g_1^{\eta_1 \cdot \alpha_j \cdot \prod\limits_{a_{j,k}\in R_{e,j}}(\gamma_j + F(a_{j,k}))}$ 和 $\text{CT}_3 = e(g,g_1)^{\alpha_j \cdot \eta_1} \cdot e(g,g_1)^{\alpha_j \cdot H(m)} \cdot m$，并且将产生的签密文 $\text{CT} = (\text{CT}_1, \text{CT}_2, \text{CT}_3)$ 返回给 $\mathcal{A}$。

（3）伪造：$\mathcal{A}$ 试图产生与访问控制策略 $(t^*, R_{e,j}{}^*)$ 和签名策略 $(t^*, R_{s,j}{}^*)$ 相关的有效签密文 $\text{CT}_1^*, \text{CT}_2^*, \text{CT}_3^*$ 和 sig_3^*。$\mathcal{A}$ 想要赢得游戏就必须计算出 sig_1^* 和 sig_2^*。因此，$\mathcal{A}$ 必须要解决 aMSE-CDH 问题来证明其询问的属性满足 $(t^*, R_{s,j}{}^*)$。同样，$\mathcal{A}$ 不得不解决 CDH 问题来猜测产生签里的随机值。

因此，基于 aMSE-CDH 问题，本节方案在选择消息攻击下是不可伪造的。

定理 10.3　基于区块链和签密的可验证医疗数据共享方案具有计算性隐私[29]。

证明：攻击者 $\mathcal{A}$ 试图区分已经获得的两个相同属性对应产生的正确签名，也就是攻击者无法通过签名消息来获取对应签名实体的身份。如果攻击者 $\mathcal{A}$ 赢得游戏的概率是可忽略的，则表明本节方案在计算上具有隐私性。

收到挑战者 $\mathcal{C}$ 通过执行系统建立算法产生的公钥后，$\mathcal{A}$ 选择属性集合 $\widetilde{A_{A,1}}$ 和 $\widetilde{A_{A,2}}$，满足访问控制策略 $(t^*, R_{e,j}{}^*)$ 和签名策略 $(t^*, R_{s,j}{}^*)$，并发送给 $\mathcal{C}$。然后，$\mathcal{C}$ 计算与属性集合 $\widetilde{A_{A,1}}$ 和 $\widetilde{A_{A,2}}$ 相关的私钥：

$$
\text{sk}_{X,1} = (\{g^{\frac{r}{\gamma_j + F(a_{j,k})}}\}_{a_{j,k} \in \widetilde{AA_j} \cap \widetilde{A_{C,2}}}, \{g_1^{r\gamma_j^{\varepsilon}}\}_{\{\varepsilon = 0,\cdots,k-2\}}, g_1^{\frac{r-1}{\gamma_j}})
$$

$$
\text{sk}_{X,2} = (\{g^{\frac{r}{\gamma_j + F(a_{j,k})}}\}_{a_{j,k} \in \widetilde{AA_j} \cap \widetilde{A_{C,2}}}, \{g_1^{r\gamma_j^{\varepsilon}}\}_{\{\varepsilon = 0,\cdots,k-2\}}, g_1^{\frac{r-1}{\gamma_j}})
$$

挑战：首先，$\mathcal{A}$ 向 $\mathcal{C}$ 请求询问对消息 m 的签密文，使用 $\text{sk}_{X,1}$ 或 $\text{sk}_{X,2}$。然后，$\mathcal{C}$ 选择一个随机比特 $b \in \{0,1\}^*$，并且通过执行签密算法对 m_b 签密，产生签密文 CT_b。因为 $|\widetilde{A_{X,b}}^* \cap R_j^*| = t^*$，所以 $\mathcal{C}$ 可以获得一个有效的签密文。

挑战者 C 使用 $\mathrm{sk}_{X,b}$ 计算得到签密文:

$$\mathrm{SCT}_b \begin{cases} \mathrm{sig}_1 = X_1 \cdot g^{\frac{H(m)}{\prod\limits_{a_{j,k}\in\mathrm{AA}_j\cap\widetilde{A_{C,b}}}(\gamma_j+F(a_{j,k}))}} \\ \mathrm{sig}_2 = \mathrm{sk}_{C,b} \cdot \delta_2 \cdot g_1^{H(m)P_{(\widetilde{A_{C,b}},R_{s,j})}(\gamma_j)/\delta_1} \\ \mathrm{sig}_3 = g_1^{\alpha_j \cdot H(m)} \\ \mathrm{CT}_1 = g^{-\eta_1 \cdot \alpha_j \cdot \gamma_j} \\ \mathrm{CT}_2 = g_1^{\eta_1 \cdot \alpha_j \cdot \prod\limits_{a_{j,k}\in A_{C,b}}(\gamma_j+F(a_{j,k}))} \\ \mathrm{CT}_3 = e(g,g_1)^{\alpha_j \cdot \eta_1} e(g,g_1)^{\alpha_j \cdot H(m)} \cdot m \end{cases}$$

收到 C 发送的签密文 SCT_b 后,攻击者 $\mathcal{A}$ 通过以下等式验证签名的有效性。

$$\Delta_j = e(u_j^{-1},\mathrm{sig}_{1,b}) \cdot e(g^{\alpha_j},g_1)^{H(m_1\|\cdots\|m_{|I|})(1-\mathbb{Q}_1-\frac{1}{\mathbb{Q}_1})} \cdot e(\mathrm{sig}_{1,b}^{\delta},g_1^{\alpha_j \prod\limits_{a_{j,k}\in R_{s,j}\cup B_{k+t-1-s}}(\gamma_j+F(a_{j,k}))})$$

由于 $|\widetilde{A_{C,b}}^* \cap R_j^*| = |\widetilde{A_{C,1}}^* \cap R_j^*| = |\widetilde{A_{C,2}}^* \cap R_j^*| = t^*$,可以证明使用不同属性集合 $\widetilde{A_{A,1}}$ 和 $\widetilde{A_{A,2}}$ 产生的签名是相同的。由于 aMSE-CDH 问题的困难性,攻击者不知道使用哪个属性集合产生签名。因此,本节提出的方案基于 aMSE-CDH 假设,实现了在计算上具有隐私性。

10.3.4 性能分析

为了评估本节所提方案的性能,将本节方案与文献[32]~[37]中所提出的基于属性签密的方案在功能和性能等方面进行比较。表 10.2 比较了这些同类方案有关签密者隐私、外包计算、多授权中心、可验证性、不可篡改性的功能性要求。

表 10.2 同类方案功能性比较

方案	签密者隐私	外包计算	多授权中心	可验证性	不可篡改性
文献[32]方案	√	×	×	√	×
文献[33]方案	√	√	√	√	×
文献[34]方案	×	×	×	×	√
文献[35]方案	√	×	×	×	√
文献[36]方案	√	√	×	√	×
文献[37]方案	√	×	×	√	×
本节方案	√	√	√	√	√

由表 10.2 可知,文献[34]方案不支持签密者的隐私保护;文献[32]、文献[34]、文献[35]和文献[37]方案不能实现外包运算;文献[34]和文献[35]方案不具有可验证性;文献[32]、文献[33]、文献[36]和文献[37]方案不满足不可篡改性;本节所提方案满足上述所有要求。

　　虽然患者拥有的完整医疗数据通常由多名医生产生，但是为了更加直观地评估所设计方案的性能，大部分医疗数据保护方案只对一名医生产生医疗数据的过程进行讨论。因此，对由一名医生诊断治疗后产生的医疗数据在通信开销和计算开销两个方面进行讨论，为了比较方便，用 E_1 表示在群 G 上的一次指数运算，E_T 表示在群 G_T 上的一次指数运算，E_2 表示在环 Z_p 上的一次指数运算，P 表示一次双线性对运算。计算开销和通信开销对比结果分别如表 10.3 和表 10.4 所示。

表 10.3　计算开销对比

方案	签密	用户解签密	CSP 解签密
文献[32]方案	$(s_e + 2s_s + 3)E_1$	$(s_s + 5)P + (2s_e + s_s + 3)E_1$	—
文献[33]方案	$(kE_T) + (4k + 5ks_e)E_1$	$(3k + 3ks_e)E_1 + E_T + P$	$5E_1 + (10k + 3)E_2 + kE_T + 8kP$
文献[34]方案	$(s_s + 3)E_1$	$3P$	—
文献[35]方案	$(2k + 2)E_1 + E_2$	P	—
文献[36]方案	$(4 + 3s_e + 3s_s)E_1$	$(5 + s_s)P + 2s_e P$	—
文献[37]方案	$(10 + 2s_e + 6s_s)E_1 + E_T$	E_1	$(s_s + 2)E_1 + (2 + 2s_s)P$
本节方案	$6E_1 + 2E_T$	E_T	$E_1 + 2E_2 + 3P$

注：k 表示属性集合中元素的个数；s_e 表示属性基加密策略的大小；s_s 表示属性基签名策略的大小。

　　由表 10.3 可知，相比文献[32]～[37]方案，本节方案在签密阶段仅需要执行 $6E_1 + 2E_T$ 次操作，具有更低的计算开销。此外，相较于文献[32]、文献[34]、文献[35]和文献[37]方案，本节方案利用基于属性的外包解签密技术，将大量计算交付给 CSP 执行，用户仅需执行一次 E_T 操作即可完成解签密，极大地减轻了用户的计算负担。虽然文献[32]和文献[36]方案将部分解签密操作交付于 CSP 执行，但用户完成剩余解签密操作的计算开销依旧高于本节所提方案。

表 10.4　通信开销对比

方案	签密	用户解签密	CSP 解签密
文献[32]方案	$(l_s + 8B_{G_T} + 4)B_{G_1}$	—	$(l_s + l_e + 4)B_{G_1}$
文献[33]方案	$(k + 9)B_{G_1}$	$(k + 13)B_{G_1}$	$(l_s + 3l_e + 4)B_{G_1} + B_{G_T}$
文献[34]方案	$(4 + l_d)B_{G_1}$	—	$(l_e + 3)B_{G_1}$
文献[35]方案	$2B_{G_1}$	—	$(l_e + 2)B_{G_T}$
文献[36]方案	$(2l_s + 2l_d + 4)B_{G_1}$	—	$(3l_s + 3l_e + 5)B_{G_1}$
文献[37]方案	$(l_s + l_d + 5)B_{G_1}$	$(l_d + 4)B_{G_1}$	$2(l_e + l_s + 2)B_{G_1}$
本节方案	kB_{G_1}	$(k + 1)B_{G_1}$	$8B_{G_T}$

注：B_{G_T} 表示群 G_T 中每个元素的平均长度；B_{G_1} 表示群 G_1 中每个元素的平均长度；l_s 表示解密密钥中属性的个数；l_e 表示加密密钥中属性的个数；l_d 表示签名中属性的个数；k 表示属性集合中元素的个数。

　　由表 10.4 可知，由于将部分解签密操作交付于 CSP 执行，所以产生了转换密钥的开销，使得本节方案较文献[32]、文献[34]、文献[35]和文献[36]方案有更高的通信开销。但与文献[33]和文献[37]方案相比，本节方案产生签密文的成本更低，产生的签密文大小恒定，不会随属性数量的增长而变化。因此，本节方案在通信开销方面和同类方案相比有较大的优势。

　　为了更直观地分析本节所提方案的计算效率，使用 VC6.0 中基于配对的密码库进行了本节方案及相似方案的仿真实验，因为本节方案与文献[33]和文献[36]方案都使用了外包计算技术，所以将这三个方案在签密和解签密阶段的时间开销进行对比，当属性数量达到 50 个时，这三个方案的时间开销如图 10.4 所示。

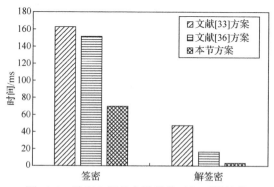

图 10.4　签密和解签密阶段的时间开销比较

　　由图 10.4 可知，本节所提方案在签密和解签密阶段所需要的时间远远短于文献[33]和文献[36]方案所花费的时间。因此，当属性数量比较大时，本节方案的优势非常显著。

　　随着属性数量的增加，本节方案与文献[33]和文献[36]方案在签密和解签密阶段的时间开销分别如图 10.5 和图 10.6 所示。

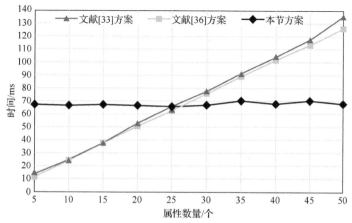

图 10.5　签密阶段的时间开销

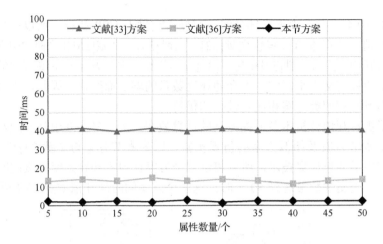

图 10.6　解签密阶段的时间开销

　　由图 10.5 可知，虽然当属性数量小于 25 个时，本节方案所需的时间开销大于文献[33]和文献[36]方案，但是文献[33]和文献[36]方案的签密文长度与属性数量呈正相关的关系，因此随着属性数量的增长，它们所需要的时间开销越来越大，而本节方案在签密阶段时间开销保持稳定。因此，当属性数量高于 25 个时，本节方案的优势逐渐显现，且随着属性数量的增加，本节方案的优势越加明显。

　　由图 10.6 可以清楚地看到，文献[33]、文献[36]方案和本节方案执行解签密操作所需要的时间开销均与属性数量无关，且本节方案的解签密时间开销一直低于文献[33]和文献[36]方案。

参 考 文 献

[1] ZHENG Y. Digital signcryption or how to achieve cost (signature & encryption) ≪ cost (signature) + cost (encryption)[C]. Annual International Cryptology Conference, Berlin, Germany, 1997: 165-179.

[2] ALI U, IDRIS M, AYUB M, et al. RFID authentication scheme based on hyperelliptic curve signcryption[J]. IEEE Access, 2021, 9: 49942-49959.

[3] ABOUELKHEIR E, EL-SHERBINY S. Pairing free identity based aggregate signcryption scheme[J]. IET Information Security, 2020, 14(6): 625-632.

[4] HONG D U, WEN Q, ZHANG S, et al. A pairing-free certificateless signcryption scheme for vehicular ad hoc networks[J]. Chinese Journal of Electronics, 2021, 30(5): 947-955.

[5] KASYOKA P N, KIMWELE M, MBANDU S A. Efficient certificateless signcryption scheme for wireless sensor networks in ubiquitous healthcare systems[J]. Wireless Personal Communications, 2021, 118(14): 3349-3366.

[6] MANDAL S, BERA B, SUTRALA A K, et al. Certificateless-signcryption-based three-factor user access control scheme for IoT environment[J]. IEEE Internet of Things Journal, 2020, 7(4): 3184-3197.

[7] SRUTHI M, RAJASEKARAN R. Hybrid lightweight signcryption scheme for IoT[J]. Open Computer Science, 2021, 11(1): 391-398.

[8] 王利朋, 高健博, 李青山, 等. 应用区块链的多接收者多消息签密方案[J]. 软件学报, 2021, 32(11): 3606-3627.

[9] LUO M, PEI Y, HUANG W. Mutual heterogeneous signcryption schemes with different system parameters for 5G network slicings[J]. Wireless Networks, 2021, 27(4): 1901-1912.

[10] ELTAYIEB N, ELKHALIL A. An efficient signcryption of heterogeneous systems for IoV[J]. Journal of Systems Architecture, 2021, 113: 10885.

[11] ALI I, CHEN Y, ULLAH N, et al. Bilinear pairing-based hybrid signcryption for secure heterogeneous vehicular communications[J]. IEEE Transactions on Vehicular Technology, 2021, 70(6): 5974-5989.

[12] ELKHALIL A, ZHANG J, ELHABOB R. An efficient heterogeneous blockchain-based online/offline signcryption systems for internet of vehicles[J]. Cluster Computing, 2021, 24: 2051-2068.

[13] IQBAL J, UMAR A I, N AMIN, et al. Efficient and secure attribute-based heterogeneous online/offline signcryption for body sensor networks based on blockchain[J]. International Journal of Distributed Sensor Networks, 2019, 15(9): 1-23.

[14] 项顺伯, 徐兵, 柯文德. 一种安全的在线/离线广播签密方案[J]. 南京邮电大学学报(自然科学版), 2017, 37(1): 114-119.

[15] CHEN T H, ZHU T L, JENG F G, et al. Blockchain as a CA: A provably secure signcryption scheme leveraging blockchains[J]. Security and Communication Networks, 2021, 4: 1-13.

[16] BHATTACHARYA P, MEHTA P, TANWAR S, et al. Heal: A blockchain-envisioned signcryption scheme for healthcare IoT ecosystems[C]. IEEE International Conference on Communications, Computing, Cybersecurity, and Informatics 2020, Sharjah, United Arab Emirates, 2020: 1-6.

[17] SINGH A K, PATRO B. Signcryption based security framework for low computing power devices[J]. Recent Patents on Computer Science, 2020, 13(5): 845-857.

[18] NARESH V S, REDDI S, KUMARI S, et al. Practical identity based online/off-line signcryption scheme for secure communication in internet of things[J]. IEEE Access, 2021, 9: 21267-21278.

[19] AL-RIYAMI S S, PATERSON K G. Certificateless public key cryptography[C]. International Conference on the Theory and Application of Cryptology and Information Security, Berlin, Germany, 2003: 452-473.

[20] LIU X, WANG Z, YE Y, et al. An efficient and practical certificateless signcryption scheme for wireless body area networks[J]. Computer Communications, 2020, 162(8): 169-178.

[21] SUN Y X, LI H. Efficient signcryption between TPKC and IDPKC and its multi-receiver construction[J]. Science China Information Sciences, 2010, 53(3): 557-566.

[22] 张玉磊, 王欢, 马彦丽, 等. 可证安全的传统公钥密码-无证书公钥密码异构聚合签密方案[J]. 电子与信息学报, 2018, 40(5): 1079-1086.

[23] EVEN S, GOLDREICH O, MICALI S. On-line/off-line digital signatures[C]. Conference on the Theory and Application of Cryptology, New York, USA, 1989: 263-275.

[24] 刘祥震, 张玉磊, 郎晓丽, 等. 可证安全的隐私保护多接收者异构聚合签密方案[J]. 计算机工程与科学, 2020, 42(3): 441-448.

[25] 闫晨阳. 车联网环境下具有聚合性质的消息认证方案研究[D]. 兰州: 西北师范大学, 2021.

[26] GUPTA A, JHA R K. A survey of 5G network: Architecture and emerging technologies[J]. IEEE Access, 2015, 3: 1206-1232.

[27] 汪金苗, 王国威, 王梅, 等. 面向雾计算的隐私保护与访问控制方法[J]. 信息网络安全, 2019(9): 41-45.

[28] REPORT P I R. Benchmark study on patient privacy and data security[J]. Journal of Healthcare Protection Management: Publication of the International Association for Hospital Security, 2011, 27(1): 69-81.

[29] YANG X, LI T, XI W, et al. A blockchain-assisted verifiable outsourced attribute-based signcryption scheme for EHRs sharing in the cloud[J]. IEEE Access, 2020, 8: 170713-170731.

[30] DELERABLÉE C, PAILLIER P, POINTCHEVAL D. Fully collusion secure dynamic broadcast encryption with constant-size ciphertexts or decryption key[C]. International Conference on Pairing-Based Cryptography, Berlin, Germany, 2007: 39-59.

[31] BELGUITH S, KAANICHE N, LAURENT M, et al. Constant-size threshold attribute based signcryption for cloud applications[C]. SECRYPT 2017: 14th International Conference on Security and Cryptography, Madrid, Spain, 2017: 212-225.

[32] LIU J, HUANG X, LIU J K. Secure sharing of personal health records in cloud computing: Ciphertext-policy attribute-based signcryption[J]. Future Generation Computer Systems, 2015, 52: 67-76.

[33] XU Q, TAN C, FAN Z, et al. Secure multi-authority data access control scheme in cloud storage system based on attribute-based signcryption[J]. IEEE Access, 2018, 6: 34051-34074.

[34] WANG H, SONG Y. Secure cloud-based EHR system using attribute-based cryptosystem and blockchain[J]. Journal of Medical Systems, 2018, 42(8): 1-9.

[35] ELTAYIEB N, ELHABOB R, HASSAN A, et al. A blockchain-based attribute-based signcryption scheme to secure data sharing in the cloud[J]. Journal of Systems Architecture, 2020, 102: 101653.

[36] RAO Y S. A secure and efficient ciphertext-policy attribute-based signcryption for personal health records sharing in cloud computing[J]. Future Generation Computer Systems, 2017, 67: 133-151.

[37] DENG F, WANG Y, PENG L, et al. Ciphertext-policy attribute-based signcryption with verifiable outsourced designcryption for sharing personal health records[J]. IEEE Access, 2018, 6: 39473-39486.